중학수학
절대강자 2·2

최상위

검토에 도움을 주신 선생님

중학수학
절대강자

중학수학

절대강자

특목에 강하다! 경시에 강하다!
최상위

2·2

핵심문제

중단원의 핵심 내용을 요약한 뒤 각 단원에 직접
연관된 정통적인 문제와 원리를 묻는 문제들로
구성되었습니다.

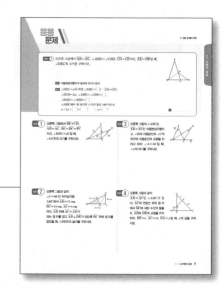

응용문제

핵심문제와 연계되는 단원의 대표 유형 문제를
뽑아 풀이에 맞게 풀어 본 후, 확인 문제로 대표
적인 유형을 확실하게 정복할 수 있도록 하였습
니다.

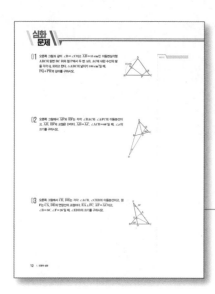

심화문제

단원의 교과 내용과 교과서 밖에서 다루어지는
심화 또는 상위 문제들을 폭넓게 다루어 교내의
각종 평가 및 경시대회에 대비하도록 하였습니다.

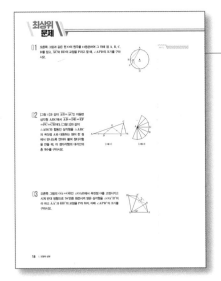

최상위문제

국내 최고 수준의 고난이도 문제들 특히 문제해결력 수준을 평가할 수 있는 양질의 문제만을 엄선하여 전국 경시대회, 세계수학올림피아드 등 수준 높은 대회에 나가서도 두려움 없이 문제를 풀수 있게 하였습니다.

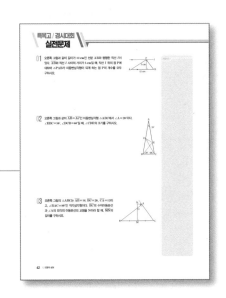

특목고/경시대회 실전문제

특목고 입시 및 경시대회에 대한 기출문제를 비교 분석한 후 꼭 필요한 문제들을 정리하여 풀어봄으로써 실전과 같은 연습을 통해 학생들의 창의적 사고력을 향상시켜 실제 문제에 대비할 수 있게 하였습니다.

1. 이 책은 중등 교육과정에 맞게 교재를 구성하였으며 단계별 학습이 가능하도록 하였습니다.

2. 문제 해결 과정을 통해 원리와 개념을 이해하고 교과서 수준의 문제뿐만 아니라 사고력과 창의력을 필요로 하는 새로운 경향의 문제들까지 폭넓게 다루었습니다.

3. 특목고, 영재고, 최상위 레벨 학생들을 위한 교재이므로 해당 학기 및 학년별 선행 과정을 거친 후 학습을 하는 것이 바람직합니다.

I 도형의 성질

1 삼각형의 성질

(1) **이등변삼각형** : 두 변의 길이가 같은 삼각형
　① 이등변삼각형의 두 밑각의 크기는 서로 같다.
　　➡ △ABC에서 $\overline{AB}=\overline{AC}$이면 ∠B=∠C
　② 이등변삼각형의 꼭지각의 이등분선은 밑변을 수직이등분한다.
(2) **직각삼각형의 합동조건**
　① 빗변의 길이와 한 예각의 크기가 각각 같은 두 직각삼각형은 합동이다. - RHA 합동
　② 빗변의 길이와 다른 한 변의 길이가 각각 같은 두 직각삼각형은 합동이다. - RHS 합동

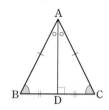

핵심 1 오른쪽 그림과 같이 △ABC, △DCE는 이등변삼각형이고 ∠A=42°, ∠E=70°일 때, ∠x의 크기를 구하시오.

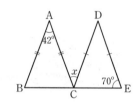

핵심 2 오른쪽 그림에서 △ABC는 $\overline{AB}=\overline{AC}$인 이등변삼각형이다. $\overline{AB}$, $\overline{BC}$, $\overline{CA}$ 위에 $\overline{BD}=\overline{CE}$, $\overline{BE}=\overline{CF}$가 되도록 세 점 D, E, F를 잡을 때, ∠x의 크기를 구하시오.

핵심 3 오른쪽 그림과 같은 △ABC에서 $\overline{AC}\,/\!/\,\overline{ED}$이고, $\overline{EB}=\overline{ED}=\overline{AD}$이다. ∠CAD=48°일 때, ∠EBD의 크기를 구하시오.

핵심 4 오른쪽 그림과 같은 직각삼각형 ABC에서 $\overline{BC}=\overline{EC}$, $\overline{AB}=7$ cm, $\overline{AD}=4$ cm일 때, $\overline{DE}$의 길이를 구하시오.

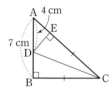

핵심 5 오른쪽 그림과 같이 ∠C=90°인 직각삼각형 ABC에서 $\overline{AB}$의 수직이등분선이 $\overline{BC}$ 위의 점 D와 만나고 $\overline{AM}=\overline{AC}$일 때, ∠$x$의 크기를 구하시오.

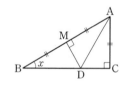

핵심 6 오른쪽 그림과 같이 직각이등변삼각형 ABC의 두 꼭짓점 A, C에서 꼭짓점 B를 지나는 직선 l에 내린 수선의 발을 각각 D, E라 하자. $\overline{AD}=10$ cm, $\overline{CE}=4$ cm일 때, $\overline{DE}$의 길이를 구하시오.

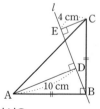

예제 **1** 오른쪽 그림에서 $\overline{AB}=\overline{AC}$, ∠ABD=∠CBD, $\overline{CD}=\overline{CE}$이다. $\overline{AD}=\overline{DB}$일 때, ∠DEC의 크기를 구하시오.

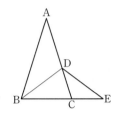

Tip 이등변삼각형의 두 밑각의 크기가 같다.

풀이 ∠DEC=x라 하면 ∠EDC=□($\because$ $\overline{CD}=\overline{CE}$)

∠DCB=$2x$, ∠ABD=∠CBD=□,

∠BAD=∠ABD=□

△ABC에서 세 내각의 크기의 합은 180°이므로

$x+2x+$□$=$□$^\circ$　　$\therefore$ $x=$□$^\circ$

답 _____

응용 **1** 오른쪽 그림에서 $\overline{BF}\,/\!/\,\overline{CD}$, $\overline{AB}=\overline{AC}$, $\overline{BC}=\overline{DC}=\overline{FC}$ 이고, ∠BDC=23°일 때, ∠GCE의 크기를 구하시오.

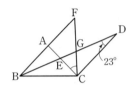

응용 **3** 오른쪽 그림의 △ABC는 $\overline{AB}=\overline{AC}$인 이등변삼각형이고, ∠B의 이등분선과 ∠C의 외각의 이등분선의 교점을 D 라고 하자. ∠A=**50°**일 때, ∠x의 크기를 구하시오.

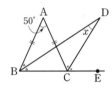

응용 **2** 오른쪽 그림과 같이 ∠C=**90°**인 직각삼각형 ABC에서 $\overline{AB}=$**17 cm**, $\overline{BC}=$**15 cm**, $\overline{AC}=$**8 cm** 이다. $\overline{AB}$ 위에 $\overline{AC}=\overline{AD}$가 되는 점 D를 잡고 $\overline{AD}\perp\overline{DE}$가 되도록 $\overline{BC}$ 위에 점 E를 잡았을 때, △DBE의 넓이를 구하시오.

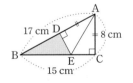

응용 **4** 오른쪽 그림과 같이 $\overline{AB}=\overline{AC}$인 △ABC가 있 다. $\overline{AC}$의 연장선 위의 점 D 에서 $\overline{BC}$에 내린 수선의 발을 E, $\overline{AB}$와 $\overline{DE}$의 교점을 F라 하자. $\overline{BF}=$**8**, $\overline{AC}=$**18**, $\overline{DA}=x$일 때, x의 값을 구하 시오.

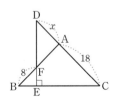

02 삼각형의 외심

(1) 삼각형의 외접원과 외심

△ABC의 세 꼭짓점이 원 O 위에 있을 때, 원 O는 △ABC에 외접한다고 한다. 이때 원 O를 △ABC의 외접원이라 하고 외접원의 중심 O를 △ABC의 외심이라 한다.

(2) 삼각형의 외심의 성질

① 삼각형의 세 변의 수직이등분선은 한 점(외심)에서 만난다.

② 삼각형의 외심에서 세 꼭짓점에 이르는 거리는 같다.

즉, $\overline{OA}=\overline{OB}=\overline{OC}$(외접원의 반지름의 길이)

③ △OAD≡△OBD, △OBE≡△OCE, △OAF≡△OCF

④ ∠OAB+∠OBC+∠OCA=90°, ∠BOC=2∠A

(3) 삼각형의 외심의 위치

① 예각삼각형 : 삼각형의 내부   ② 직각삼각형 : 빗변의 중점   ③ 둔각삼각형 : 삼각형의 외부

**핵심 ① ** 다음은 삼각형의 세 변의 수직이등분선은 한 점에서 만남을 설명하는 과정이다. □ 안에 알맞은 것을 써넣으시오.

△ABC에서 $\overline{AB}$, $\overline{BC}$의 수직이등분선의 교점을 O라 하고 점 O에서 $\overline{AC}$에 내린 수선의 발을 F라 하면

△AOD≡△BOD(□ 합동),

△BOE≡□(SAS 합동)이므로

$\overline{OA}=\overline{OB}=$□

△AOF와 △COF에서

∠AFO=∠CFO=□°, $\overline{OA}=$□,

□는 공통이므로

△AOF≡△COF(□ 합동)이다.

따라서 $\overline{AF}=\overline{CF}$

즉, $\overline{OF}$는 $\overline{AC}$의 수직이등분선이다.

따라서 삼각형의 세 변의 수직이등분선은 한 점에서 만난다.

핵심 ② ** 오른쪽 그림과 같이 ∠C=90°**인 직각삼각형 **ABC**에서 점 **O**는 외심이고, △**AOC**의 넓이는 **60 cm²**이다. 이때 x의 값을 구하시오.

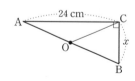

**핵심 ③ ** 오른쪽 그림에서 점 O는 △ABC의 외심이다. ∠ABO=28°, ∠CBO=22°일 때, ∠x의 크기를 구하시오.

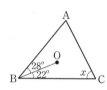

핵심 ④ ** 오른쪽 그림에서 점 **O는 △**ABC**의 외심인 동시에 △**ACD**의 외심이다. ∠**B**=**70°**일 때, ∠**D**의 크기를 구하시오.

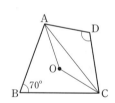

핵심 ⑤ ** 오른쪽 그림에서 점 **O는 $\overline{AB}$, $\overline{BC}$의 수직이등분선의 교점이다. ∠**CBO**=**20°**일 때, ∠**A**의 크기를 구하시오.

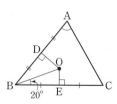

예제 ② 오른쪽 그림과 같이 정원에 서로 다른 종류의 나무 네 그루가 있다. 나무 A, B, C, D 사이의 거리는 다음 표와 같다. 이 정원에 스프링클러를 딱 1대만 설치하여 네 그루의 나무에 모두 물을 줄 때, 스프링클러로 물을 줄 수 있는 정원의 넓이의 최솟값을 구하시오.(단, 스프링클러는 360° 회전하고, 나무의 크기는 무시한다.)

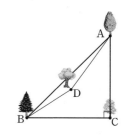

구분	A와 B	A와 C	A와 D	B와 C	B와 D
거리(m)	29	20	16	21	15

Tip 세 나무 A, B, C와 스프링클러 사이의 거리가 서로 같으면 4개의 나무에 모두 물을 줄 수 있다.

풀이 스프링클러로 물을 줄 수 있는 정원의 넓이가 최소가 되려면 스프링클러의 위치가 △ABC의 ▢이어야 한다.

이때 △ABC는 직각삼각형이므로 점 O는 빗변 AB의 ▢이고, 두 나무 A와 B 사이의

거리가 ▢ m이므로 △ABC의 외접원의 반지름의 길이는 ▢ m이다.

따라서 스프링클러로 물을 줄 수 있는 정원의 넓이의 최솟값은 $\pi \times \left(\boxed{}\right)^2 = \boxed{}$ (m²)이다.

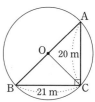

답 _____

응용 ① 오른쪽 그림에서 점 O는 △ABC의 외심이다. $\overline{AC} = 20$ cm이고 △AOC의 둘레의 길이가 **48 cm**일 때, △ABC의 외접원의 반지름의 길이를 구하시오.

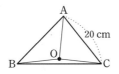

응용 ③ 오른쪽 그림과 같이 ∠**B**=**90°**인 직각삼각형 ABC에서 $\overline{AC}$의 중점을 **M**, 꼭짓점 **B**에서 $\overline{AC}$에 내린 수선의 발을 **H**라고 하자. ∠**C**=**70°**일 때, ∠HBM−∠MBA의 크기를 구하시오.

응용 ② 오른쪽 그림에서 점 O는 ABC의 외심이다. ∠**ACO**=**30°**, ∠**OCB**=**20°**이고 $\overline{AH} \perp \overline{BC}$일 때, ∠$x$의 크기를 구하시오.

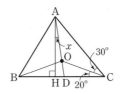

응용 ④ 오른쪽 그림에서 점 O는 △ABC의 외심이고, 점 O에서 각각 $\overline{AB}$, $\overline{BC}$, $\overline{CA}$에 내린 수선의 발을 D, E, F라 하자. $\overline{AF}=6$ cm, $\overline{OF}=4$ cm이고, △ABC의 넓이는 **60 cm²**일 때, ▢ODBE의 넓이를 구하시오.

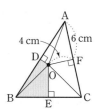

(1) 삼각형의 내접원과 내심

△ABC의 세 변이 모두 원 I에 접할 때, 원 I는 △ABC에 내접한다고 한다. 이때 원 I를 △ABC의 내접원이라 하고 내접원의 중심 I를 △ABC의 내심이라 한다.

(2) 삼각형의 내심의 성질

① 삼각형의 세 내각의 이등분선은 한 점(내심)에서 만난다.

② 삼각형의 내심에서 세 변에 이르는 거리는 같다.

즉, $\overline{ID}=\overline{IE}=\overline{IF}$(내접원의 반지름의 길이)

③ $\angle IAB+\angle IBC+\angle ICA=90°$, $\angle BIC=90°+\dfrac{1}{2}\angle A$

④ $\overline{AD}=\overline{AF}$, $\overline{BD}=\overline{BE}$, $\overline{CE}=\overline{CF}$

(3) 삼각형의 내심의 위치

모든 삼각형의 내심은 삼각형의 내부에 있다.

(4) 삼각형의 넓이와 내접원의 반지름의 길이

$\overline{BC}=a$, $\overline{CA}=b$, $\overline{AB}=c$라 하고, 내접원 I의 반지름의 길이를 r라 할 때,

(△ABC의 넓이)$=\dfrac{1}{2}r(a+b+c)$이다.

핵심 1 다음 설명 중 옳은 것은?

① 삼각형의 내심은 세 변의 수직이등분선의 교점이다.

② 직각삼각형의 내심은 빗변의 중점에 있다.

③ 둔각삼각형의 외심은 삼각형의 내부에 있다.

④ 둔각삼각형의 내심에서 세 꼭짓점에 이르는 거리는 같다.

⑤ 정삼각형의 외심과 내심은 일치한다.

핵심 2 다음 그림에서 점 **I**는 △ABC의 내심이고 ∠BAC : ∠ABC : ∠ACB =3 : 4 : 2일 때, ∠AIB의 크기를 구하시오.

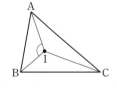

핵심 3 오른쪽 그림의 직각삼각형 ABC에서 $\overline{AD}=6$, $\overline{BD}=9$ 이고 내접원의 반지름의 길이가 3일 때, △ABC의 넓이를 구하시오.

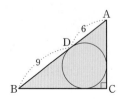

핵심 4 오른쪽 그림에서 점 **I**는 △ABC의 내심이다. △ABC=88 cm², $\overline{BC}=15$ cm 이고 내접원의 넓이는 16π cm²일 때, □ADIF의 넓이를 구하시오.

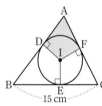

핵심 5 오른쪽 그림의 △ABC에서 점 **O**는 외심이고, 점 **I**는 내심이다. ∠ABC=60°, ∠ACB=70° 일 때, ∠OBI의 크기를 구하시오.

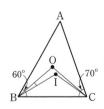

예제 3 오른쪽 그림의 △ABC에서 점 I는 내심이다. $\overline{AH} \perp \overline{BC}$, ∠ABC=70°, ∠ACB=60°일 때, ∠x+∠y의 크기를 구하시오.

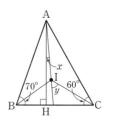

Tip 내심과 꼭짓점을 연결한 선분은 각의 이등분선이 되고 삼각형의 한 외각의 크기는 그와 이웃하지 않은 두 내각의 크기의 합과 같다.

풀이 ∠A=180°−(70°+60°)=□°

점 I는 세 내각의 이등분선의 교점이므로

∠BAI=∠CAI=$\frac{1}{2}$×□°=□°, ∠ACI=$\frac{1}{2}$×60°=30°

△IAC에서 ∠y=∠CAI+∠ACI=□°, △ABH에서 ∠BAH=□°

∴ ∠x=∠BAI−∠BAH=□°

∴ ∠x+∠y=□°

답 _____

응용 1 오른쪽 그림에서 점 **P**는 **ABC**의 내심이고 점 **Q**는 $\overline{BP}$의 연장선이 ∠**C**의 외각의 이등분선과 만나는 점이다. ∠**A**=60°일 때, ∠**CQP**의 크기를 구하시오.

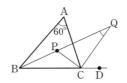

응용 2 오른쪽 그림의 △ABC에서 ∠**C**=90°, ∠**B**=50°이고, 세 점 **D**, **E**, **F**는 △ABC의 내접원의 접점이다. 이때 ∠**DFE**의 크기를 구하시오.

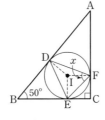

응용 3 오른쪽 그림과 같이 세 변의 길이가 각각 **19 cm**, **16 cm**, **25 cm**인 △ABC에서 점 **I**는 내심이고, 세 점 **D**, **E**, **F**는 각각 △ABC의 내접원의 접점이다. △ABC의 넓이가 **150 cm²**일 때, 색칠한 부채꼴의 넓이의 합을 구하시오.

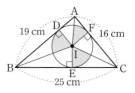

응용 4 오른쪽 그림과 같이 직사각형 **ABCD**에서 대각선 **AC**를 그었을 때 △**ABC**와 내접원 **I₁**의 교점을 **E**, **F**, **P**라 하고 △**ACD**와 내접원 **I₂**의 교점을 **G**, **H**, **Q**라 하자. $\overline{AB}$=15 cm, $\overline{BC}$=20 cm, $\overline{AC}$=25 cm일 때, $\overline{PQ}$의 길이를 구하시오.

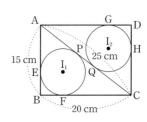

NOTE

01 오른쪽 그림과 같이 ∠B=∠C이고 $\overline{AB}$=15 cm인 이등변삼각형 ABC의 밑변 BC 위의 점 P에서 두 변 AB, AC에 내린 수선의 발을 각각 Q, R라고 한다. △ABC의 넓이가 108 cm²일 때, $\overline{PQ}+\overline{PR}$의 길이를 구하시오.

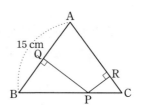

02 오른쪽 그림에서 $\overrightarrow{AF}$와 $\overline{EF}$는 각각 ∠BAC와 ∠AFC의 이등분선이고, $\overrightarrow{AB}$, $\overline{EF}$의 교점은 D이다. $\overline{AB}=\overline{AC}$, ∠ACB=60°일 때, ∠$x$의 크기를 구하시오.

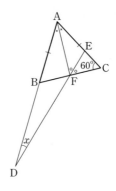

03 오른쪽 그림에서 $\overline{CE}$, $\overline{DE}$는 각각 ∠ACB, ∠CEB의 이등분선이고, 점 F는 $\overline{CA}$, $\overline{DE}$의 연장선의 교점이다. $\overline{EA}\perp\overline{FC}$, $\overline{AF}=\overline{AC}$이고, ∠B=50°, ∠F=26°일 때, ∠EDB의 크기를 구하시오.

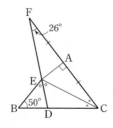

04 오른쪽 그림과 같이 평행사변형 **ABCD**를 대각선 **BD**를 따라 접었다. $\overrightarrow{DE}$, $\overrightarrow{BA}$의 교점을 **F**라 하고 ∠**BDC**=38°일 때, ∠x의 크기를 구하시오.

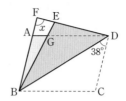

05 직사각형 모양의 종이 **ABCD**를 오른쪽 그림과 같이 $\overline{EF}$를 접는 선으로 점 **A**는 점 **C**, 점 **B**는 점 **G**에 오도록 접었다. 직사각형의 가로, 세로의 길이의 비가 3 : 2이고 $\overline{CG}$=12 cm, $\overline{CF}$=13 cm일 때, $\overline{EG}$의 길이를 구하시오.

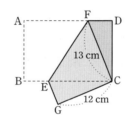

06 오른쪽 그림과 같은 정사면체 **O**−**ABC**의 꼭짓점 **O**에서 밑면에 내린 수선의 발을 **H**라 할 때, $\overline{AH}$=$\overline{BH}$=$\overline{CH}$임을 설명하시오.

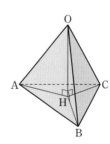

07 오른쪽 그림과 같이 △ABC에서 ∠BAC, ∠ABC의 외각의 이등 분선의 교점을 O라 하고, 점 O에서 $\overrightarrow{AB}$, $\overrightarrow{CA}$, $\overrightarrow{CB}$에 내린 수선의 발을 각각 F, D, E라고 한다. $\overline{BC}=7$, $\overline{AC}=6$, $\overline{AB}=5$일 때, $\overline{AF}$ 의 길이를 구하시오.

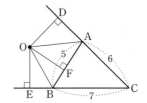

08 오른쪽 그림과 같이 $\overline{AB}=\overline{AC}$인 △ABC가 있다. 점 B에서 $\overline{AC}$에 내린 수선의 발을 D라 할 때, $\overline{BD}$의 연장선 위에 $\overline{BA}=\overline{BE}$가 되도록 점 E를 잡는다. 이때 ∠ACB + ∠AEB의 크기를 구하시오.

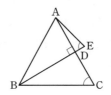

09 오른쪽 그림에서 점 O는 △ABC와 △BCD의 외심이고, ∠BOC=126° 일 때, ∠BDC의 크기를 구하시오.

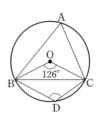

10 오른쪽 그림과 같이 △ABC의 꼭짓점 B에서 변 AC에 내린 수선의 발을 H라 하고, $\overline{AC}$의 중점을 M, $\overline{BC}$의 중점을 N이라 하자. $\overline{AB}/\!/\overline{MN}$, $\overline{AB}=8\,cm$, $\overline{MN}=4\,cm$, ∠A=2∠C일 때, $\overline{HM}$의 길이를 구하시오.

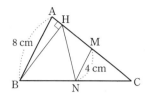

11 오른쪽 그림에서 점 O는 △ABC의 외심이다. ∠ACO=28°, ∠OCD=12°이고, $\overline{AH}\perp\overline{BC}$일 때, ∠BAH의 크기를 구하시오.

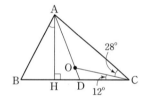

12 낚시터에 3개의 낚싯대를 던졌더니 각각의 수면 위의 세 지점 A, B, C에 동시에 떨어졌고, 세 지점 A, B, C를 중심으로 물결이 일어나서 동시에 한 지점 P에서 만났다. ∠ABC=80°, ∠BAC=46°일 때, ∠APB의 크기를 구하시오. (단, 물결이 퍼지는 속도는 모두 같다.)

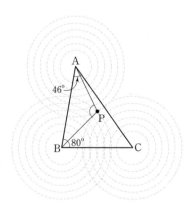

13 오른쪽 그림과 같이 $\overline{AB}=\overline{AC}$인 이등변삼각형 ABC에서 점 I는
△ABC의 내심이다. $\overline{AB}$를 삼등분하여 그중 한 선분의 양 끝점과
내심 I를 꼭짓점으로 하는 삼각형의 넓이를 a, $\overline{AC}$를 사등분하여 그
중 한 선분의 양 끝점과 내심 I를 꼭짓점으로 하는 삼각형의 넓이를
b라고 할 때, $\dfrac{a}{b}$의 값을 구하시오.

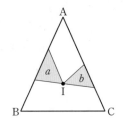

14 오른쪽 그림과 같은 △ABC에서 세 점 I_1, I_2, I_3는 ∠B, ∠C의 사
등분선의 교점이다. ∠A=68°일 때, ∠BI_1C : ∠BI_2C : ∠BI_3C
를 가장 간단한 자연수의 비로 나타내시오.

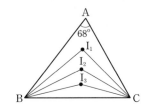

15 오른쪽 그림에서 점 I는 ABC의 내심이다. $\overline{BI}$, $\overline{CI}$의 연장선과 $\overline{AC}$, $\overline{AB}$
와의 교점을 각각 D, E라 하고 ∠CDB+∠BEC=165°일 때, ∠A의
크기를 구하시오.

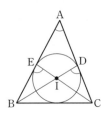

16 오른쪽 그림과 같이 직각삼각형 ABC의 내접원 O′의 반지름의 길이는 3 cm이고, 외접원 O의 반지름의 길이는 9 cm이다. 이때 직각삼각형 ABC의 넓이를 구하시오.

NOTE

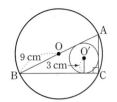

17 오른쪽 그림과 같이 한 변의 길이가 9 cm인 정삼각형 ABC의 내심을 I 라 하고, $\overline{AB}/\!/\overline{ID}$, $\overline{AC}/\!/\overline{IE}$일 때, $\overline{DE}$의 길이를 구하시오.

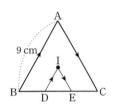

18 오른쪽 그림에서 $\overline{AC}=\overline{BC}$, $\overline{AD}=\overline{CD}$, $\overline{AD}/\!/\overline{BC}$, ∠ABC=70° 이고 점 O는 △ABC의 각 변의 수직이등분선의 교점이고, 점 I는 △ACD의 세 내각의 이등분선의 교점일 때, ∠DOC의 크기를 구하시오.

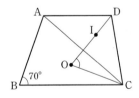

01 오른쪽 그림과 같은 원 O의 원주를 12등분하여 그 위에 점 A, B, C, D를 잡고, $\overline{AC}$와 $\overline{BD}$의 교점을 P라고 할 때, ∠APD의 크기를 구하시오.

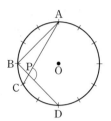

NOTE

02 [그림 1]과 같이 $\overline{AB}=\overline{AC}$인 이등변삼각형 ABC에서 $\overline{AD}=\overline{DE}=\overline{EF}$ $=\overline{FC}=\overline{CB}$이다. [그림 2]와 같이 △ABC와 합동인 삼각형을 △ABC의 꼭짓점 A와 대응하는 점이 한 점에서 만나도록 연이어 붙여 정다각형을 만들 때, 이 정다각형의 대각선의 총 개수를 구하시오.

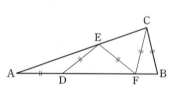

[그림 1]

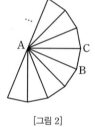

[그림 2]

03 오른쪽 그림의 $\overline{OA}=\overline{OB}$인 △OAB에서 꼭짓점 O를 고정시키고 시계 반대 방향으로 70°만큼 회전시켜 얻은 삼각형을 △OA′B′이라 하고 $\overline{AA'}$과 $\overline{BB'}$의 교점을 P라 하자. 이때 ∠APB′의 크기를 구하시오.

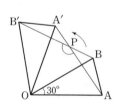

04 ∠A＝90°이고 ∠ABC＝30°인 직각삼각형 ABC와 2$\overline{BD}$＝$\overline{BC}$인 직사각형 BDEC가 오른쪽 그림과 같이 맞닿아 있고 $\overline{AE}$와 $\overline{BC}$의 교점을 F라 할 때, ∠AFB의 크기를 구하시오.

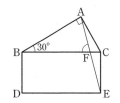

05 오른쪽 그림과 같이 넓이가 240 cm²인 직사각형 모양의 종이를 $\overline{BE}$를 접는 선으로 하여 접었을 때, 꼭짓점 C와 변 AD가 만나는 점을 F, 점 F에서 $\overline{BE}$에 내린 수선의 발을 H라 하자. 이때 □BEDF의 넓이를 구하시오.

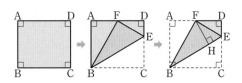

06 오른쪽 그림에서 △ABC는 ∠B＝90°인 직각이등변삼각형이고, 정사각형 DEFG의 세 꼭짓점 D, E, G는 △ABC의 세 변과 만난다. $\overline{BC}$＝24 cm이고 $\overline{DB}$와 $\overline{BE}$의 길이의 합이 15 cm일 때, △DBE의 넓이를 구하시오.

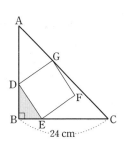

07 오른쪽 그림과 같이 $\overline{AB}=\overline{AC}$인 이등변삼각형 ABC의 외접원과 내접원의 중심을 각각 O, I라 하고 $\overline{AI}$의 연장선과 외접원의 교점을 D라 하자. 외접원의 반지름의 길이가 **12 cm**, $\overline{OI}=\textbf{4 cm}$일 때, $\overline{BD}$의 길이를 구하시오. (단, $\angle CAD=\angle CBD$)

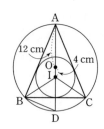

08 오른쪽 그림과 같은 △ABC에서 점 M은 $\overline{BC}$의 중점이고, $\overline{AN}$은 $\angle BAC$의 이등분선이다. $\overline{BN}/\!/\overline{DC}$, $\overline{BD}/\!/\overline{NM}/\!/\overline{AC}$이고 $\overline{BN}\perp\overline{AN}$, $\overline{AB}=20$, $\overline{AC}=26$일 때, $\overline{MN}$의 길이를 구하시오.

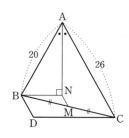

09 오른쪽 그림과 같이 $\angle A=105°$인 △ABC의 꼭짓점 A에서 꼭짓점 B를 지나고 변 AC와 평행한 직선 위에 내린 수선의 발을 D, $\overline{AD}$와 $\overline{BC}$의 교점을 E라 하자. $\overline{AB}=\dfrac{1}{2}\overline{CE}$일 때, $\angle ACB$의 크기를 구하시오.

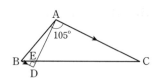

10 오른쪽 그림과 같이 $\overline{AD} /\!/ \overline{BC}$인 사다리꼴 ABCD에서 $\overline{AD}=3$, $\overline{BC}=20$, $\angle ABC=58°$, $\angle DCB=32°$이다. $\overline{AD}$ 와 $\overline{BC}$의 중점을 각각 P, Q라 할 때, $\overline{PQ}$의 길이를 구하시오.

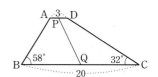

11 어느 식품회사에서는 물류창고와 같은 거리에 있는 A, B, C, D 마트 4곳에 각각 식품을 납품하고 있다. 오른쪽 그림과 같이 각 지점을 연결한 직선 도로가 있을 때, 직선도로 AC와 BD가 이루는 각 중 작은 쪽의 각의 크기를 구하시오. (단, 직선 도로의 폭은 생각하지 않는다.)

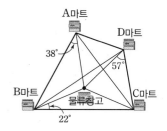

12 오른쪽 그림에서 점 I는 △ABC의 내심이고 점 I′은 △IBC의 내심이다. $\angle A=y°$, $\angle BI'C=x°$라 할 때, $y=mx+n$인 관계식이 성립한다. 이때 $m-n$의 값을 구하시오. (단, m, n은 상수)

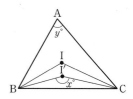

13 오른쪽 그림에서 점 I는 △ABC의 내심이고, 점 I를 중심으로 두 꼭짓점 A, B를 지나는 원을 그렸다. 원과 삼각형 ABC의 교점을 각각 D, E라 하고, $\overline{AB}=10$ cm, $\overline{BC}=13$ cm일 때, $\overline{EC}$의 길이를 구하시오.

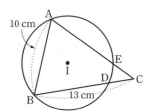

14 오른쪽 그림은 $\overline{AB}=\overline{AD}$, $\overline{BD}=\overline{BC}$, $\overline{AD}/\!/\overline{BC}$, $\angle CBD=36°$이고, 점 I, I′은 각각 △ABD, △DBC의 내심이다. 직선 AI와 직선 DI′의 교점을 O라 할 때, $\angle AOD$의 크기를 구하시오.

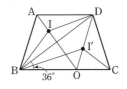

15 오른쪽 그림에서 세 점 O(0, 0), A(0, 8), B(15, 0)을 꼭짓점으로 하는 △AOB의 외접원의 중심을 P, 내접원의 중심을 Q라 하자. $\overline{AB}=17$일 때, 두 점 P, Q를 지나는 직선의 방정식의 y절편을 구하시오.

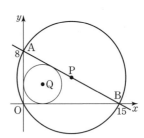

16 오른쪽 그림과 같이 $\overline{AB}=6\ cm$, $\overline{BC}=10\ cm$, $\overline{CA}=8\ cm$인 직각삼각형 ABC에서 반지름의 길이가 같은 두 원이 내접하고 있다. 이 원의 반지름의 길이를 구하시오.

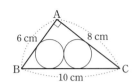

17 오른쪽 그림의 $\angle A=70°$인 △ABC에서 $\angle B$, $\angle C$의 이등분선의 교점을 I라 하고, 점 I에서부터 $\overline{BC}$에 수선을 내려 그 수선의 발을 D라 하자. 또, 점 D에서부터 $\overline{BI}$, $\overline{CI}$에 각각 수선 $\overline{DE}$, $\overline{DG}$를 그려 그 연장선과 $\overline{AB}$, $\overline{AC}$와의 교점을 각각 F, H라 할 때, $\angle AHF$의 크기를 구하시오.

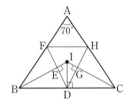

18 오른쪽 그림에서 점 D, E, F는 각각 △ABC의 내접원의 접점이고, $\overline{AB}=7$, $\overline{BC}=8$, $\overline{CA}=9$이다. △ABC의 넓이를 S라 하면 $\triangle DEF = \dfrac{n}{m} \times S$이다. 이때 $m+n$의 값을 구하시오. (단, m, n은 서로소인 자연수)

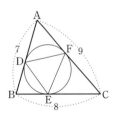

2 사각형의 성질

(1) **평행사변형** : 두 쌍의 대변이 각각 평행한 사각형

(2) 사각형 ABCD가 다음의 어느 한 조건을 만족하면 □ABCD는 평행사변형이다.

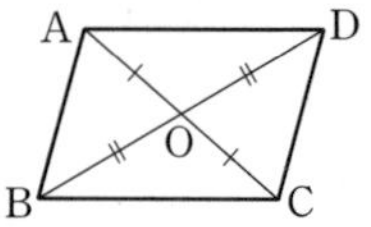

① 두 쌍의 대변이 각각 평행하다. ($\overline{AB}/\!/\overline{DC}$, $\overline{AD}/\!/\overline{BC}$)

② 두 쌍의 대변의 길이가 각각 같다. ($\overline{AB}=\overline{DC}$, $\overline{AD}=\overline{BC}$)

③ 두 쌍의 대각의 크기가 각각 같다. ($\angle A=\angle C$, $\angle B=\angle D$)

④ 두 대각선이 서로 다른 것을 이등분한다. ($\overline{AO}=\overline{CO}$, $\overline{BO}=\overline{DO}$)

⑤ 한 쌍의 대변이 평행하고 그 길이가 같다. ($\overline{AD}/\!/\overline{BC}$, $\overline{AD}=\overline{BC}$ 또는 $\overline{AB}/\!/\overline{DC}$, $\overline{AB}=\overline{DC}$)

(3) **평행사변형과 넓이**

① 평행사변형의 넓이는 한 대각선에 의하여 이등분된다.

② 평행사변형의 넓이는 두 대각선에 의하여 사등분된다.

핵심 1 오른쪽 그림의 □ABCD가 평행사변형이 되도록 하는 x, y의 값을 각각 구하시오.

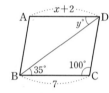

핵심 3 오른쪽 그림과 같은 평행사변형 ABCD에서 $\angle A$, $\angle C$의 이등분선이 $\overline{BC}$, $\overline{AD}$와 만나는 점을 각각 E, F라 하자. $\overline{AD}=16$ cm, $\overline{AB}=12$ cm일 때, □AECF의 둘레의 길이를 구하시오.

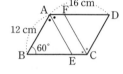

핵심 2 오른쪽 그림에서 □ABCD 는 평행사변형이고 두 꼭짓점 A, C에서 대각선 BD에 내린 수선의 발을 각각 E, F라 할 때, 다음 중 옳지 <u>않은</u> 것은?

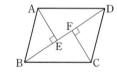

① $\overline{AE}=\overline{CF}$ ② $\overline{BF}=\overline{DE}$

③ $\angle BAE=\angle DCF$ ④ $\overline{AE}=\overline{BE}$

⑤ $\overline{AB}=\overline{DC}$

핵심 4 오른쪽 그림과 같은 평행사변형 ABCD의 내부에 한 점 P 를 잡을 때, 색칠한 부분의 넓이를 구하시오.

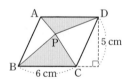

예제 1 오른쪽 그림에서 평행사변형 ABCD의 넓이는 112이고 점 O는 두 대각선의 교점, 점 Q는 $\overline{AP}$와 $\overline{BD}$의 교점이다. $\overline{CP}:\overline{PD}=1:3$일 때, 사각형 OCPQ의 넓이를 구하시오.

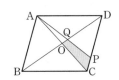

Tip 높이가 같은 두 삼각형의 넓이의 비는 밑변의 길이의 비와 같다.

풀이 $\overline{QC}$를 그으면 $\overline{AO}=\overline{CO}$이므로 △AOQ=$a$이면 △QOC=☐

△QCP=b라 하면 $\overline{CP}:\overline{PD}=1:3$이므로 △QPD=☐

△ACP : △APD=1 : 3이므로

(☐$a+b$) : (△AQD+☐b)=1 : 3을 정리하면 △AQD=☐a

이때 △AOQ+△AQD=△AOD이므로 $a+$☐$a=$☐$\times112$　　∴ $a=$☐

또, △QOC+△QCD=△DOC이므로 $a+$☐$b=28$　　∴ $b=$☐

∴ ☐OCPQ=$a+b=$☐

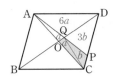

답 _____

응용 1 오른쪽 그림과 같은 평행사변형 ABCD에서 ∠BEC=124°이고 ∠BCE : ∠ECD : ∠CDE=1 : 3 : 1일 때, ∠x의 크기를 구하시오.

응용 3 오른쪽 그림의 평행사변형 ABCD에서 $\overline{AB}$의 연장선 위에 $\overline{AB}=\overline{BE}$인 점 E를 잡고 $\overline{ED}$와 $\overline{BC}$의 교점을 F라 하자. ☐ABCD=12 cm²일 때, △ECF의 넓이를 구하시오.

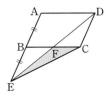

응용 2 오른쪽 그림과 같이 $\overline{AB}=\overline{AC}$인 △ABC에서 $\overline{AC}\,/\!/\,\overline{DE}$, $\overline{AB}\,/\!/\,\overline{FE}$, $\overline{AC}=17$ cm일 때, ☐ADEF의 둘레의 길이를 구하시오.

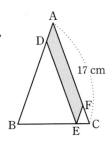

응용 4 오른쪽 그림과 같이 평행사변형 ABCD의 꼭짓점 A에서 ∠D의 이등분선에 내린 수선의 발을 H라 하고, $\overline{AH}$의 연장선이 $\overline{BC}$와 만나는 점을 E라 하자. $\overline{AB}=8$ cm, $\overline{BC}=12$ cm일 때, $\overline{EC}$의 길이를 구하시오.

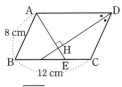

02 사다리꼴과 마름모

(1) **사다리꼴** : 한 쌍의 대변이 평행한 사각형

(2) **등변사다리꼴** : 아랫변의 양 끝각의 크기가 같은 사다리꼴
  ① 평행하지 않은 한 쌍의 대변의 길이가 같다. ($\overline{AB}=\overline{DC}$)
  ② 두 대각선의 길이가 같다. ($\overline{AC}=\overline{DB}$)

(3) **마름모** : 네 변의 길이가 모두 같은 사각형

(4) **마름모의 성질** : 두 대각선이 서로 다른 것을 수직이등분한다.
  ➡ $\overline{OA}=\overline{OC}$, $\overline{OB}=\overline{OD}$, $\overline{AC}\perp\overline{BD}$

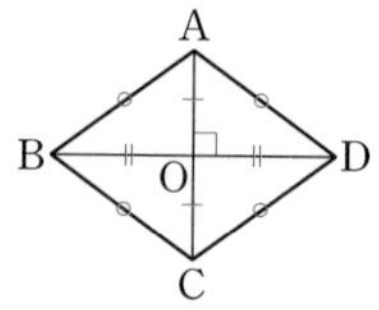

(5) **평행사변형이 마름모가 될 조건** : 다음 어느 한 조건을 만족하는 평행사변형은 마름모이다.
  ① 이웃하는 두 변의 길이가 같다.
  ② 두 대각선이 서로 직교한다.

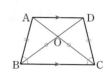

핵심 1 오른쪽 그림과 같은 등변사다리꼴 ABCD에서 $\overline{AB}=\overline{AD}$, $\angle BDC=90°$일 때, $\angle C$의 크기를 구하시오.

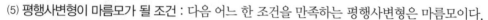

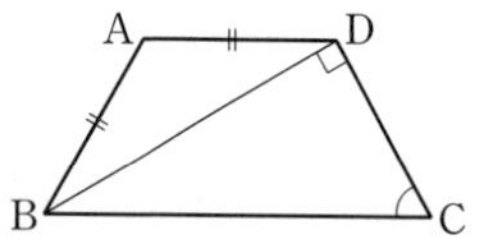

핵심 2 오른쪽 그림과 같이 □ABCD의 꼭짓점 A를 지나고 $\overline{BD}$와 평행한 직선이 $\overrightarrow{CB}$와 만나는 점을 E라 하자. □ABCD=24 cm², △DBC=10 cm²일 때, △DEB의 넓이를 구하시오.

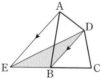

핵심 3 오른쪽 그림의 마름모 ABCD의 두 대각선의 교점을 O라 하고 $\overline{AC}=16$ cm, $\overline{BD}=28$ cm일 때, △ABO의 넓이를 구하시오.

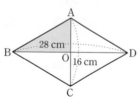

핵심 4 오른쪽 그림과 같이 마름모 ABCD의 꼭짓점 A에서 변 CD에 내린 수선의 발을 H라 하자. $\overline{CH}=\overline{HD}$, $\angle AEB=81°$일 때, $\angle x$의 크기를 구하시오.

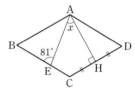

핵심 5 오른쪽 그림과 같은 마름모 ABCD에서 변 BC, CD의 중점을 각각 P, Q라 하고, $\overline{AP}$, $\overline{AQ}$와 $\overline{BD}$의 교점을 각각 E, F라 할 때, 다음 중 옳지 <u>않은</u> 것은?
  ① $\overline{AP}=\overline{AQ}$ ② $\overline{AB}=\overline{AD}$
  ③ $\overline{OA}=\overline{OD}$ ④ $\angle APB=\angle AQD$
  ⑤ $\angle AEO=\angle AFO$

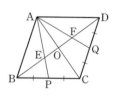

예제 **2** 오른쪽 그림과 같은 평행사변형 ABCD가 원 O에 외접할 때, 평행사변형 ABCD의 각 변과 원이 접하는 접점을 E, F, G, H라 하자. 사각형 ABCD가 어떤 사각형인지 말하시오.

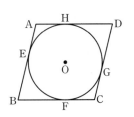

Tip ▶ 원의 접선은 접점을 지나는 반지름에 수직이다.

풀이 ▶ △AOE와 △AOH에서 $\overline{OE}=\overline{OH}$, ∠AEO=∠AHO=□°, $\overline{AO}$는 공통이므로

△AOE≡△AOH(RHS 합동)

∴ $\overline{AE}=□$ … ㉠

또, △BOE와 △DOH에서 $\overline{BO}=□$, ∠BEO=∠DHO=□°, $\overline{OE}=□$이므로

△BOE≡△DOH (RHS 합동)

∴ $\overline{BE}=□$ … ㉡

㉠, ㉡에서 $\overline{AB}=\overline{AE}+\overline{EB}=□+\overline{DH}=□$

따라서 □ABCD는 이웃하는 두 □의 길이가 같은 평행사변형, 즉 □이다.

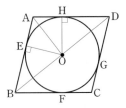

답 _____

응용 **1** 오른쪽 그림과 같은 사다리꼴 ABCD에서 $\overline{AB}$의 중점을 M이라 하고, 점 M에서 $\overline{CD}$의 연장선에 내린 수선의 발을 H라고 하자. $\overline{CD}=7\,\text{cm}$, $\overline{MH}=9\,\text{cm}$일 때, 사다리꼴 ABCD의 넓이를 구하시오.

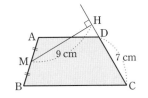

응용 **3** 오른쪽 그림과 같이 등변사다리꼴 ABCD의 각 변의 중점을 P, Q, R, S라 하자. □ABCD=96 cm², △APS=10 cm², △BQP=14 cm²일 때, △OQP+△ORS의 넓이를 구하시오.

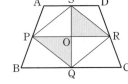

응용 **2** 오른쪽 그림과 같이 $\overline{AD}\,\text{//}\,\overline{BC}$인 사다리꼴 ABCD에서 $\overline{OD}:\overline{OB}=2:3$이다. △ABD=40 cm²일 때, △ABC의 넓이를 구하시오.

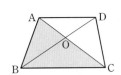

응용 **4** 오른쪽 그림과 같은 직사각형 ABCD에서 $\overline{BE}$, $\overline{DF}$는 각각 ∠ABD, ∠BDC의 이등분선이고 □EBFD는 마름모일 때, ∠x의 크기를 구하시오.

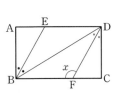

03 직사각형과 정사각형

(1) **직사각형** : 네 내각의 크기가 모두 같은 사각형
(2) **직사각형의 성질** : 두 대각선은 길이가 같고 서로 다른 것을 이등분한다.
➡ $\overline{AC}=\overline{BD}$, $\overline{OA}=\overline{OB}=\overline{OC}=\overline{OD}$
(3) **평행사변형이 직사각형이 될 조건**
다음 어느 한 조건을 만족하는 평행사변형은 직사각형이다.
① 한 내각이 직각이다.
② 두 대각선의 길이가 같다.
(4) **정사각형** : 네 내각의 크기가 같고 네 변의 길이가 같은 사각형
(5) **정사각형의 성질** : 두 대각선은 길이가 같고 서로 다른 것을 수직이등분한다.

핵심 1 다음은 사각형의 성질에 대해 설명한 것이다. 옳지 <u>않은</u> 것은?

① 직사각형의 두 대각선은 길이가 같고, 서로 다른 것을 이등분한다.
② 정사각형의 두 대각선은 길이가 같고, 서로 다른 것을 이등분한다.
③ 마름모의 두 대각선은 서로 다른 것을 수직이등분한다.
④ 한 쌍의 대변이 평행하고 그 길이가 같은 사각형은 평행사변형이다.
⑤ 이웃하는 두 내각의 크기가 같은 평행사변형은 마름모이다.

핵심 2 오른쪽 그림의 평행사변형 ABCD에서 ∠A, ∠B, ∠C, ∠D의 이등분선으로 만들어지는 □RQRS는 어떤 사각형이 되는지 말하시오.

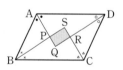

핵심 3 오른쪽 그림과 같이 원 O 안에 직사각형 OABC가 있다. $\overline{AC}=4\,cm$일 때, 원 O의 넓이를 구하시오.

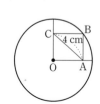

핵심 4 오른쪽 그림과 같은 정사각형 ABCD에서 $\overline{BP}=\overline{CQ}$이고, $\overline{AP}$와 $\overline{BQ}$의 교점을 E라 하자. 이때 ∠x의 크기를 구하시오.

핵심 5 오른쪽 그림과 같이 직사각형 ABCD를 대각선 BD를 접는 선으로 하여 점 C가 점 E에 겹쳐지도록 접었다. $\overrightarrow{BA}$와 $\overrightarrow{DE}$의 연장선의 교점을 F라 하고 ∠DBC=28°라 할 때, ∠x의 크기를 구하시오.

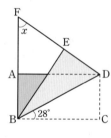

핵심 6 오른쪽 그림과 같이 사분원의 내부에 정사각형 ABCD가 꼭 맞게 들어 있다. 정사각형의 넓이가 $8\,cm^2$일 때, 이 사분원의 넓이를 구하시오.

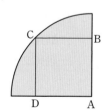

예제 3 오른쪽 그림과 같이 $\overline{AD}=2\overline{AB}$인 직사각형 ABCD에서 $\overline{AD}$, $\overline{BC}$의 중점을 각각 M, N이라 할 때, □ENFM은 어떤 사각형인지 말하시오.

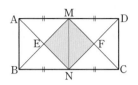

Tip 직사각형의 성질과 정사각형의 성질을 이용한다.

풀이 보조선 MN을 그으면 □ANCM과 □MBND는 한 쌍의 대변이 평행하고 그 길이가 같으므로 [ ]이다.

∴ $\overline{EN} /\!/ \overline{MF}$, $\overline{ME} /\!/$ [ ]

따라서 두 쌍의 대변이 각각 [ ]하므로 □ENFM은 [ ]이다. … ㉠

또, □ABNM에서 ∠MEN=[ ]°, $\overline{ME}=\overline{EN}$이다. … ㉡

따라서 ㉠, ㉡에 의해서 □ENFM은 [ ]이다.

답 _____

응용 1 다음 그림과 같이 직사각형 ABCD의 꼭짓점 B에서 $\overline{CD}$ 위의 한 점 E를 지나는 직선을 그어 $\overline{AD}$의 연장선과 만나는 점을 F라 하자. $\overline{EF}=2\overline{BD}$, $\overline{EG}=\overline{GF}$, ∠ABD=42°일 때, ∠EBC의 크기를 구하시오.

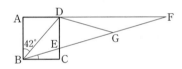

응용 2 오른쪽 그림과 같은 정사각형 ABCD의 넓이가 24 cm²이고 ∠EOF=90°일 때, 색칠한 부분의 넓이를 구하시오. (단, 점 O는 두 대각선의 교점이다.)

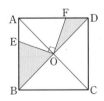

응용 3 오른쪽 그림에서 □ABCD는 정사각형이고 △PBC는 정삼각형이다. 이때 ∠x의 크기를 구하시오.

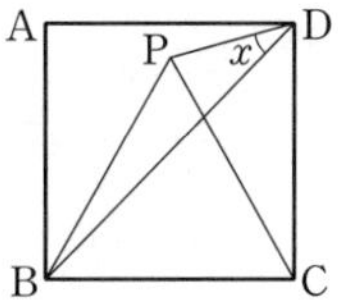

응용 4 오른쪽 그림의 정사각형 ABCD에서 ∠ABQ=∠PBQ이고 $\overline{AQ}=10$ cm, $\overline{DQ}=5$ cm, $\overline{PD}=7$ cm일 때, $\overline{BP}$의 길이를 구하시오.

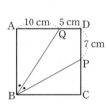

01 오른쪽 그림과 같이 평행사변형 ABCD의 ∠A의 이등분선과 ∠C의 외각의 이등분선의 교점을 F라 하고 ∠A의 이등분선과 $\overline{\text{CD}}$의 교점을 G라 할 때, ∠x의 크기를 구하시오.

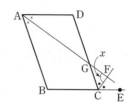

02 오른쪽 그림의 정삼각형 ABC에서 $\overline{\text{AB}}$∥$\overline{\text{IH}}$, $\overline{\text{BC}}$∥$\overline{\text{FG}}$, $\overline{\text{CA}}$∥$\overline{\text{ED}}$이고 색칠한 세 삼각형 △ODF, △OHE, △OGI의 둘레의 길이의 합이 36 cm일 때, △ABC의 둘레의 길이를 구하시오.

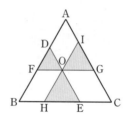

03 오른쪽 그림의 평행사변형 ABCD에서 변 BC 위에 임의의 한 점 P를 잡고 ∠PAD의 이등분선이 $\overline{\text{BC}}$ 또는 $\overline{\text{BC}}$의 연장선과 만나는 점을 Q라 하자. $\overline{\text{AB}}$=9 cm, $\overline{\text{AD}}$=14 cm, $\overline{\text{AC}}$=15 cm이고 점 P가 꼭짓점 B에서 꼭짓점 C까지 움직일 때, 점 Q가 움직인 거리를 구하시오.

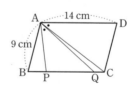

04 오른쪽 그림은 △ABC의 세 변을 각각 한 변으로 하는 정삼각형 ABD, BCE, ACF를 각각 그린 것이다. ∠BAC=80°일 때, ∠ADE+∠AFE의 크기를 구하시오.

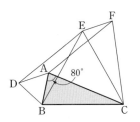

05 오른쪽 그림은 넓이가 24인 평행사변형 ABCD에서 $\overline{AB}$ 위의 한 점 E를 잡고, $\overline{BC}$와 $\overline{AD}$ 위에 $\overline{BF}=\overline{AG}$가 되도록 임의의 점 F, G를 잡은 것이다. 점 G에서 $\overline{EF}$에 평행선을 그어 $\overline{CD}$와의 교점을 H라고 할 때, □EFHG의 넓이를 구하시오.

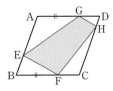

06 오른쪽 그림과 같은 직사각형 ABCD에서 $\overline{AB}:\overline{BC}=2:3$이고 점 M은 $\overline{CD}$의 중점이다. $\overline{BP}:\overline{PC}=1:2$일 때, ∠AMP의 크기를 구하시오.

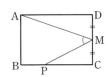

07 오른쪽 그림과 같이 평행사변형 ABCD의 네 외각의 이등분선의 교점을 각각 E, F, G, H라고 할 때, □EFGH는 어떤 사각형인지 말하시오.

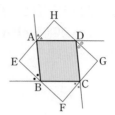

08 오른쪽 그림과 같은 마름모 ABCD에서 ∠ABC=120°이다. $\overline{AP}=\overline{BQ}$가 되도록 $\overline{AB}$와 $\overline{BC}$ 위에 각각 두 점 P, Q를 잡을 때, △PQD는 어떤 삼각형인지 말하시오.

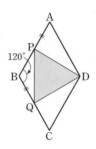

09 오른쪽 그림의 마름모 ABCD에서 $\overline{AC}=20$ cm, $\overline{BD}=35$ cm, $\overline{DE} : \overline{EC}=3 : 4$일 때, △DBE의 넓이를 구하시오.

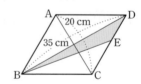

10 오른쪽 그림과 같이 정사각형 ABCD의 변 BC, CD 위에 ∠EAF=45°, ∠AEF=65°가 되도록 점 E, F를 잡았을 때, ∠AFD의 크기를 구하시오.

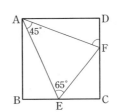

11 한 변의 길이가 5 cm인 정사각형 ABCD가 있다. 대각선 BD 위에 $\overline{AB}=\overline{BE}$가 되도록 점 E를 잡고 점 E에서 $\overline{BD}$에 수직인 직선을 그어 $\overline{CD}$와 만나는 점을 F라고 할 때, $3\overline{DF}+\overline{DE}+\overline{EF}+\overline{FC}$의 길이를 구하시오.

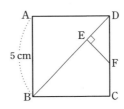

12 오른쪽 그림의 □ABCD는 등변사다리꼴이고, $\overline{BD}$의 연장선에 $\overline{BD}=\overline{DE}$가 되도록 E를 잡고 점 E에서 $\overline{BC}$의 연장선에 내린 수선의 발을 F라고 하자. $\overline{AD}=8$ cm, $\overline{AB}=\overline{DC}=9$ cm, $\overline{BC}=14$ cm일 때, $\overline{CF}$의 길이를 구하시오.

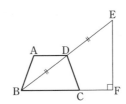

13 오른쪽 그림의 평행사변형 ABCD에서 점 B를 지나는 직선이 $\overline{DC}$와 만나는 점을 E, $\overline{AD}$의 연장선과 만나는 점을 F라고 하자. □ABCD=28 cm², $\overline{DE}$: $\overline{EC}$=2 : 5일 때, △CFE의 넓이를 구하시오.

NOTE

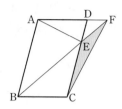

14 마름모 ABCD의 두 대각선의 교점을 O라 하고, △ABO, △BCO, △CDO, △DAO의 외심을 각각 P, Q, R, S라고 할 때, □PQRS에 대한 설명으로 옳은 것을 고르시오.

> ㄱ. 두 대각선의 길이가 같다.
> ㄴ. 이웃하는 두 변의 길이가 같다.
> ㄷ. 두 대각선이 이루는 각의 크기는 90°이다.
> ㄹ. 네 내각의 크기가 모두 같다.
> ㅁ. 네 변의 길이가 모두 같다.

15 오른쪽 그림과 같이 가장 긴 대각선의 길이가 20 cm인 정팔각형에서 색칠한 부분의 넓이를 구하시오.

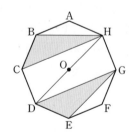

16 오른쪽 그림과 같은 □ABCD에서 $\overline{AB}$의 삼등분점을 각각 **E, F**라 하고, $\overline{CD}$의 삼등분점을 각각 **G, H**라고 하자. □EFGH의 넓이가 **12 cm²**일 때, □ABCD의 넓이를 구하시오.

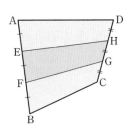

17 한 변의 길이가 **3 cm**인 정사각형 모양의 색종이 **36**장을 오른쪽 그림과 같이 앞서 놓은 색종이의 두 대각선의 교점에 다른 색종이의 한 꼭짓점이 오도록 차례로 겹쳐서 전체적으로 고리 모양을 만들었다. 이때 색종이 **36**장으로 만든 고리의 넓이를 구하시오.

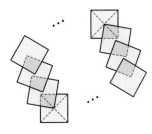

18 오른쪽 그림의 평행사변형 **ABCD**에서 △**AEG**＋△**DFG**와 넓이가 같은 삼각형을 말하시오.

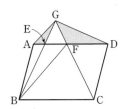

NOTE

01 오른쪽 그림의 좌표평면에서 $A(-2, 3)$, $B(0, -1)$, $C(4, 2)$이고
사각형 ABCD가 평행사변형일 때, 점 D의 좌표를 구하시오.

02 오른쪽 그림과 같은 평행사변형 ABCD의 변 위를 점 P는 점 A에서
점 D까지 매초 3 cm의 속력으로 움직이고 점 Q는 점 C에서 점 B까
지 매초 5 cm의 속력으로 움직이고 있다. 점 P가 점 A에서 출발한
지 6초 후에 점 Q가 점 C에서 출발할 때, □AQCP가 평행사변형이
되는 것은 점 Q가 출발한 지 몇 초 후인지 구하시오.

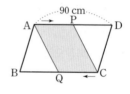

03 오른쪽 그림의 평행사변형 ABCD에서 두 대각선의 교점을
O라 하고 $\angle ADB = 15°$, $\angle CAD = 30°$일 때, $\angle x - \angle y$의
크기를 구하시오.

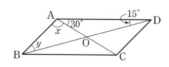

04 오른쪽 그림과 같은 평행사변형 $ABCD$에서 $\overline{AB}$, $\overline{CD}$의 중점을 각각 E, F라 하고, $\overline{CE}$의 연장선과 $\overline{AD}$의 연장선의 교점을 P, $\overline{BF}$의 연장선과 $\overline{AD}$의 연장선의 교점을 Q, $\overline{CE}$와 $\overline{BF}$의 교점을 O라고 하자. 이때 $\square ABCD$의 넓이와 $\triangle PQO$의 넓이의 비를 가장 간단한 자연수의 비로 나타내시오.

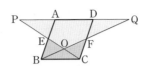

05 오른쪽 그림과 같은 직사각형 $ABCD$에서 $\angle BAC$, $\angle CAD$의 이등분선과 $\overline{BC}$, $\overline{CD}$가 만나는 점을 각각 E, F라 하고, 점 E, F에서 대각선 AC에 내린 수선의 발을 각각 P, Q라고 한다. $\overline{AP}=a$, $\overline{PQ}=b$라 할 때, $\dfrac{b}{a}$의 값을 구하시오. (단, $\overline{AB} : \overline{BC}=3 : 4$)

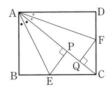

06 오른쪽 그림에서 $\square ABCD$와 $\square DEFG$는 정사각형이다. $\overline{AG}$의 중점을 P라 하고, $\overline{PD}$의 연장선과 $\overline{CE}$와의 교점을 Q라고 하자. $\overline{CE}=10$ cm, $\triangle CDE=32$ cm^{2}일 때, $\overline{PQ}$의 길이를 구하시오.

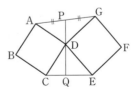

07 $\overline{AB}=\overline{BC}$인 직각삼각형 ABC에 정사각형을 내접시키는 방법은 2가지가 있다. [그림 1]과 같이 내접시킨 정사각형의 넓이가 108일 때, [그림 2]와 같이 내접시킨 정사각형의 넓이를 구하시오.

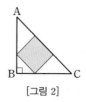

[그림 1]   [그림 2]

08 오른쪽 그림과 같이 두 대각선 AC, BD의 길이가 각각 16 cm, 12 cm이고, 각 변의 길이가 10 cm인 □ABCD가 있다. □ABCD의 내부의 한 점 P에서 네 변에 내린 수선의 길이를 각각 l_1, l_2, l_3, l_4라 할 때, $l_1+l_2+l_3+l_4$의 길이를 구하시오.

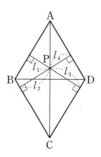

09 오른쪽 그림에서와 같이 직사각형 ABCD 모양의 종이가 있다. $\overline{AD}$가 $\overline{CD}$ 위에 겹치도록 접어서 잘라내고 점 A가 $\overline{CD}$ 위에 겹친 점을 A′, 잘린 선분을 $\overline{DE}$라고 한다. 또한 이것을 반복해서 $\overline{DE}$가 $\overline{CD}$ 위에 겹치도록 접어서 겹치지 않는 부분을 잘라내고 점 E가 $\overline{CD}$ 위에 겹친 점을 E′, 잘린 선분을 $\overline{BE'}$라고 한다. □BEDE′는 어떤 사각형인지 말하시오.

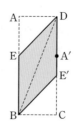

10 오른쪽 그림의 삼각형 ABC에서 $\overline{AC}$의 중점 D와 $2\overline{BE}=\overline{AE}$인 $\overline{AB}$ 위의 한점 E를 잡아 $\overline{CE}$와 $\overline{DB}$의 교점을 F라고 하자. △BEF의 넓이가 $9 \, cm^2$일 때, □AEFD의 넓이를 구하시오.

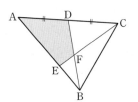

NOTE

11 오른쪽 그림과 같이 한 점 D를 공유하는 두 정사각형 ABCD, DEFG에서 ∠BAE=50°, ∠CDE=30°일 때, ∠CGD의 크기를 구하시오.

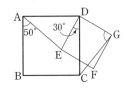

12 오른쪽 그림과 같이 $\overline{AD} /\!/ \overline{BC}$인 사다리꼴 ABCD에서 $\overline{AD}=6 \, cm$, $\overline{BC}=12 \, cm$, $\overline{AB}=18 \, cm$, ∠A=∠B=90°이다. $\overline{CD}$의 중점 E에 대하여 $\overline{EF}$가 사다리꼴 ABCD의 넓이를 이등분하도록 $\overline{AB}$ 위에 점 F를 잡는다. 이때 $\overline{AF}$의 길이를 구하시오.

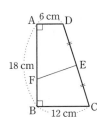

13 오른쪽 그림에서 □EFGH는 평행사변형 ABCD를 두 대각선의 교점 O를 중심으로 동일한 평면 위에서 시계 방향으로 회전시킨 것이다. 평행사변형 ABCD의 대각선의 길이가 10 cm일 때, □BHDF의 넓이의 최댓값을 구하시오.

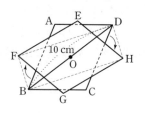

14 오른쪽 그림의 사다리꼴 ABCD에서 $\overline{AM}=\overline{BM}$, $\overline{MH}\perp\overline{BC}$이고, $\overline{AD}=9\,\text{cm}$, $\overline{BC}=22\,\text{cm}$, $\overline{MH}=8\,\text{cm}$일 때, $\triangle DMC$의 넓이를 구하시오.

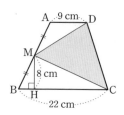

15 오른쪽 [그림 1]은 육면체이고, [그림 2]는 육면체를 펼친 전개도를 나타낸 것이다. 이들 여섯 개의 면은 마름모꼴로 $\angle ADC=120°$이다. 이때 [그림 1]에서 색칠된 □BDHF는 어떤 사각형인지 말하시오.

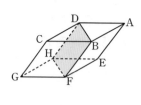

[그림 1]   [그림 2]

16 오른쪽 그림의 오각형 **ABCDE**에서 변 **CD**의 연장선 위에 두 점 **P**, **Q**를 잡아 △**APQ**의 넓이가 오각형 **ABCDE**의 넓이와 같도록 $\overleftrightarrow{CD}$ 위에 두 점 **P**, **Q**의 위치를 정하시오.

NOTE

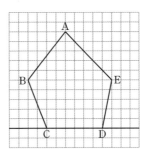

17 오른쪽 그림과 같이 평행사변형 **ABCD**에서 변 **AB** 위의 한 점 **E**를 잡고 $\overline{DE}$ 위에 점 **P**를 잡자. □**ABCD**=110 cm², △**APB**=30cm² 일 때, $\overline{EP}$: $\overline{PD}$를 구하시오.

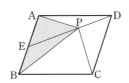

18 오른쪽 그림과 같은 직사각형 **ABCD**의 각 변의 중점 **E**, **F**, **G**, **H**를 연결하여 만든 사각형 **EFGH**에서 ∠**FGH**=132°이고, 점 **E**에서 선분 **FG**에 내린 수선의 발을 **P**, $\overline{EP}$의 연장선이 선분 **BC**와 만나는 점을 **Q**라 하자. 사각형 **IJKH**는 사각형 **EQCD**의 각 변의 중점 **I**, **J**, **K**, **H**를 연결하여 만든 사각형일 때, ∠**EFG**+∠**GHK**+∠**EHI**+∠**HIJ**+∠**HEP**=a°이다. 이때 a의 값을 구하시오.

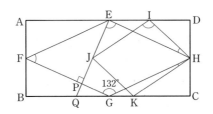

01 오른쪽 그림과 같이 길이가 **12 cm**인 선분 **AB**와 평행한 직선 l이 있다. $\overline{AB}$와 직선 l 사이의 거리가 **5 cm**일 때, 직선 l 위의 점 **P**에 대하여 △**PAB**가 이등변삼각형이 되게 하는 점 **P**의 개수를 모두 구하시오.

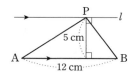

02 오른쪽 그림과 같이 $\overline{AB} = \overline{AC}$인 이등변삼각형 △ABC에서 ∠A = 20°이다. ∠EBC = 50°, ∠DCB = 60°일 때, ∠CDE의 크기를 구하시오.

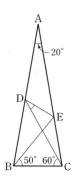

03 오른쪽 그림의 △ABC는 $\overline{AB} = 16$, $\overline{BC} = 20$, $\overline{CA} = 12$이고, ∠BAC = 90°인 직각삼각형이다. $\overline{BC}$의 수직이등분선과 ∠A의 외각의 이등분선의 교점을 N이라 할 때, $\overline{MN}$의 길이를 구하시오.

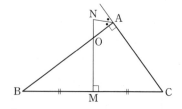

04 $\overline{AB}=\overline{AC}$이고 ∠A=120°인 △ABC가 오른쪽 그림과 같다. 점 I는 △ABC의 내심이고, 두 점 O_1, O_2는 각각 △ABC, △IBC의 외심이다. △ABC의 넓이가 48일 때, △AO_2C의 넓이를 구하시오.

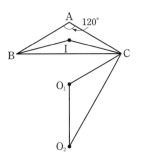

05 오른쪽 그림과 같은 평행사변형 ABCD에서 △ABP의 넓이는 □ABCD의 넓이의 $\frac{1}{8}$이고, △AQD의 넓이는 □ABCD의 넓이의 $\frac{1}{4}$일 때, △PCQ의 넓이는 □ABCD의 넓이의 a배이다. 이때 a의 값을 구하시오.

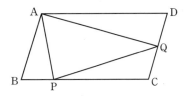

06 오른쪽 그림과 같은 직사각형 ABCD의 내부의 점 P에 대하여 △PAB=36 cm², △PBC=24cm²이다. 대각선 BD와 $\overline{AP}$의 교점을 Q라 할 때, △PDB의 넓이를 구하시오.

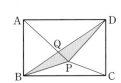

07 오른쪽 그림과 같이 정사각형 $A_1B_1C_1D_1$에 내접하는 원을 그리고, 다시 그 원에 내접하는 정사각형 $A_2B_2C_2D_2$를 그리는 과정을 반복하였다. $\square A_{10}B_{10}C_{10}D_{10}$의 넓이가 8 cm^2일 때, $\square A_3B_3C_3D_3$의 둘레의 길이를 구하시오.

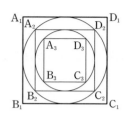

08 오른쪽 그림과 같은 정사각형 $ABCD$에서 $\overline{AB}$, $\overline{BC}$, $\overline{CD}$, $\overline{DA}$의 중점을 각각 E, F, G, H라고 하자. 색칠한 부분의 넓이가 16 cm^2일 때, 정사각형 $ABCD$의 넓이를 구하시오.

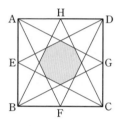

09 오른쪽 그림의 직사각형 $ABCD$에서 $\angle A$, $\angle B$, $\angle C$, $\angle D$의 이등분선의 교점을 각각 P, Q, R, S라 하자. $\overline{PR} \times \overline{QS} = 8$일 때, $\square PQRS$의 둘레의 길이를 구하시오.

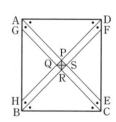

II 도형의 닮음

(1) **닮음** : 한 도형을 일정한 비율로 확대하거나 축소한 도형이 다른 도형과 합동일 때, 이 두 도형은 서로 닮았다 또는 서로 닮음인 관계에 있다고 한다.

(2) 서로 닮음인 관계에 있는 두 도형을 닮은 도형이라고 한다.

(3) 서로 닮은 두 평면도형에서

  ① 대응하는 변의 길이의 비는 일정하고, 대응하는 각의 크기가 서로 같다.

  ② 평면도형에서 닮음비는 서로 닮은 두 평면도형에서 대응변의 길이의 비와 같다.

  ③ 서로 닮은 두 평면도형의 닮음비가 $m : n$일 때, 넓이의 비는 $m^2 : n^2$이다.

(4) 서로 닮은 두 입체도형에서

  ① 대응하는 면은 서로 닮은 도형이다.

  ② 닮음비는 대응하는 모서리의 길이의 비와 같다.

  ③ 서로 닮은 두 입체도형의 닮음비가 $m : n$일 때, 겉넓이의 비는 $m^2 : n^2$, 부피의 비는 $m^3 : n^3$이다.

핵심 1 오른쪽 그림에서 두 도형이 서로 닮음일 때, $\angle x$의 크기를 구하시오.

핵심 3 두 정십이면체 A, B의 닮음비가 4 : 5이고 정십이면체 A의 한 모서리의 길이가 20 cm일 때, 정십이면체 B의 모든 모서리의 길이의 합을 구하시오.

핵심 2 다음 중 닮음에 대한 설명으로 옳지 <u>않은</u> 것을 모두 고르면? (정답 2개)

  ① 서로 닮은 두 평면도형에서 대응하는 변의 길이의 비는 일정하다.

  ② 넓이가 같은 두 평면도형은 서로 닮음이다.

  ③ 서로 닮은 두 입체도형에서 대응하는 면은 서로 닮은 도형이다.

  ④ 꼭지각의 크기가 같은 두 이등변삼각형은 항상 닮음이다.

  ⑤ 밑면의 반지름의 길이가 각각 1, 2인 두 원뿔은 닮음이다.

핵심 4 오른쪽 그림과 같이 원뿔을 밑면에 평행한 평면으로 자를 때 생기는 단면의 반지름의 길이가 **10 cm**일 때, 처음 원뿔의 밑면의 반지름의 길이를 구하시오.

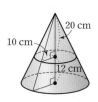

예제 1 오른쪽 그림과 같이 서로 닮음인 두 개의 컵이 있다. 작은 컵의 높이는 큰 컵의 높이의 $\frac{4}{5}$이고 큰 컵에는 컵의 부피의 $\frac{1}{5}$에 해당하는 물 $65\,\text{cm}^3$가 들어 있다. 이때 작은 컵의 전체의 부피는 몇 cm^3인지 구하시오.

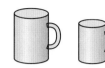

Tip 서로 닮은 두 입체도형의 닮음비가 $m:n$일 때 부피의 비는 $m^3:n^3$이다.

풀이 큰 컵과 작은 컵의 닮음비는 5 : 4이므로 부피의 비는

$5^3:4^3=125:\boxed{}$

큰 컵의 부피의 $\frac{1}{5}$에 해당하는 물의 부피가 $65\,\text{cm}^3$이므로 큰 컵의 부피는

$65\times\boxed{}=\boxed{}\,(\text{cm}^3)$

따라서 $\boxed{}$: (작은 컵의 부피)$=125:\boxed{}$에서

(작은 컵의 부피)$=\boxed{}\,(\text{cm}^3)$

답 _____

응용 1 오른쪽 그림과 같이 **A2** 용지를 반으로 접을 때마다 생기는 용지의 크기를 차례로 **A3**, **A4**, **A5**, … 이라 할 때, **A3** 용지와 **A7** 용지의 닮음비를 구하시오.

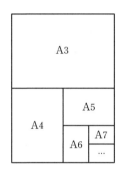

응용 3 오른쪽 그림과 같은 원뿔 모양의 그릇에 물을 부어서 그릇 높이의 $\frac{2}{3}$만큼 채웠을 때, 수면의 넓이를 구하시오. (단, 그릇의 두께는 생각하지 않는다.)

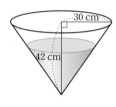

응용 2 오른쪽 그림에서 사다리꼴 **ABEF**와 사다리꼴 **BCDE**는 서로 닮은 도형이고 닮음비는 **1 : 2**이다. 이때 □**ABEF**의 넓이를 구하시오.

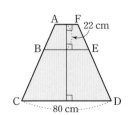

응용 4 큰 쇠구슬을 녹여서 같은 크기의 작은 쇠구슬 여러 개를 만들려고 한다. 작은 쇠구슬의 반지름의 길이를 큰 쇠구슬의 반지름의 길이의 $\frac{1}{3}$로 할 때, 작은 쇠구슬의 겉넓이를 모두 합하면 처음의 큰 쇠구슬의 겉넓이의 몇 배인지 구하시오.

02 삼각형의 닮음 조건

두 삼각형은 다음 중 어느 한 조건을 만족하면 서로 닮은 도형이다.
(1) 세 쌍의 대응변의 길이의 비가 같을 때 ➡ SSS 닮음
(2) 두 쌍의 대응변의 길이의 비가 같고, 그 끼인각의 크기가 같을 때 ➡ SAS 닮음
(3) 두 쌍의 대응각의 크기가 각각 같을 때 ➡ AA 닮음

핵심 **1** 오른쪽 그림의 △ABC에서 $\overline{AB}=12\,cm$, $\overline{BD}=6\,cm$, $\overline{AD}=9\,cm$, $\overline{AC}=16\,cm$일 때, $\overline{BC}$의 길이를 구하시오.

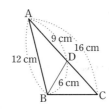

핵심 **3** 오른쪽 직사각형 ABCD에서 대각선 BD와 선분 FG의 교점을 E라 하자. $\overline{BD}\perp\overline{FG}$, $\overline{DE}=15\,cm$, $\overline{BC}=24\,cm$일 때, $\overline{AF}$의 길이를 구하시오.

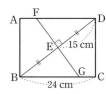

핵심 **2** 오른쪽 그림의 △ABC에서 $\overline{AD}=\overline{BD}=\overline{DE}$이고 $\overline{AB}=12\,cm$, $\overline{BE}=8\,cm$, $\overline{CE}=1\,cm$일 때, $\overline{AC}$의 길이를 구하시오.

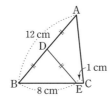

핵심 **4** 오른쪽 그림과 같이 평행사변형 ABCD에서 $\overline{CF}=9\,cm$가 되도록 점 F를 잡고 $\overrightarrow{DF}$와 $\overline{AB}$의 연장선과 만나는 점을 E라 할 때, $\overline{BE}$의 길이를 구하시오.

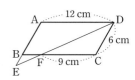

예제 2 오른쪽 그림의 사각형 ABDE에서 $\overline{AB}=\overline{AE}=12$, $\overline{AC}=6$, $\overline{AD}=24$, $\overline{BC}=12$, $\overline{CE}=9$이고 ∠BAD=∠CAE일 때 △BDE의 둘레의 길이를 구하시오.

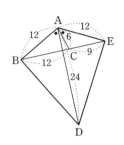

Tip △ABD∽△ACE, △ABC∽△ADE임을 이용한다.

풀이 △ABD와 △ACE에서
$\overline{AB}:\overline{AC}=\overline{AD}:\overline{AE}=\boxed{}:1$, ∠BAD=∠CAE
이므로 △ABD∽△ACE(SAS 닮음)
즉, $\overline{AB}:\overline{AC}=\overline{BD}:\overline{CE}$, $12:6=\overline{BD}:9$ ∴ $\overline{BD}=\boxed{}$
△ABC와 △ADE에서
$\overline{AB}:\overline{AD}=\overline{AC}:\overline{AE}=1:\boxed{}$,
∠BAC=∠BAD+∠DAC=∠$\boxed{}$+∠DAC=∠$\boxed{}$
이므로 △ABC∽△ADE(SAS 닮음)
즉, $\overline{AB}:\overline{AD}=\boxed{}:\overline{DE}$, $12:24=\boxed{}:\overline{DE}$ ∴ $\overline{DE}=\boxed{}$
∴ (△BDE의 둘레의 길이)=$\overline{EB}+\overline{BD}+\overline{DE}=21+\boxed{}+\boxed{}=\boxed{}$

답 _____

응용 1 오른쪽 그림과 같은 평행사변형 ABCD의 꼭짓점 B에서 변 AD, 변 DC에 내린 수선의 발을 각각 E, F라 하자. $\overline{AB}=36$ cm, $\overline{BE}=28$ cm, $\overline{BF}=24$ cm일 때, $\overline{BC}$의 길이를 구하시오.

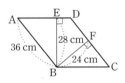

응용 3 오른쪽 그림과 같이 한 변의 길이가 **15 cm**인 정삼각형 ABC의 $\overline{BC}$ 위에 $\overline{BD}:\overline{DC}=2:3$이 되도록 점 D를 잡고 $\overline{AC}$ 위에 ∠ADE=60°가 되도록 점 E를 잡을 때, $\overline{AE}$의 길이를 구하시오.

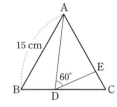

응용 2 오른쪽 그림과 같이 직사각형 ABCD를 꼭짓점 D가 $\overline{BC}$의 중점 E에 오도록 접었다. $\overline{AB}=6$ cm일 때, $\overline{EF}$의 길이를 구하시오.

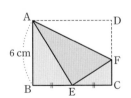

응용 4 오른쪽 그림에서 $\overline{AD}:\overline{DB}=2:3$일 때, □DBEF의 넓이와 △ABC의 넓이의 비를 가장 간단한 자연수의 비로 나타내시오.

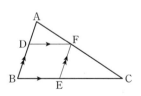

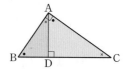
03 직각삼각형의 닮음의 응용

⑴ 두 직각삼각형에서 직각을 제외한 한 내각의 크기가 같으면 닮음이다.

⑵ 두 직각삼각형이 공통각을 가지면 서로 닮은 도형이다.

$\angle A = 90°$인 직각삼각형 ABC에서 $\overline{AD} \perp \overline{BC}$일 때,

$\triangle ABC \backsim \triangle DBA \backsim \triangle DAC$(AA 닮음)

① $\triangle ABC \backsim \triangle DBA$이므로 $\overline{AB} : \overline{DB} = \overline{BC} : \overline{BA}$ ➡ $\overline{AB}^2 = \overline{BD} \times \overline{BC}$

② $\triangle ABC \backsim \triangle DAC$이므로 $\overline{AC} : \overline{DC} = \overline{BC} : \overline{AC}$ ➡ $\overline{AC}^2 = \overline{CD} \times \overline{CB}$

③ $\triangle DBA \backsim \triangle DAC$이므로 $\overline{DA} : \overline{DC} = \overline{DB} : \overline{DA}$ ➡ $\overline{AD}^2 = \overline{BD} \times \overline{DC}$

핵심 1 오른쪽 그림과 같이 $\angle B = 90°$인 직각삼각형 ABC에서 $\overline{BE} = 8$, $\overline{EC} = 10$, $\overline{CD} = 6$일 때, x의 값을 구하시오.

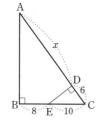

핵심 2 오른쪽 그림과 같은 직각삼각형 ABC에서 $\angle A$의 이등분선과 $\overline{BC}$의 교점을 D, 점 D에서 $\overline{AB}$에 내린 수선의 발을 E라 할 때, $\overline{CD}$의 길이를 구하시오.

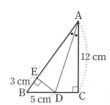

핵심 3 오른쪽 그림과 같은 정사각형 ABCD에서 $\overline{CD}$, $\overline{AD}$의 중점을 각각 M, N이라 하고 $\overline{BM}$과 $\overline{CN}$의 교점을 E라 할 때, $\overline{BE} : \overline{EM}$의 비를 가장 간단한 자연수의 비로 나타내시오.

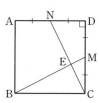

핵심 4 지후는 시내의 폭을 구하기 위하여 오른쪽 그림과 같이 축도를 그렸다. $\triangle OBC$에서 $\overline{OA} \perp \overline{BC}$이고 $\overline{AB} = 25$ cm, $\overline{OA} = 55$ cm일 때, 축도에 그려진 시내의 폭 $\overline{AC}$의 길이를 구하시오.

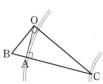

II 도형의 닮음

예제 **3** 오른쪽 그림과 같이 직선 $5x+12y-60=0$의 그래프가 x축, y축과 만나는 점을 각각 A, B라 하고, 원점 O에서 이 직선에 내린 수선의 발을 H라 하자. $\overline{AB}=13$일 때, $\triangle OBH$의 둘레의 길이를 구하시오.

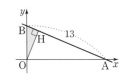

Tip 닮음인 직각삼각형의 닮음비를 이용하여 $\overline{AH}$, $\overline{BH}$, $\overline{OH}$의 길이를 각각 구한다.

풀이 직선 $5x+12y-60=0$의 그래프의 x절편, y절편은 각각 ☐, ☐이다.

$\overline{OA}^2=\overline{AH}\times\overline{AB}$이므로 ☐ $=\overline{AH}\times 13$ ∴ $\overline{AH}=$ ☐

$\overline{BH}=13-\overline{AH}=$ ☐ 이고 $\overline{OH}^2=\overline{AH}\times\overline{BH}$이므로 $\overline{OH}=$ ☐ ($\because \overline{OH}>0$)

따라서 $\triangle OBH$의 둘레의 길이는 ☐ 이다.

답 _____

응용 **1** 오른쪽 그림과 같이 $\angle A=90°$인 직각삼각형 ABC에서 점 M은 $\overline{BC}$의 중점이다. 꼭짓점 A에서 $\overline{BC}$에 내린 수선의 발을 D라 하고, 점 D에서 $\overline{AM}$에 내린 수선의 발을 E라 할 때, $\overline{DE}$의 길이를 구하시오.

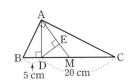

응용 **3** 오른쪽 그림과 같이 정사각형 모양의 종이 ABCD를 $\overline{EF}$를 접는 선으로 하여 꼭짓점 A가 $\overline{BC}$의 중점 M에 오도록 접었을 때, $\triangle MCH$의 둘레의 길이를 구하시오.

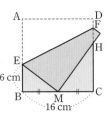

응용 **2** 오른쪽 그림과 같이 $\angle A=90°$인 직각삼각형 ABC에서 $\overline{AD}\perp\overline{BC}$이고 $\overline{AB}=12\ cm$, $\overline{AC}=16\ cm$일 때, $\triangle ABD$의 넓이를 구하시오.

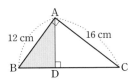

응용 **4** 오른쪽 그림과 같이 $\angle C=90°$인 직각삼각형 ABC에서 $\overline{DE}$와 $\overline{FG}$는 $\overline{BC}$에 수직이고 $\overline{DG}$와 $\overline{FC}$는 $\overline{AB}$에 수직이다. $\overline{DF}=3\ cm$, $\overline{DG}=4\ cm$, $\overline{FG}=5\ cm$이고, $\overline{DG}:\overline{FC}=a:b$일 때 $a+b$의 값을 구하시오. (단, a, b는 서로소)

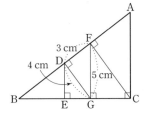

01 $\overline{AC}$와 $\overline{BD}$가 한 점 E에서 만나고, $\overline{AD}\,/\!/\,\overline{FG}\,/\!/\,\overline{BC}$, $\overline{AD}=20$, $\overline{BC}=45$이다. $\overline{AG}:\overline{GC}=3:2$일 때, $\overline{FG}$의 길이를 구하시오. (단, 점 F, G는 각각 $\overline{BD}$, $\overline{AC}$ 위의 점이다.)

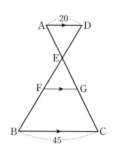

02 오른쪽 그림에서 $\overline{AB}\perp\overline{BC}$, $\overline{DC}\perp\overline{BC}$, $\overline{PH}\perp\overline{BC}$이고, $\overline{PH}=3$, $\overline{DC}=7$이다. 이때 선분 AB의 길이를 구하시오.

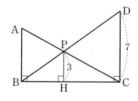

03 오른쪽 그림과 같이 $\angle C=90°$, $\overline{AB}=25\ \text{cm}$, $\overline{BC}=20\ \text{cm}$, $\overline{AC}=15\ \text{cm}$인 직각삼각형 ABC가 있다. □DEFG가 $\overline{DE}:\overline{EF}=5:3$인 직사각형이 되도록 직각삼각형 ABC의 각 변 위에 네 점 D, E, F, G를 정할 때, $\overline{FG}$의 길이를 구하시오.

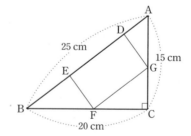

04 오른쪽 그림은 한 변의 길이가 각각 1, 1, 2, 3, 5, …인 정사각형을 시계 방향으로 이어 그린 다음, 컴퍼스를 이용하여 각 정사각형의 두 꼭짓점을 지나는 사분원의 호를 이어 그린 것이다. 이때 5번째 그린 사분원의 호의 길이와 10번째 그린 사분원의 호의 길이의 비를 가장 간단한 자연수의 비로 나타내시오.

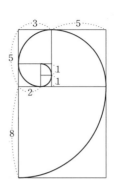

05 오른쪽 그림과 같이 $\overline{AB}=9$, $\overline{BC}=10$, $\overline{CA}=8$인 △ABC에서 $\overline{BG}$와 $\overline{CF}$는 각각 ∠B와 ∠C의 이등분선이고, $\overline{BG}\perp\overline{AE}$, $\overline{CF}\perp\overline{AD}$이다. 이때 $\overline{FG}$의 길이를 구하시오.

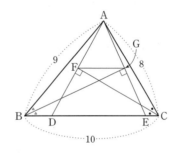

06 오른쪽 그림과 같이 $\overline{AB}=17$, $\overline{BC}=15$, $\overline{CA}=8$인 직각삼각형 ABC가 있다. 점 C에서 $\overline{AB}$에 내린 수선의 발을 P, 점 P에서 $\overline{BC}$에 내린 수선의 발을 Q, 점 Q에서 $\overline{AB}$에 내린 수선의 발을 R라 하면 $\overline{QR} : \overline{PC}=m^2 : n^2$이다. m, n이 서로소인 자연수일 때, $m+n$의 값을 구하시오.

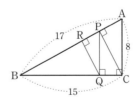

07 오른쪽 그림과 같이 △ABC에서
$\overline{AB}=10$ cm, $\overline{BC}=14$ cm, $\overline{AC}=16$ cm이고, $\overline{DF}=8$ cm,
∠ABD=∠BCE=∠CAF일 때, △DEF의 둘레의 길이를
구하시오. (단, 세 점 D, E, F는 $\overline{AF}$, $\overline{BD}$, $\overline{CE}$ 위의 점이
다.)

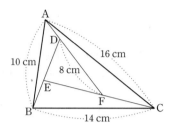

08 오른쪽 그림의 삼각형 ABC에서 변 BC 위의 점 D에 대하여
$\overline{BD}:\overline{CD}=3:2$이고, 선분 AD 위의 점 E에 대하여
$\overline{AE}:\overline{DE}=4:3$이다. 선분 BE의 연장선이 변 AC와 점 F에서 만
나고, 변 AC 위의 점 G를 $\overline{BF}\,/\!/\,\overline{DG}$가 되도록 정한다. △AEF와
△ABC의 넓이의 비를 가장 간단한 자연수의 비로 나타내시오.

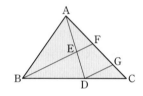

09 오른쪽 그림과 같은 한 변의 길이가 10 cm인 정사각형 ABCD에
서 $\overline{AB}$, $\overline{BC}$의 중점을 각각 E, F라 하고 $\overline{AF}$와 $\overline{DE}$의 교점을 G라
할 때, △AEG의 넓이를 구하시오.

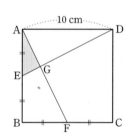

10 점 P는 △ABC의 내부의 한 점이다. 점 P를 지나며 △ABC의 각 변에 평행한 선을 그었을 때, △ABC의 변과 그 세 직선으로 둘러싸인 3개의 삼각형의 넓이는 각각 **9, 25, 81**이다. 이때 △ABC의 넓이를 구하시오.

11 오른쪽 직사각형 **ABCD**에서 $\overline{AD}$ 위의 두 점 **P, Q**에 대하여 $\overline{AP}=\dfrac{1}{4}\overline{AD}$와 $\overline{PQ}=\dfrac{1}{3}\overline{AD}$가 성립한다. $\overline{PP'} /\!/ \overline{QQ'} /\!/ \overline{AB}$이고 색칠한 사각형의 넓이가 1일 때, 직사각형 **ABCD**의 넓이를 구하시오.

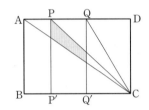

12 오른쪽 그림과 같이 높이가 **8 m**인 전봇대가 지면에 수직으로 서 있다. 전봇대의 그림자의 길이가 그림과 같을 때, 같은 위치, 같은 시각에 지면에 수직으로 서있는 유승이의 그림자의 길이는 몇 **m**인지 구하시오. (단, 유승이의 키는 **150 cm**이다.)

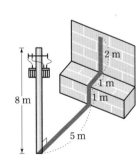

13 오른쪽 그림과 같이 직선 l 위에 한 변이 있고 직선 m 위에 한 꼭짓점이 있는 정사각형 P, Q, R에서 정사각형 P, R의 넓이가 각각 $18\,\text{cm}^2$, 8cm^2일 때, 정사각형 Q의 넓이를 구하시오.

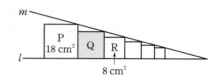

14 오른쪽 평행사변형 ABCD에서 점 E는 $\overline{\text{AB}}$의 중점이고 $\overline{\text{AF}} : \overline{\text{FD}} = 1 : 3$, $\overline{\text{AC}}$와 $\overline{\text{EF}}$의 교점을 G라 하자. $\overline{\text{AG}} = 2$일 때 $\overline{\text{AC}}$의 길이를 구하시오.

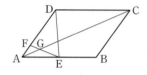

15 오른쪽 그림과 같이 한 변의 길이가 차례로 **2 cm**, **10 cm**, **8 cm**인 정사각형 3개를 변끼리 맞닿도록 이어 붙일 때, 색칠한 부분의 넓이를 구하시오.

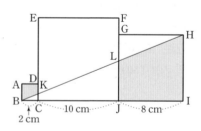

16 오른쪽 그림에서 □ABCD는 평행사변형이고, △DQP=12 cm²,
△QCP=4 cm²라 할 때, □ABCQ의 넓이는 몇 cm²인지 구하시오.

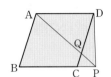

17 오른쪽 그림과 같이 부피가 108인 정사면체 A−BCD의 면 ABC
에서 각 꼭짓점과 대변의 중점을 연결했을 때의 교점을 E라 하자. 같
은 방법으로 면 BCD, ACD, ABD에 생긴 교점을 각각 F, G, H라
하자. 네 점 E, F, G, H를 꼭짓점으로 하는 정사면체를 만들었을 때,
새로 만들어진 정사면체 F−EGH의 부피를 구하시오.

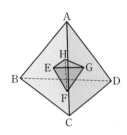

18 오른쪽 그림에서 $\overline{AB}=4$, $\overline{BC}=12$인 직사각형 ABCD와
$\overline{AF}=8$, $\overline{CF}=10$인 직사각형 AFCE를 두 꼭짓점 A, C에서 만
나도록 겹쳐 놓았다. $\overline{AF}$와 $\overline{BC}$의 교점을 H, $\overline{AD}$와 $\overline{EC}$의 교점
을 G라 할 때, $\overline{AG}$의 길이를 구하시오.

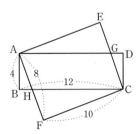

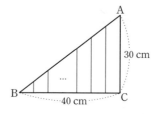
01 오른쪽 그림과 같은 정육각형 ABCDEF의 대각선을 모두 그을 때 △AIH와 합동이 아닌 닮음인 삼각형의 개수를 구하시오.

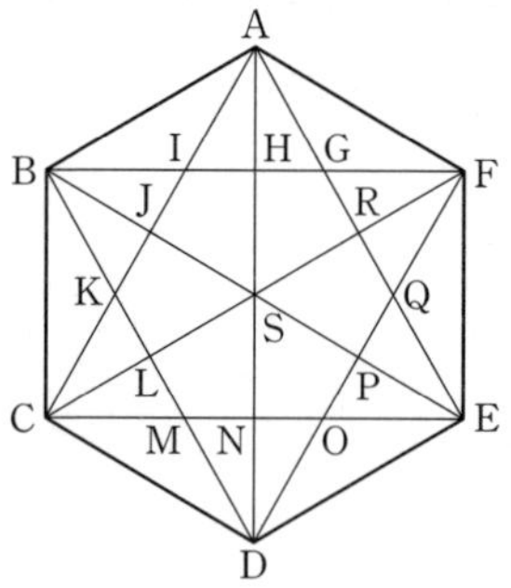

02 오른쪽 그림과 같이 밑변이 **40 cm**이고 높이가 **30 cm**인 직각삼각형 ABC의 밑변 $\overline{BC}$에 수직인 선분을 그어 새로운 직각삼각형을 만들려고 한다. 밑변의 길이와 높이가 모두 자연수인 새로운 직각삼각형들의 넓이의 합을 구하시오.

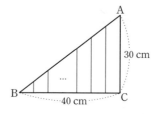

03 오른쪽 그림에서 사각형 ABCD는 $\overline{AD} /\!/ \overline{BC}$인 사다리꼴이고 $\overline{AD} : \overline{BC} = 2 : 5$이다. $\overline{AE} : \overline{EB} = 2 : 7$이고, $\overline{DF} : \overline{FC} = 5 : 3$이다. $\overline{EF}$와 $\overline{BD}$의 교점을 G라 하고 $\overline{DG}$의 길이를 x라 할 때, $\overline{BG}$의 길이를 x를 사용하여 나타내시오.

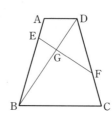

04 오른쪽 그림과 같이 $\overline{AD} /\!/ \overline{BC}$인 사다리꼴 ABCD에서 $\overline{AD}=2\,\mathrm{cm}$, $\overline{BC}=6\,\mathrm{cm}$이다. $\overline{CD}$ 위에 $\overline{DE} : \overline{EC}=2 : 3$이 되도록 점 E를 잡을 때, $\triangle ABE : \triangle CBE$를 가장 간단한 자연수의 비로 나타내시오.

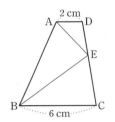

05 오른쪽 그림과 같이 $\overline{AB}=11\,\mathrm{cm}$, $\overline{BC}=10\,\mathrm{cm}$, $\overline{AC}=9\,\mathrm{cm}$인 삼각형 ABC의 내접원과 세 변의 접점을 각각 D, E, F라 하고, $\overline{AE}$와 $\overline{DF}$의 교점을 P라고 하자. 이때 $\overline{AP} : \overline{EP}$를 가장 간단한 자연수의 비로 나타내시오.

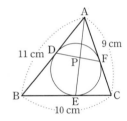

06 오른쪽 그림과 같이 합동인 세 이등변삼각형 ABC, ACD, ADE를 변끼리 맞닿도록 이어 붙였다. $\overline{AB}=\overline{AE}=20$, $\overline{CD}=15$일 때, $\overline{BE}$의 길이를 구하시오.

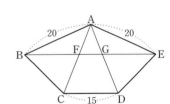

NOTE

07 오른쪽 그림과 같이 ∠B=90°인 직각삼각형 ABC 에서 $\overline{AB} /\!/ \overline{ED} /\!/ \overline{GF}$이고 $\overline{AB}=\overline{BD}$, $\overline{ED}=\overline{DF}$, $\overline{GF}=\overline{FH}$이다. △ABD의 넓이는 81이고, △GFH 의 넓이는 9일 때, △EDF의 넓이를 구하시오.

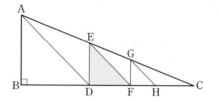

08 오른쪽 그림에서 삼각형 EBC의 넓이는 직사각형 ABCD의 넓이 와 같고, 변 EB의 길이는 변 EC의 길이와 같다. 삼각형 FGD의 넓이가 3 cm²일 때, 직사각형 ABCD의 넓이를 구하시오.

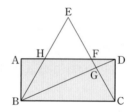

09 오른쪽 그림과 같은 정사각형 ABCD의 두 변 BC, CD 위에 ∠EAF=45°가 되도록 두 점 E, F를 각각 잡은 후, 두 점 E, F 에서 대각선 AC에 내린 수선의 발을 각각 G, H라 하자. $\overline{AG}=7$, $\overline{AH}=9$일 때, □ABCD의 넓이를 구하시오.

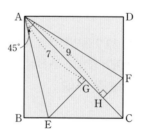

10 오른쪽 그림과 같이 $\overline{AB}=6$, $\overline{AD}=4$인 직사각형 ABCD에서 $\overline{AB}$, $\overline{BC}$, $\overline{AD}$의 중점을 각각 E, F, G라 하고 $\overline{AG}$, $\overline{GD}$의 중점을 각각 H, I라고 하자. $\overline{DE}=5$이고, $\overline{DE}$와 $\overline{HF}$, $\overline{IF}$의 교점을 각각 P, Q라 할 때, $\overline{PQ}$의 길이를 구하시오.

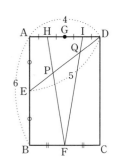

11 오른쪽 그림에서 점 F는 △ABC의 내심이며, ∠AFE는 직각이고, $\overline{DE}=20$이다. 이때, $\overline{BD}\times\overline{CE}$의 값을 구하시오.

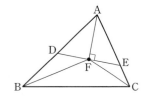

12 $\overline{AB}=\overline{AC}=3$인 이등변삼각형 ABC에서 그림과 같이 $\overline{AB}$를 한 변으로 하는 정삼각형 ADB와 $\overline{AC}$를 한 변으로 하는 정삼각형 ACE를 그렸다. $\overline{CD}$와 변 AB의 교점을 Q, $\overline{BE}$와 변 AC의 교점을 R, $\overline{CD}$와 $\overline{BE}$의 교점을 P라 하고, 직선 AP와 변 BC의 교점을 S라 하자.

$\overline{BP}=2$일 때, $2\left(\dfrac{\overline{DB}}{\overline{BP}}+\dfrac{\overline{ER}}{\overline{RC}}+\dfrac{\overline{AR}}{\overline{RP}}\right)$의 값을 구하시오.

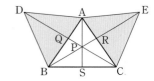

NOTE

13 오른쪽 그림은 정삼각형 ABC에서 $\overline{AB}$ 위에 $\overline{AD} : \overline{DB} = 5 : 2$ 가 되도록 점 D를 잡아 $\overline{AD}$를 한 변으로 하는 정삼각형 ADE 를 그린 것이다. $\overline{CD}$의 연장선과 $\overline{BE}$가 만나는 점을 F라 할 때, $\dfrac{\overline{FD}}{\overline{BF}}$의 값을 구하시오.

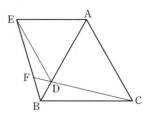

14 오른쪽 그림에서 평행사변형 ABCD의 넓이는 120이고, $\overline{CP} : \overline{PD} = 2 : 3$이 되는 점을 P라 하자. $\overline{AP}$와 $\overline{BD}$의 교점을 Q 라 할 때, △AOQ의 넓이를 구하시오.

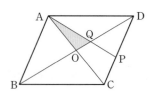

15 짧은 변의 길이가 15이고 대각선의 길이가 30인 직사각형 모양의 종이를 오른쪽과 같 이 각각 접었다. 이때 $S+T$와 □ABCD 의 둘레의 길이의 차를 구하시오.

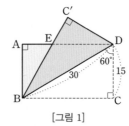
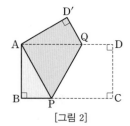

[그림 1]　　　　　　　　[그림 2]

> [그림 1] 대각선을 접는 선으로 하여 접었더니 ∠BDC=60°였다. 변 BC′와 변 AD의 교
> 　　　　 점을 E라 할 때, 도형 ABDC′E의 둘레의 길이를 S라 하자.
> [그림 2] 점 C와 점 A가 겹치도록 접었다. 변 BC 위의 접히는 점을 P, 변 AD 위의 접히
> 　　　　 는 점을 Q라 하고 $\overline{AP} = \overline{PQ} = 2\overline{D'Q}$일 때, 도형 ABPQD′의 둘레의 길이를 T
> 　　　　 라 하자.

16 오른쪽 그림과 같이 $\overline{AB}=15$, $\overline{BC}=20$인 직사각형 ABCD에서 변 BC 위에 $\overline{BE}:\overline{EC}=5:3$이 되도록 점 E를 정하고 $\angle DEF=90°$가 되도록 $\overline{EF}$를 그었다. $\overline{BD}$와 $\overline{EF}$의 교점을 G라 할 때 $\overline{BG}:\overline{DG}$를 가장 간단한 자연수의 비로 나타내시오.

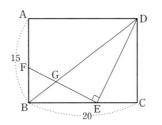

17 오른쪽 그림에서 사각형 ABCD는 정사각형이다. 점 M은 $\overline{CD}$의 중점이고, $\angle BEM=\angle MED$가 되도록 $\overline{AD}$ 위에 점 E를 잡았다. $\overline{PE}=12$일 때, $\overline{PB}$의 길이를 구하시오.

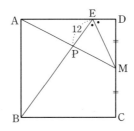

18 오른쪽 그림과 같이 삼각형 ABC의 변 AB에서 $\overline{AF}:\overline{FB}=5:2$이고, 변 AC에서 $\overline{AE}:\overline{EC}=4:3$이다. $\overline{BE}$와 $\overline{CF}$의 교점을 O라 하고 $\overline{AO}$의 연장선과 $\overline{BC}$의 교점을 D라 할 때, $\overline{AO}$와 $\overline{OD}$의 길이의 비를 가장 간단한 자연수의 비로 나타내시오.

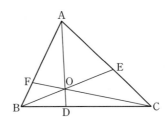

2 닮음의 활용

(1) △ABC에서 점 D, E가 각각 $\overline{AB}$, $\overline{AC}$ 또는 그 연장선 위의 점일 때,
$\overline{DE} /\!/ \overline{BC}$이면
① $\dfrac{\overline{AD}}{\overline{AB}} = \dfrac{\overline{AE}}{\overline{AC}} = \dfrac{\overline{DE}}{\overline{BC}}$ ② $\dfrac{\overline{AD}}{\overline{DB}} = \dfrac{\overline{AE}}{\overline{EC}}$

(2) △ABC에서 $\overline{AB}$, $\overline{AC}$ 또는 그 연장선 위에 각 점 D, E가 있을 때
① $\dfrac{\overline{AD}}{\overline{AB}} = \dfrac{\overline{AE}}{\overline{AC}}$이면 $\overline{DE} /\!/ \overline{BC}$ ② $\dfrac{\overline{AD}}{\overline{DB}} = \dfrac{\overline{AE}}{\overline{EC}}$이면 $\overline{DE} /\!/ \overline{BC}$

핵심 1 오른쪽 그림에서 $\overline{BC} /\!/ \overline{DE}$이고 $\overline{AB}=9$, $\overline{AD}=6$, $\overline{AE}=4$, $\overline{DE}=5$일 때, $x+y$의 값을 구하시오.

핵심 2 오른쪽 그림에서 $\overline{AC} /\!/ \overline{DE}$일 때, x, y의 값을 각각 구하시오.

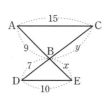

핵심 3 오른쪽 그림에서 $\overline{BC} /\!/ \overline{DE} /\!/ \overline{GF}$일 때, $2x-3y$의 값을 구하시오.

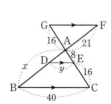

핵심 4 다음 중 $\overline{BC} /\!/ \overline{DE}$가 아닌 것을 모두 고르면?

① 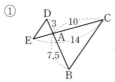   ②

③   ④

⑤

핵심 5 오른쪽 그림의 △ABC에서 $\overline{AE} : \overline{EC}=4 : 5$, $\overline{AC}=18$ cm, $\overline{DE} /\!/ \overline{BC}$, $\overline{AB} /\!/ \overline{FG}$, $\overline{AC} /\!/ \overline{DG}$일 때, $\overline{EF}$의 길이를 구하시오.

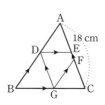

예제 **1** 오른쪽 그림의 사각형 ABCD는 $\overline{AD}$ // $\overline{BC}$, $\overline{AD}$: $\overline{BC}$=2 : 3인 사다리꼴이다. $\overline{AB}$를 2 : 1로 내분하는 점을 E, $\overline{DC}$를 3 : 1로 내분하는 점을 F라고 하자. $\overline{AF}$와 $\overline{DE}$의 교점을 O라 할 때, $\dfrac{\overline{OA}}{\overline{OF}}$ 의 값을 구하시오.

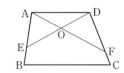

Tip 삼각형에서 평행선과 선분의 길이의 비를 이용한다.

풀이 $\overline{BC}$의 연장선과 $\overline{AF}$와 $\overline{DE}$의 연장선이 만나는 점을 각각 K, L이라 하자.

$\overline{AD}=2a$, $\overline{BC}=$ ☐

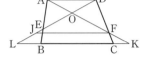

△DLC의 $\overline{CD}$ 위에 있는 점 F에서 $\overline{CL}$에 평행하도록 $\overline{FJ}$를 그으면,

$\overline{DF}$: $\overline{FC}$=3 : 1이므로 $\overline{FJ}=$☐ $\overline{CL}$ … ㉠

$\overline{AD}$ // $\overline{BL}$이므로 $\overline{AD}$: $\overline{BL}=\overline{AE}$: $\overline{BE}$에서 2a : $\overline{BL}$=2 : ☐ ∴ $\overline{BL}=$☐

따라서 ㉠에서 $\overline{FJ}=$☐ $\times (3a+a)=$☐

또, $\overline{AD}$ // $\overline{FJ}$이므로 $\overline{AO}$: $\overline{OF}=\overline{AD}$: $\overline{FJ}=2a$: ☐ =2 : ☐

∴ $\dfrac{\overline{OA}}{\overline{OF}}=$☐

답 _____

응용 **1** 오른쪽 그림의 △ABC에서 $\overline{FG}$ // $\overline{BC}$이고, 점 D, G는 각각 $\overline{AB}$, $\overline{DE}$의 중점일 때, $\overline{CE}$의 길이를 구하시오.

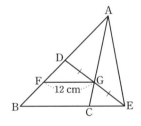

응용 **3** 오른쪽 그림과 같이 점 A, B, C, D는 직선 l 위에 점 E, F, G는 직선 m 위에 있고, 점 H는 두 직선 m과 l의 교점이다. △EAB, △FBC, △GCD가 모두 정삼각형이고 $\overline{AE}$=12 cm, $\overline{AH}$=36 cm일 때, $\overline{DH}$의 길이를 구하시오.

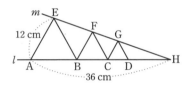

응용 **2** 오른쪽 그림과 같이 삼각형 ABC에 직사각형 DEFG가 내접하고 $\overline{AH}$⊥$\overline{BC}$이다. $\overline{AH}$와 $\overline{DG}$가 만나는 점을 I라 하고, $\overline{DE}$: $\overline{DG}$=2 : 5, $\overline{AH}$=12 cm, $\overline{BC}$=15 cm일 때, $\overline{DG}$의 길이를 구하시오.

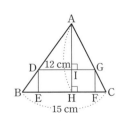

응용 **4** 오른쪽 그림과 같은 △ABC에서 $\overline{AD}$: $\overline{CD}$=3 : 2인 $\overline{AC}$ 위의 점을 D라 하자. ∠ABD=65°, ∠DBC=50°이고 $\overline{BD}$=10 cm일 때, $\overline{BC}$의 길이를 구하시오.

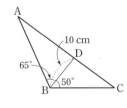

02 삼각형의 각의 이등분선

(1) 삼각형의 내각의 이등분선

△ABC에서 ∠A의 이등분선이 $\overline{BC}$와 만나는 점을 D라 하면

$\overline{AB} : \overline{AC} = \overline{BD} : \overline{CD}$

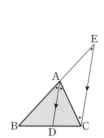

증명 점 C를 지나고 $\overline{AD}$와 평행한 직선이 $\overline{BA}$의 연장선과 만나는 점을 E라 하면

$\overline{BA} : \overline{AE} = \overline{BD} : \overline{DC}$ … ㉠

∠AEC = ∠BAD(동위각)

= ∠CAD = ∠ACE(엇각)

이므로 △ACE는 이등변삼각형이다.　∴ $\overline{AE} = \overline{AC}$ … ㉡

따라서 ㉠, ㉡에서 $\overline{AB} : \overline{AC} = \overline{BD} : \overline{CD}$

(2) 삼각형의 외각의 이등분선

△ABC에서 ∠A의 외각의 이등분선이 $\overline{BC}$의 연장선과 만나는 점을 D라 하면

$\overline{AB} : \overline{AC} = \overline{BD} : \overline{DC}$

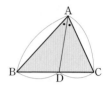

증명 점 C를 지나고 $\overline{AD}$와 평행한 직선이 $\overline{AB}$와 만나는 점을 F라 하면

$\overline{BA} : \overline{FA} = \overline{BD} : \overline{CD}$ … ㉠

∠AFC = ∠EAD(동위각)

= ∠DAC = ∠ACF(엇각)

이므로 △AFC는 이등변삼각형이다.　∴ $\overline{AF} = \overline{AC}$ … ㉡

따라서 ㉠, ㉡에서 $\overline{AB} : \overline{AC} = \overline{BD} : \overline{CD}$

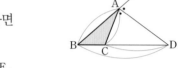

핵심 1 오른쪽 그림과 같은 △ABC에서 ∠A의 이등분선과 $\overline{BC}$의 교점을 D라 할 때, x의 값을 구하시오.

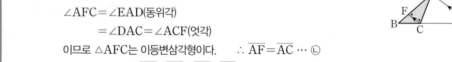

핵심 3 오른쪽 그림과 같은 △ABC에서 $\overline{AD}$가 ∠A의 외각의 이등분선이고 $\overline{AD} /\!/ \overline{EC}$일 때, $x+y$의 값을 구하시오.

핵심 2 오른쪽 그림에서 ∠BAD = ∠CAD이고 $\overline{AD} /\!/ \overline{EC}$일 때, 다음 중 옳지 <u>않은</u> 것은?

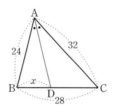

① $\overline{AE} = 12$ cm

② $\overline{CD} = 9$ cm

③ $\overline{AB} : \overline{AE} = \overline{AD} : \overline{CE}$

④ $\overline{BD} : \overline{CD} = 2 : 3$

⑤ ∠BAD = ∠ACE

핵심 4 오른쪽 그림과 같은 △ABC에서 $\overline{AD}$가 ∠A의 외각의 이등분선일 때, △ABC의 넓이와 △ACD의 넓이를 가장 간단한 자연수의 비로 나타내시오.

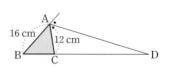

예제 2 오른쪽 그림에서 $\overline{AB}=2\overline{AC}$, $\angle BAP=\angle CAP$이고, 점 M, N은 각각 $\overline{AB}$, $\overline{BC}$ 의 중점이다. $\triangle NPQ$의 넓이가 18 cm²일 때, $\triangle ABC$의 넓이를 구하시오.

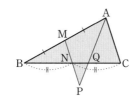

Tip $\triangle NPQ$와 닮음인 삼각형을 찾고 그 닮음비에 따른 넓이의 비를 이용한다.

풀이 $\triangle ABC$에서 $\overline{AQ}$는 $\angle A$의 이등분선이므로

$$\overline{AB}:\overline{AC}=\overline{BQ}:\overline{QC}=2:1 \quad \therefore \overline{QC}=\boxed{}\overline{BQ} \quad \cdots \text{㉠}$$

이때 $\overline{NC}=\dfrac{1}{2}\overline{BC}$이므로

$$\overline{NQ}=\overline{NC}-\overline{QC}=\dfrac{1}{2}\overline{BC}-\boxed{}\overline{BC}=\boxed{}\overline{BC} \quad \cdots \text{㉡}$$

또, $\overline{MN}\,/\!/\,\overline{AC}$ $(\because \overline{BM}=\overline{MA},\ \overline{BN}=\overline{NC})$이므로

$\triangle NPQ\backsim\triangle CAQ$(AA 닮음)이고 닮음비는 ㉠, ㉡에 의해 $\overline{NQ}:\overline{CQ}=\boxed{}\overline{BC}:\dfrac{1}{3}\overline{BC}=1:\boxed{}$

따라서 $\triangle NPQ$와 $\triangle CAQ$의 넓이의 비는 $1:\boxed{}$이므로 $\triangle CAQ=\boxed{}\triangle NPQ=\boxed{}$(cm²)

$\overline{BQ}:\overline{QC}=2:1$이므로 $\triangle ABQ=2\triangle CAQ=\boxed{}$(cm²)

$$\therefore \triangle ABC=\triangle ABQ+\triangle CAQ=\boxed{}\text{(cm}^2)$$

답 _____

응용 1 오른쪽 그림의 $\triangle ABC$에서 $\overline{BC}=9$ cm, $\overline{AC}=12$ cm이고 $\angle BAC=\angle DBC$이다. $\overline{BE}$가 $\angle ABD$의 이등분선일 때, $\overline{DE}$의 길이를 구하시오.

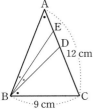

응용 3 오른쪽 그림과 같은 $\triangle ABC$에서 $\overline{AD}$는 $\angle A$의 이등분선이고 $\overline{AE}:\overline{EC}=3:4$, $\overline{AB}=10$ cm, $\overline{AC}=14$ cm 이다. $\triangle AEF=k\triangle ABC$일 때, 상수 k의 값을 구하시오.

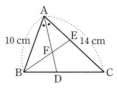

응용 2 오른쪽 그림에서 점 I는 $\triangle ABC$의 내심이고 점 D는 $\overline{AI}$의 연장선과 $\overline{BC}$의 교점 이다. $\overline{AB}=6$ cm, $\overline{AC}=8$ cm, $\overline{BC}=12$ cm일 때, $\overline{AI}$와 $\overline{ID}$를 가장 간단한 자연수의 비 로 나타내시오.

응용 4 오른쪽 그림과 같은 $\triangle ABC$에서 $\overline{AD}$, $\overline{AE}$가 각각 $\angle A$의 내각과 외각 의 이등분선일 때, $\overline{CE}$의 길이를 구하시오.

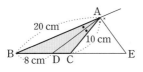

03 평행선 사이에 있는 선분의 길이의 비

(1) 평행선 사이의 선분의 길이의 비

세 개 이상의 평행선이 다른 두 직선과 만나서 생긴 선분의 길이의 비는 같다.

즉, 오른쪽 그림에서 $l /\!/ m /\!/ n /\!/ p$이면

$a : a' = b : b' = c : c'$

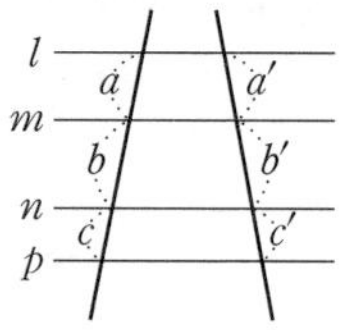

(2) 사다리꼴의 대각선과 평행선

오른쪽 그림에서 $\overline{AD} /\!/ \overline{EF} /\!/ \overline{BC}$이면

① $\overline{AE} : \overline{EB} = \overline{DF} : \overline{FC}$

② $\overline{EF} = \dfrac{bm + an}{m + n}$

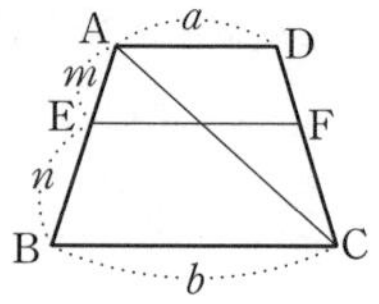

핵심 **1** 오른쪽 그림에서 $l /\!/ m /\!/ n$ 일 때, x와 y의 값을 각각 구하시오.

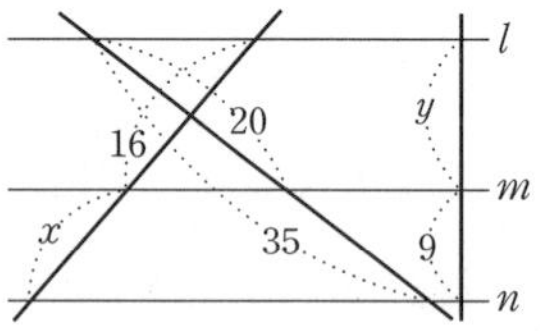

핵심 **2** 다음 그림과 같은 약도에서 마트와 지하철역 사이의 거리를 구하시오. (단, $l /\!/ m /\!/ n$이다.)

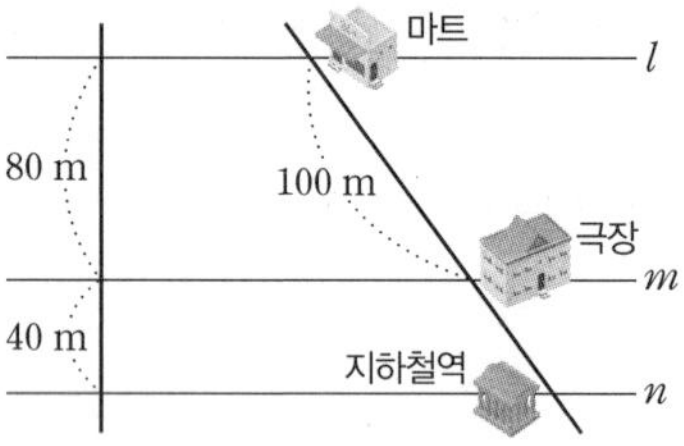

핵심 **3** 오른쪽 그림과 같은 사다리꼴 ABCD에서 $\overline{AD} /\!/ \overline{EF} /\!/ \overline{BC}$ 이고 $2\overline{AE} = \overline{BE}$일 때, $\overline{EF}$의 길이를 구하시오.

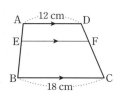

핵심 **4** 오른쪽 그림의 사다리꼴 ABCD에서 $\overline{AD} /\!/ \overline{EF} /\!/ \overline{BC}$ 이고 $\overline{DF} : \overline{FC} = 2 : 3$일 때, $\overline{EF}$의 길이를 구하시오.

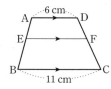

핵심 **5** 오른쪽 그림과 같은 사다리꼴 ABCD에서 $\overline{PQ}$가 두 대각선 AC, BD의 교점 O를 지나고 $\overline{AB} /\!/ \overline{PQ} /\!/ \overline{DC}$일 때, $\overline{PQ}$의 길이를 구하시오.

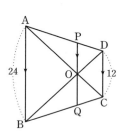

예제 3 오른쪽 그림과 같이 $\overline{AB}=4$, $\overline{AC}=6$인 △ABC의 세 변 위의 점 D, E, F, Q, R는 $\overline{BD}=2\overline{CD}$, $\overline{AE}=2\overline{AF}$, $\overline{EF}/\!\!/\overline{BQ}/\!\!/\overline{DR}$를 만족시킨다. $\overline{AD}$와 $\overline{EF}$, $\overline{BQ}$의 교점을 각각 O, P라 할 때, $\overline{OE}$와 $\overline{OF}$를 가장 간단한 자연수의 비로 나타내시오.

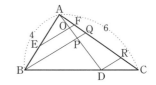

Tip $\overline{EF}/\!\!/\overline{BQ}$이므로 $\overline{OE}:\overline{OF}=\overline{BP}:\overline{PQ}$이다.

풀이 $\overline{EF}/\!\!/\overline{BQ}$이므로 $\overline{AE}:\overline{AF}=\overline{AB}:\overline{AQ}=\boxed{}:1$

$\therefore \overline{AQ}=\dfrac{1}{2}\overline{AB}=\boxed{}$, $\overline{CQ}=\overline{AC}-\overline{AQ}=\boxed{}$

또한, $\overline{BQ}/\!\!/\overline{DR}$이므로 $\overline{BQ}:\overline{DR}=\overline{BC}:\overline{CD}=\boxed{}:1$

$\therefore \overline{DR}=\boxed{}\overline{BQ}=\boxed{}(\overline{BP}+\overline{PQ})\ \cdots\ ㉠$

$\overline{CQ}:\overline{QR}=\overline{BC}:\overline{BD}=3:\boxed{}$에서 $\boxed{}:\overline{QR}=3:\boxed{}$ $\quad\therefore \overline{QR}=\boxed{}$

△ADR에서 $\overline{PQ}/\!\!/\overline{DR}$이므로 $\overline{PQ}:\overline{DR}=\overline{AQ}:\overline{AR}=\overline{AQ}:(\overline{AQ}+\overline{QR})=3:\boxed{}\ \cdots\ ㉡$

㉠, ㉡에 의해 $\overline{PQ}:\dfrac{1}{3}(\overline{BP}+\overline{PQ})=3:\boxed{}$, $\overline{BP}=\boxed{}\overline{PQ}$

$\therefore \overline{OE}:\overline{OF}=\overline{BP}:\overline{PQ}=\boxed{}:1\ (\because \overline{EF}/\!\!/\overline{BQ})$

답 _____

응용 1 오른쪽 그림의 △ABC에서 $\overline{AE}:\overline{EB}=2:3$, $\overline{AD}:\overline{DC}=7:8$일 때, $\overline{BF}$와 $\overline{FD}$를 가장 간단한 자연수의 비로 나타내시오.

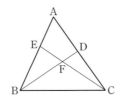

응용 3 오른쪽 그림과 같이 $\overline{AP}/\!\!/\overline{BQ}/\!\!/\overline{CR}$, $\overline{BP}/\!\!/\overline{CQ}$이고, $\overline{AP}=4\,\text{cm}$, $\overline{CR}=9\,\text{cm}$일 때, $\overline{BQ}$의 길이를 구하시오.

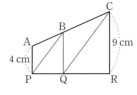

응용 2 오른쪽 그림의 평행사변형 ABCD에서 네 변의 중점을 각각 E, F, G, H라고 한다. $\overline{AG}=20\,\text{cm}$, $\overline{BH}=18\,\text{cm}$일 때, $\overline{QR}$의 길이를 구하시오.

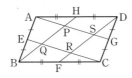

응용 4 오른쪽 그림과 같은 $\overline{AD}/\!\!/\overline{BC}$인 사다리꼴 ABCD가 있다. 두 대각선의 교점 O를 지나고 $\overline{BC}$에 평행한 직선이 $\overline{AB}$, $\overline{DC}$와 만나는 점을 각각 E, F라고 하고, $\overline{EC}$와 $\overline{BD}$의 교점 G를 지나고 $\overline{BC}$에 평행한 직선이 $\overline{AC}$와 만나는 점을 H라 한다. $\overline{AD}=9\,\text{cm}$, $\overline{BC}=18\,\text{cm}$일 때, $\overline{GH}$의 길이를 구하시오.

04 삼각형의 두 변의 중점을 연결한 선분의 성질

(1) 삼각형의 두 변의 중점을 연결한 선분은 나머지 한 변과 평행하고

그 길이는 나머지 한 변의 길이의 $\frac{1}{2}$이다.

➡ △ABC에서 $\overline{AM}=\overline{MB}$, $\overline{AN}=\overline{NC}$이면

$\overline{MN}\,/\!/\,\overline{BC}$, $\overline{MN}=\frac{1}{2}\overline{BC}$

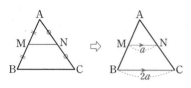

(2) 삼각형의 한 변의 중점을 지나고 다른 한 변에 평행한 직선은
나머지 한 변의 중점을 지난다.

➡ △ABC에서 $\overline{AM}=\overline{MB}$, $\overline{MN}\,/\!/\,\overline{BC}$이면

$\overline{AN}=\overline{NC}$, $\overline{MN}=\frac{1}{2}\overline{BC}$

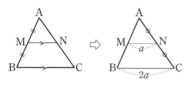

**핵심 ① ** 오른쪽 그림의 △ABC에서 $\overline{AB}$, $\overline{AC}$의 중점을 각각 M, N이라 하고 $\overline{BM}$, $\overline{CN}$의 중점을 각각 P, Q라 하자. $\overline{BC}=6\,\text{cm}$일 때, $\overline{PQ}$의 길이를 구하시오.

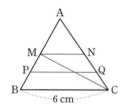

핵심 ③ 오른쪽 그림에서 $\overline{AD}\,/\!/\,\overline{MN}\,/\!/\,\overline{BC}$이고 $\overline{AB}:\overline{AM}=2:1$이다. $\overline{MN}=7\,\text{cm}$일 때, $x+y$의 값을 구하시오.

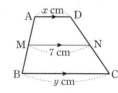

핵심 ② 오른쪽 그림과 같이 $\overline{AD}\,/\!/\,\overline{BC}$인 사다리꼴 ABCD에서 점 M, N이 각각 $\overline{AB}$, $\overline{DC}$인 중점일 때, $\overline{BC}$의 길이를 구하시오.

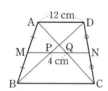

핵심 ④ 오른쪽 그림과 같이 □ABCD의 네 변의 중점을 각각 P, Q, R, S라 하자. $\overline{AC}=10\,\text{cm}$, $\overline{BD}=12\,\text{cm}$일 때, □PQRS의 넓이를 구하시오.

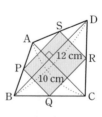

예제 ④ 오른쪽 그림과 같이 평행사변형 ABCD의 꼭짓점 A, B, C, D에서 직선 l에 내린 수선의 발을 각각 P, Q, R, S라 하고 두 대각선의 교점을 O, 점 O에서 직선 l에 내린 수선의 발을 T라 하자. $\overline{AP}=14$ cm, $\overline{BQ}=x$ cm, $\overline{CR}=16$ cm, $\overline{DS}=20$ cm일 때, x의 값을 구하시오.

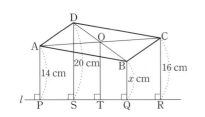

Tip 평행사변형의 성질을 이용하여 평행선 사이의 선분의 길이의 비를 알 수 있다.

풀이 $\overline{PT} : \overline{TR}=\overline{AO} : \boxed{}=1 : \boxed{}$이므로 $\overline{OT}=\dfrac{1}{2}(\overline{AP}+\boxed{})=\boxed{}$(cm)

$\overline{ST} : \overline{TQ}=\overline{DO} : \boxed{}=1 : 1$이므로 $\dfrac{1}{2}\times(\boxed{}+x)=15$

$\therefore x=\boxed{}$

답 _____

응용 ① 오른쪽 그림과 같이 $\overline{AD}/\!/\overline{BC}$인 사다리꼴 ABCD에서 점 M은 $\overline{AD}$의 중점이고 두 점 P, Q는 각각 $\overline{AC}$와 $\overline{BM}$, $\overline{BD}$와 $\overline{CM}$의 교점일 때, $\overline{PQ}$의 길이를 구하시오.

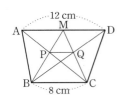

응용 ③ 오른쪽 그림과 같이 $\overline{AB}=\overline{DC}$인 □ABCD에서 $\overline{AD}$, $\overline{BC}$, $\overline{AC}$의 중점을 각각 M, N, P라 하자. $\angle BAC=72°$, $\angle ACD=30°$일 때, $\angle PMN$의 크기를 구하시오.

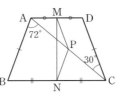

응용 ② 오른쪽 그림과 같이 일정한 간격으로 서로 평행하게 발판이 놓여 있는 사다리에서 발판 중 한 개가 파손되어 새로 만들려고 할 때, 새로 만들어야 될 발판의 길이를 구하시오. (단, 각 사다리의 발판은 서로 평행하고 그 두께는 고려하지 않는다.)

응용 ④ 오른쪽 그림과 같이 △ABC에서 $\overline{BC}$의 삼등분점을 각각 D, E라 하고 $\overline{AC}$의 중점을 F, $\overline{BF}$와 $\overline{AD}$, $\overline{AE}$의 교점을 각각 P, Q라 하자. $\overline{BF}=30$ cm일 때, $\overline{PQ}$의 길이를 구하시오.

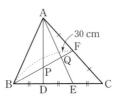

핵심 문제

(1) **삼각형의 중선** : 삼각형의 한 꼭짓점과 그 대변의 중점을 이은 선분

(2) **삼각형의 중선의 성질**

　삼각형의 중선은 그 삼각형의 넓이를 이등분한다. 즉, $\overline{\mathrm{AD}}$가 △ABC의 중선이면
　△ABD＝△ACD

(3) **삼각형의 무게중심** : 삼각형의 세 중선의 교점

(4) **삼각형의 무게중심의 성질**

　삼각형의 무게중심은 세 중선의 길이를 각 꼭짓점으로부터 각각 2 : 1로 나눈다.
　즉, 점 G가 △ABC의 무게중심이면 $\overline{\mathrm{AG}} : \overline{\mathrm{GD}}＝\overline{\mathrm{BG}} : \overline{\mathrm{GE}}＝\overline{\mathrm{CG}} : \overline{\mathrm{GF}}＝2 : 1$

(5) **삼각형의 넓이는 세 중선에 의하여 6등분된다.**

　① △GAF＝△GBF＝△GBD＝△GCD
　　　＝△GCE＝△GAE＝$\dfrac{1}{6}$△ABC

　② △GAB＝△GBC＝△GCA＝$\dfrac{1}{3}$△ABC

핵심 1 오른쪽 그림의 △ABC는 ∠**B**＝90°인 직각삼각형이고, 점 **G**는 △ABC의 무게중심이다. $\overline{\mathrm{AC}}$＝**24 cm**일 때, $\overline{\mathrm{BG}}$의 길이를 구하시오.

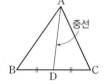

핵심 2 오른쪽 그림에서 점 **G**는 △ABC의 무게중심이다. $\overline{\mathrm{BC}} /\!/ \overline{\mathrm{FE}}$이고, $\overline{\mathrm{BC}}$＝**16 cm**일 때, $\overline{\mathrm{EF}}$의 길이를 구하시오.

핵심 3 오른쪽 그림에서 점 **G**는 △ABC의 무게중심이다. 점 **G**와 꼭짓점 **A**에서 변 **BC**에 내린 수선의 발을 각각 **E**, **H**라 하고 $\overline{\mathrm{GE}}$＝**5 cm**일 때, $\overline{\mathrm{AH}}$의 길이를 구하시오.

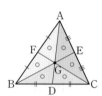

핵심 4 오른쪽 그림의 **ABC**에서 점 **G**는 무게중심이다. $\overline{\mathrm{EF}} /\!/ \overline{\mathrm{BC}}$일 때, △**EGD** : △**EBD**를 구하시오.

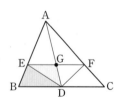

예제 5 오른쪽 그림과 같이 $\angle C=90°$, $\overline{AB}=30\,cm$, $\overline{BC}=24\,cm$, $\overline{AC}=18\,cm$인 직각삼각형 ABC의 무게중심을 G, 내심을 I라 할 때, $\overline{GI}$의 길이를 구하시오.

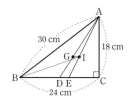

Tip 내심의 성질과 무게중심의 성질을 이용한다.

풀이 $\overline{AE}$는 $\angle A$의 이등분선이므로 $\angle BAE=\angle CAE$이고 $\overline{BE}:\overline{CE}=\overline{AB}:\overline{AC}=5:3$

$\therefore \overline{BE}=24\times\dfrac{\boxed{}}{8}=\boxed{}\,(cm)$, $\overline{CE}=\boxed{}\,(cm)$

$\overline{AD}$는 중선이므로 $\overline{BD}=\dfrac{1}{2}\overline{BC}=\dfrac{1}{2}\times24=12\,(cm)$이고, $\overline{DE}=\overline{BE}-\overline{BD}=\boxed{}-12=\boxed{}\,(cm)$

$\triangle BEA$에서 $\overline{BI}$를 그으면 $\angle ABI=\angle EBI$이므로 $\overline{AI}:\overline{EI}=\overline{BA}:\overline{BE}=30:15=2:1$

$\triangle ADE$에서 $\overline{AG}:\overline{GD}=2:1$이므로 $\overline{AG}:\overline{GD}=\overline{AI}:\boxed{}$이다.

$\therefore \overline{DE}:\overline{GI}=\overline{AD}:\overline{AG}=\boxed{}:2$

따라서 $\boxed{}:\overline{GI}=3:2$이므로 $3\overline{GI}=\boxed{}$에서 $\overline{GI}=\boxed{}\,(cm)$

답 _____

응용 1 오른쪽 그림의 직사각형 ABCD에서 $\overline{AD}=3\,cm$, $\overline{BE}=6\,cm$, $\overline{AC}=8\,cm$일 때, $\overline{GF}$의 길이를 구하시오.

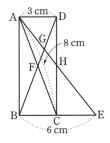

응용 2 오른쪽 그림의 좌표평면에서 $\triangle ABC$의 세 꼭짓점의 좌표가 각각 $A(-2,4)$, $B(-2,0)$, $C(6,0)$일 때, ABC의 무게중심인 G의 좌표를 구하시오.

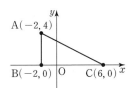

응용 3 오른쪽 그림의 평행사변형 ABCD에서 점 M, N은 각각 $\overline{AD}$, $\overline{BC}$의 중점이고 $\overline{AC}$와 $\overline{BM}$, $\overline{ND}$의 교점을 각각 P, Q라 할 때, $\triangle APM$의 둘레의 길이를 구하시오.

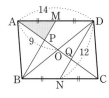

응용 4 오른쪽 그림에서 점 G는 $\triangle ABC$의 무게중심이다. $\overline{BE}=\overline{GE}$, $\overline{CF}=\overline{GF}$이고, $\triangle AEF$의 넓이가 $45\,cm^2$일 때, $\triangle ABC$의 넓이를 구하시오.

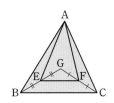

06 여러 가지 정리

(1) 메넬라우스의 정리(Menelaus's theorem)

△ABC의 각 변 또는 그 연장선과 임의의 직선의 교점을 X, Y, Z라 할 때,
$\dfrac{\overline{ZB}}{\overline{AZ}} \cdot \dfrac{\overline{XC}}{\overline{BX}} \cdot \dfrac{\overline{YA}}{\overline{CY}} = 1$이 성립한다.

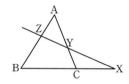

(2) 체바 정리

△ABC의 꼭짓점 A, B, C에서 각각의 대변(또는 그 연장선) 위의 점을 연결한 세 선분 AQ, BR, CP가 한 점 O에서 만나면 $\dfrac{\overline{BP}}{\overline{AP}} \cdot \dfrac{\overline{CQ}}{\overline{BQ}} \cdot \dfrac{\overline{AR}}{\overline{CR}} = 1$이 성립한다.

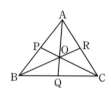

핵심 1 오른쪽 그림을 이용하여 '메넬라우스의 정리'를 설명한 내용이 다음과 같을 때, □ 안에 알맞은 것을 써넣으시오.

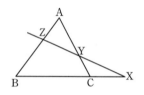

점 A, B, C 에서 $\overrightarrow{XZ}$에 내린 수선의 발을 각각 P, Q, R라 하면

△APZ∽△BQZ이므로

$\dfrac{\overline{BZ}}{\overline{AZ}} = \dfrac{\overline{BQ}}{\square}$ … ㉠

△XCR∽□이므로 $\dfrac{\overline{CX}}{\overline{BX}} = \dfrac{\overline{CR}}{\overline{BQ}}$ … ㉡

△YCR∽□이므로 $\dfrac{\overline{AY}}{\overline{CY}} = \dfrac{\square}{\overline{CR}}$ … ㉢

㉠, ㉡, ㉢의 각 변을 곱하면

$\dfrac{\overline{ZB}}{\overline{AZ}} \cdot \dfrac{\overline{XC}}{\overline{BX}} \cdot \dfrac{\overline{YA}}{\overline{CY}} = \dfrac{\overline{BQ}}{\square} \cdot \dfrac{\overline{CR}}{\overline{BQ}} \cdot \dfrac{\square}{\overline{CR}}$

$\qquad = \square$

핵심 2 오른쪽 그림과 같이 점 X, Y, Z가 한 직선 위에 있다고 한다. $\overline{AY}=4$, $\overline{BC}=5$, $\overline{CX}=3$, $\overline{CY}=2$일 때, $\dfrac{\overline{AZ}}{\overline{ZB}}$의 값을 구하시오.

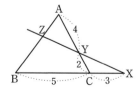

핵심 3 오른쪽 그림과 같은 삼각형 ABC의 내부에 한 점 O가 있다. 세 직선 AO, BO, CO와 변 BC, CA, AB가 만나는 점을 각각 D, E, F라고 할 때, □ 안에 알맞은 것을 써넣으시오.

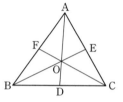

(ⅰ) 꼭짓점 A, B에서 $\overrightarrow{CF}$에 내린 수선의 발을 각각 G, H라고 하면 △AFG∽△BFH이므로

$\dfrac{\overline{BH}}{\overline{AG}} = \dfrac{\overline{BF}}{\square}$

$\dfrac{\triangle BOC}{\triangle AOC} = \dfrac{\frac{1}{2} \cdot \overline{CO} \cdot \overline{BH}}{\frac{1}{2} \cdot \overline{CO} \cdot \overline{AG}} = \dfrac{\overline{BH}}{\overline{AG}} = \dfrac{\overline{BF}}{\square}$

(ⅱ) (ⅰ) 그림에서 꼭짓점 B, C에서 $\overrightarrow{AD}$에 내린 수선의 발을 각각 I, J라고 하면 △BDI∽△CDJ이므로

$\dfrac{\triangle AOC}{\triangle AOB} = \dfrac{\frac{1}{2} \cdot \overline{AO} \cdot \overline{CJ}}{\frac{1}{2} \cdot \overline{AO} \cdot \square} = \dfrac{\overline{CD}}{\square}$

(ⅲ) (ⅰ) 그림에서 꼭짓점 A, C에서 $\overrightarrow{BE}$에 내린 수선의 발을 각각 K, L이라고 하면 △AEK∽△CEL이므로

$\dfrac{\triangle AOB}{\square} = \dfrac{\frac{1}{2} \cdot \overline{BO} \cdot \overline{AK}}{\frac{1}{2} \cdot \square \cdot \overline{CL}} = \dfrac{\overline{AE}}{\square}$

(ⅰ), (ⅱ), (ⅲ)에 의해서

$\dfrac{\overline{FB}}{\overline{AF}} \cdot \dfrac{\overline{DC}}{\overline{BD}} \cdot \dfrac{\overline{EA}}{\overline{CE}} = \dfrac{\triangle BOC}{\triangle AOC} \cdot \dfrac{\triangle AOC}{\triangle AOB} \cdot \dfrac{\triangle AOB}{\square} = \square$

 6 오른쪽 그림과 같은 △ABC에서 $\overline{BE} : \overline{EC} = 2 : 3$, $\overline{AO} : \overline{OE} = 5 : 1$일 때, 다음을 구하시오.

(1) $\overline{AD} : \overline{DB}$ (2) $\overline{OC} : \overline{DO}$

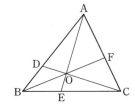

Tip 메넬라우스의 정리를 이용한다.

풀이 (1) 세 점 C, O, D가 한 직선 위에 있으므로

$$\overline{BE} = 2a, \ \overline{EO} = b$$라 하면 $$\dfrac{\overline{DB}}{\overline{AD}} \times \dfrac{\overline{CE}}{\overline{BC}} \times \dfrac{\overline{OA}}{\overline{EO}} = \square$$이므로

$$\dfrac{\overline{DB}}{\overline{AD}} \times \dfrac{3a}{5a} \times \dfrac{5b}{b} = \square$$에서 $\overline{AD} = \square \ \overline{DB}$ $\therefore \ \overline{AD} : \overline{DB} = \square : 1$

(2) $\overline{DB} = c$라 하면 $\dfrac{\overline{BE}}{\overline{CE}} \times \dfrac{\overline{AD}}{\overline{BA}} \times \dfrac{\overline{OC}}{\overline{DO}} = 1$이므로

$$\dfrac{2a}{3a} \times \dfrac{3c}{\square} \times \dfrac{\overline{OC}}{\overline{DO}} = 1$$에서 $\overline{OC} = \square \ \overline{DO}$ $\therefore \ \overline{OC} : \overline{DO} = \square : 1$

답 (1) _____ (2) _____

---

 1 위 **예제** 와 같은 삼각형 ABC에서 다음 선분의 비를 구하시오.

(1) $\overline{AF} : \overline{FC}$

(2) $\overline{OB} : \overline{FO}$

 3 오른쪽 그림의 ABC에서 점 D, E는 각각 $\overline{AB}$, $\overline{AC}$ 위의 점으로 $\overline{AD} : \overline{DB} = 2 : 5$, $\overline{AE} : \overline{EC} = 7 : 3$이고 점 F는 $\overline{BE}$와 $\overline{CD}$의 교점이다. $\overline{BE} = 49$ cm일 때, $\overline{FE}$의 길이를 구하시오.

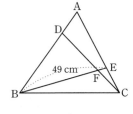

2 오른쪽 그림과 같은 △ABC의 각 꼭짓점에서 각각의 대변 위의 점을 연결한 세 선분 AE, BF, CD가 한 점 O에서 만난다. $\overline{BE} = 4$, $\overline{CE} = 8$, $\overline{CF} = 6$, $\overline{AF} = 7$일 때, $\overline{AD} : \overline{BD}$를 구하시오.

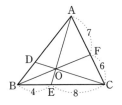

4 오른쪽 그림과 같이 한 변의 길이가 **14** cm인 정사각형 ABCD에서 두 대각선의 교점을 O라 하자. $\overline{AO}$ 위에 $\overline{AM} : \overline{MO} = 3 : 2$인 점을 M이라 하고, $\overline{DM}$과 $\overline{AB}$의 교점을 E라 할 때, $\overline{BE}$의 길이를 구하시오.

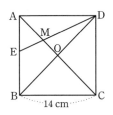

NOTE

01 오른쪽 그림과 같은 $\overline{AD} /\!/ \overline{BC}$인 사다리꼴 ABCD에서 ∠B 의 이등분선과 $\overline{CD}$의 교점을 E라 하자. $\overline{CE} = 2\overline{DE}$이고 △BEC=40 cm²일 때, □ABED의 넓이는 몇 cm²인지 구 하시오.

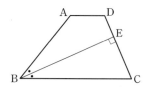

02 오른쪽 그림과 같은 사다리꼴 ABCD에서 $\overline{AD} /\!/ \overline{BC} /\!/ \overline{EF}$이고, $\overline{AD}=3$ cm, $\overline{AB}=9$ cm, $\overline{BC}=15$ cm, $\overline{CD}=15$ cm이다. □AEFD와 □EBCF 의 둘레의 길이가 같을 때, $\overline{EF}$의 길이를 구하시오.

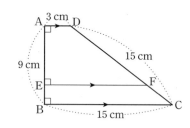

03 다음 규칙에 따라 차례대로 그림을 그리면 오른쪽 [그림 1], [그림 2], [그림 3], …과 같다. [그림 2]의 정육 각형의 넓이를 A라 하면 [그림 4]에 서 만들어지는 모든 정육각형의 넓이 의 합이 $\dfrac{p}{q} \times A$일 때, $p+q$의 값을 구하시오. (단, p와 q는 서로소인 자연수)

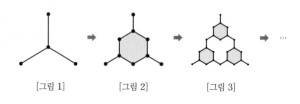

[그림 1]   [그림 2]   [그림 3]

> 규칙
>
> [1단계] 한 점에서 만나고 서로 이웃하는 변끼리 이루는 각의 크기가 120°인 길이가 같은 선분 세 개를 그린다.
>
> [2단계] 각 변의 중점을 꼭짓점의 일부로 하고, 세 선분이 만나는 점이 정육각형의 대각선의 교점이 되도록 정육각형을 그린다.
>
> [3단계] 만들어진 각 선분에 대하여 [2단계]를 반복한다.

04 오른쪽 그림의 △ABC에서 두 중선의 교점이 F, $\overline{AE}$와 $\overline{CD}$의 중점이 각각 G, H이다. △ABC의 넓이가 **240 cm²**일 때, 색칠한 부분의 넓이를 구하시오.

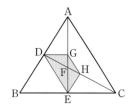

05 오른쪽 그림과 같이 $\overline{AD}\,/\!/\,\overline{BC}$인 사다리꼴 ABCD의 대각선의 교점을 E라 하자. $\overline{AD}=6$ cm, $\overline{BC}=15$ cm이고, △AED의 넓이가 8 cm²일 때, 사다리꼴 ABCD의 넓이를 구하시오.

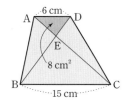

06 오른쪽 그림의 삼각형 ABC에서 $\overline{AB}:\overline{BC}=1:2$이고, 점 M, N은 각각 $\overline{BC}$, $\overline{AC}$의 중점이라고 한다. 그림과 같이 $\overline{MN}$의 연장선과 ∠B의 이등분선이 만나는 점을 P라 하자. $\overline{BP}$가 $\overline{AC}$와 만나는 점을 Q라고 하면 △PQN=5일 때, 삼각형 ABC의 넓이를 구하시오.

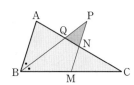

07 오른쪽 그림의 평행사변형 ABCD에서 $\overline{AF}$는 ∠A의 이등분선이
고 $\overline{DE}$는 ∠D의 이등분선이다. △GEF의 넓이가 80일 때,
△AGD의 넓이를 구하시오.

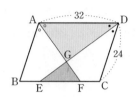

08 오른쪽 그림에서 점 D는 $\overline{BC}$의 중점이고, 점 G는 △ABC의 무게중심
이다. 점 G를 지나 $\overline{BC}$에 평행한 직선을 그어 $\overline{AB}$, $\overline{AC}$와의 교점을 각
각 E, F라고 하자. △GDF의 넓이가 20일 때 △ABC의 넓이를 구하
시오.

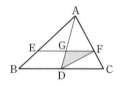

09 오른쪽 사각형 ABCD의 각 변의 중점을 P, Q, R, S라 하
고 ∠PQR의 이등분선이 변 SR과 만나는 점을 E, 변 PS
의 연장선과 만나는 점을 F라 하자. $\overline{PQ} : \overline{QR} = 3 : 2$이고
사각형 ABCD의 넓이가 360일 때, △SEF의 넓이를 구하
시오.

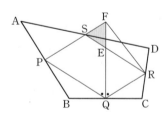

10 오른쪽 그림과 같이 반지름의 길이가 **12 cm**인 원주 위에 네 점 **A, B, C, D**가 있다. 두 점 **G, G′**은 각각 △**ABD**, △**DBC**의 무게중심이고, ∠**ABC**=**90°**일 때 $\overline{GG'}$의 길이를 구하시오.

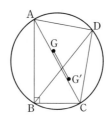

11 오른쪽 평행사변형 **ABCD**에서 $\overline{BC}$, $\overline{CD}$의 중점을 각각 **M, N**이라 하자. $\overline{AM}$, $\overline{AN}$과 $\overline{BD}$의 교점을 각각 **E, F**라고 하면 △**AEF**와 △**CNM**의 넓이의 비는 $a : b$이다. a, b가 서로소인 자연수일 때, $a-b$의 값을 구하시오.

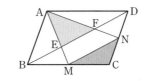

12 오른쪽 그림에서 두 점 **I, G**는 각각 △**ABC**의 내심, 무게중심이다. △**ABC**의 넓이는 △**ADE**의 넓이의 몇 배인지 구하시오.

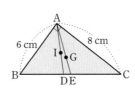

NOTE

13 오른쪽 그림에서 점 G는 $\overline{AB}=\overline{AC}$인 삼각형 ABC의 무게중심이다. 점 H, I는 각각 $\overline{BG}$, $\overline{CG}$의 중점이고, $\overline{BC}=14\,cm$, $\overline{AD}=24\,cm$일 때, $\square$EHIF의 넓이를 구하시오.

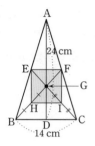

14 오른쪽 그림과 같은 $\square$ABCD에서 $\overline{AB}=\overline{CD}$, $\angle CDB=85°$, $\angle ABD=35°$이다. $\overline{BC}$, $\overline{AD}$, $\overline{BD}$의 중점을 각각 E, F, G라 하고, $\overrightarrow{BA}$와 $\overrightarrow{EF}$, $\overrightarrow{EF}$와 $\overrightarrow{CD}$, $\overrightarrow{BA}$와 $\overrightarrow{CD}$의 교점을 각각 P, Q, R라 할 때, $\angle RPQ$의 크기를 구하시오.

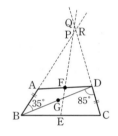

15 오른쪽 그림과 같이 한 모서리의 길이가 280 cm인 정사면체 모양의 모형 피라미드가 있다. 정사면체 A−BCD에서 $\overline{BC}$ 위에 $\overline{BE}=210\,cm$가 되도록 하는 점 E를 잡자. 점 E에서 시작하여 $\overline{AC}$, $\overline{AD}$를 지나 점 B에 이르는 최단 거리의 선분을 그릴 때 점 F, 점 G를 지나간다고 하자. 이때 $\overline{CF}$의 길이와 $\overline{DG}$의 길이를 각각 구하시오.

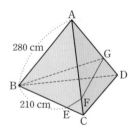

16 오른쪽 그림의 △ABC에서 변 AB, BC, CA의 중점을 D, E, F
라고 하자. $\overline{DF}$의 연장선 위에 $\overline{DF}=\overline{FG}$가 되도록 점 G를 잡고
△ABC의 넓이가 **36 cm²**일 때, △AEG의 넓이를 구하시오.

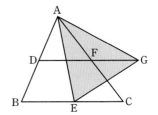

17 오른쪽 그림에서 점 I는 △ABC의 내심이고 $\overline{AB}=12$ cm,
$\overline{AE}=8$ cm, $\overline{EC}=10$ cm일 때, $\overline{DC}$의 길이를 구하시오.

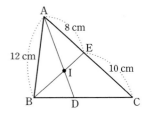

18 오른쪽 좌표평면에서 점 G는 △ABC의 무게중심이고 직선
BG와 $\overline{AC}$의 교점은 M이다. A(1, 8), B(−7, 0), C(5, 0)
일 때, 직선 BG를 그래프로 하는 일차함수의 식을 구하시오.

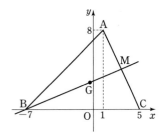

NOTE

01 오른쪽 그림의 평행사변형 ABCD에서 $\overline{BC}$를 삼등분하는 점을 각각 E, F, $\overline{AD}$를 사등분하는 점 중에서 꼭짓점 A에 가장 가까운 점을 G라 하고 $\overline{GF}$와 $\overline{BD}$, $\overline{ED}$의 교점을 각각 H, I라 할 때, $\overline{HI} : \overline{IF}$를 가장 간단한 정수의 비로 나타내시오.

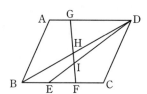

02 오른쪽 그림과 같이 □ABCD에서 $\overline{BC}$, $\overline{CD}$의 중점을 각각 E, F라 하고 대각선 BD와 $\overline{AE}$, $\overline{AF}$의 교점을 각각 G, H라 하자. 점 H를 지나고 대각선 AC에 평행한 직선과 $\overline{AD}$, $\overline{CD}$의 교점을 각각 J, K, 두 대각선의 교점을 I라 하고 평행사변형 ABCD의 넓이가 96이라 할 때, △AEI와 △HCK의 넓이의 합을 구하시오.

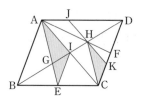

03 오른쪽 그림에서 점 I는 △ABC의 내심이고, $\overline{BC}$의 연장선과 $\overline{EF}$의 연장선의 교점을 D라고 하자. $\overline{DF} /\!/ \overline{BI}$, $\overline{AF}=4$ cm, $\overline{FC}=8$ cm, $\overline{DC}=13$ cm일 때, $\overline{AE}$의 길이를 구하시오.

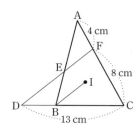

NOTE

04 오른쪽 그림에서 점 **M**은 $\overline{AC}$의 중점이고, $\overline{BD}=\overline{DE}=\overline{EC}$이다.
△**ABD**의 넓이가 **60**일 때 △**APQ**의 넓이를 구하시오.

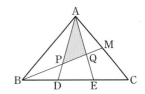

05 오른쪽 그림과 같이 직선 l 위에 있지 않은 세 점 **A**, **B**, **C**에
서 직선 l에 내린 수선이 발을 각각 **D**, **E**, **F**라 하자.
△**ABC**의 무게중심 **G**에서 직선 l에 내린 수선의 발을 **H**라
하고, $\overline{AD}=10$, $\overline{BE}=4$, $\overline{CF}=16$일 때 $\overline{GH}$의 길이를 구하
시오.

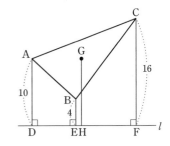

06 오른쪽 그림과 같은 □**ABCD**에서 △**ABC**, △**BCD**, △**CDA**,
△**DAB**의 무게중심을 각각 G_1, G_2, G_3, G_4라고 한다. $\overline{AB}=8\ cm$,
$\overline{BC}=12\ cm$, $\overline{CD}=10\ cm$, $\overline{DA}=6\ cm$일 때, □$G_1G_2G_3G_4$의 둘
레의 길이를 구하시오.

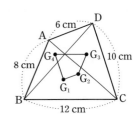

Ⅱ
도형의 닮음

07 오른쪽 그림에서 $\overline{AC}$, $\overline{BD}$, $\overline{GF}$는 모두 $\overline{AB}$에 수직이고 $\overline{AC}=4\,cm$, $\overline{AE}=3\,cm$, $\overline{EB}=12\,cm$, $\overline{BD}=16\,cm$일 때, $\overline{GF}$의 길이를 구하시오.

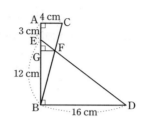

08 오른쪽 그림과 같이 $\overline{AB}=\overline{AC}$인 이등변삼각형 ABC에서 $\angle A$의 이등분선이 $\overline{BC}$와 만나는 점을 H라 하고, $\overline{AH}$의 중점을 M이라 한다. $\overline{CM}$의 연장선이 $\overline{AB}$와 만나는 점을 D라고 할 때, $\overline{AD}$의 길이를 구하시오.

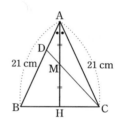

09 바다에 등대 AB와 직사각형 모양의 판 구조물 PQRS가 바다의 수면에 대하여 수직으로 서 있다. 그림에서 $\overline{AB}=6a\,m$, $\overline{PQ}=2a\,m$, $\overline{QR}=4a\,m$이고, $\triangle BQP$는 $\overline{BP}=\overline{BQ}$인 이등변삼각형이다. 등대의 밑등 부분 B로부터 구조물 PQRS까지 수직 거리는 $2b\,m$이다. A점의 등대 불빛이 미치지 않는 곳(사각형 PQCD 부분)의 해수면의 넓이를 구하시오.

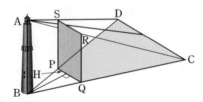

10 오른쪽 그림의 □ABCD는 $\overline{AB}=6$ cm, $\overline{AD}=12$ cm인 직사각형이다. 점 E, F, G, H는 각 변의 중점이고 $\overline{DE}$와 $\overline{BH}$, $\overline{CH}$의 교점을 각각 P, Q라고 할 때, 색칠한 부분의 넓이를 구하시오.

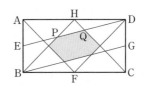

11 오른쪽 그림과 같이 직사각형 ABCD의 변 BC 위에 한 점 E를 잡고, △ABE, △AED, △DEC의 무게중심을 각각 P, Q, R라고 하자. □ABCD의 넓이가 108일 때, △PRQ의 넓이를 구하시오.

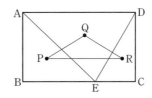

12 오른쪽 그림에서 삼각형 ABC의 무게중심과 외심을 각각 G, O라 하고, $\overline{CG}$의 연장선과 $\overline{AB}$의 교점을 D라고 하자.
또한 $\overline{CD}/\!/\overline{BE}$, $\overline{AD}=\overline{DE}$, $\overline{DO}=\overline{EO}$이고 삼각형 BDE의 넓이가 32 cm²일 때, 삼각형 CAG의 넓이를 구하시오.

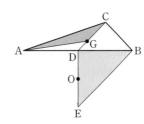

NOTE

13 넓이가 **720**인 평행사변형 **ABCD**에서 점 **O**는 두 대각선의 교점이고, 점 **E**, **F**는 각각 삼각형 **ABD**, 삼각형 **CDA**의 무게중심이다. 선분 **BE**의 연장선과 변 **AD**의 교점을 **G**, 삼각형 **EFG**의 무게중심을 **H**라 할 때 삼각형 **HOF**의 넓이를 **S**라 하자. 이때 **3S**의 값을 구하시오.

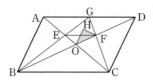

14 한 모서리의 길이가 **1 m**인 정육면체가 평면 위에 놓여 있다. 정육면체의 윗면의 한 꼭짓점에서 위쪽으로 x **m** 떨어진 점에서 빛을 비추면 정육면체의 그림자가 평면 위에 생긴다. 이때 정육면체의 한 밑면을 제외한 그림자의 넓이가 **63 m²**가 된다면, **1000**x를 초과하지 않는 최대의 정수를 구하시오. (단, 면 **ADHE**와 면 **ABFE**는 각각 벽면에 붙어 있고, 전구의 크기는 생각하지 않는다.)

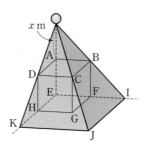

15 오른쪽 그림과 같이 한 변의 길이가 **15 cm**인 정사각형 **ABCD**에서 점 **E**, **F**는 각각 $\overline{CD}$, $\overline{DA}$의 중점이고 $\overline{CF}$가 $\overline{BD}$, $\overline{BE}$와 만나는 점을 각각 **G**, **H**라고 할 때, □**GHED**의 넓이를 구하시오.

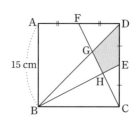

16 오른쪽 그림과 같이 $\angle A = 90°$인 직각삼각형 ABC가 있다. 꼭짓점 A에서 변 BC에 내린 수선의 발을 A_1, 점 A_1에서 변 AB에 내린 수선의 발을 B_1, 점 B_1에서 변 BC에 내린 수선의 발을 A_2라 하고, 이와 같은 방법으로 점 B_2, A_3, B_3, …을 차례대로 정하면 $\overline{AC} : \overline{A_1B_1} = 25 : 16$일 때, $\overline{AA_1} : \overline{B_2A_3}$를 가장 간단한 자연수의 비로 나타내시오.

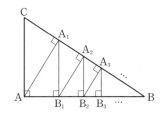

17 선생님의 설명을 읽고 □ 안에 알맞은 수를 써넣고 삼각형 ABC에서 $\overline{AO} : \overline{OD} = 2 : 1$이고 $\overline{BO} : \overline{OE} = 3 : 1$일 때 $\overline{CO} : \overline{OF}$를 가장 간단한 자연수의 비로 나타내시오.

> 선생님 : $\triangle ABC$의 내부에 임의의 한 점을 O라 하고 $\overline{AO}$, $\overline{BO}$, $\overline{CO}$의 연장선이 $\overline{BC}$, $\overline{AC}$, $\overline{AB}$와 만나는 점을 각각 D, E, F라 하면
> $$\frac{\overline{OD}}{\overline{AD}} + \frac{\overline{OE}}{\overline{BE}} + \frac{\overline{OF}}{\overline{CF}} = \boxed{}$$이 성립되고, 이를 '제르곤 정리'라고 한다.

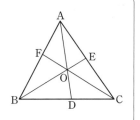

18 오른쪽 그림과 같이 반지름의 길이가 **9 m**인 원 모양의 서커스 공연장의 둘레를 따라 높이가 **3 m**인 벽이 지면에 수직으로 세워져 있다. 서커스 공연장의 중심 O에서 **3 m** 떨어진 지점에 지면에 수직으로 높이가 **12 m**인 조명이 설치되어 있을 때, 이 조명에 의하여 생기는 벽의 그림자의 넓이를 구하시오. (단, 벽의 두께는 생각하지 않는다.)

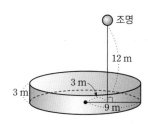

01 오른쪽 그림과 같이 두 직각삼각형이 놓여져 있다. 이때 직선 **OP**를 x축으로 보고, 직선 **AB**의 기울기를 구하면 $\dfrac{a}{b}$가 된다. $\dfrac{a}{b}$가 기약분수라고 할 때, $a-b$의 값을 구하시오. (단, $\overline{OQ}^2=\overline{OP}^2+\overline{QP}^2$이다.)

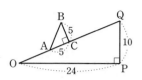

02 오른쪽 그림과 같이 삼각형 **ABC**에서 세 점 **D, E, F**는 각각 $\overline{AB}$, $\overline{BC}$, $\overline{CA}$ 위에 있고 $\overline{AD}=4$, $\overline{BD}=3$, $\overline{AF}=2$, $\overline{CF}=3$, $\overline{BE}=\overline{CE}$이다. 이때 $\overline{AE}$와 $\overline{DF}$의 교점 **G**에 대하여 $\overline{AG}:\overline{GE}$를 가장 간단한 자연수의 비로 나타내시오.

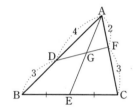

03 오른쪽 그림과 같은 △**ABC**에서 $\overline{AB}=5$, $\overline{BC}=10$, $\overline{AC}=9$이고 $\overline{AB}/\!/\overline{FG}$, $\overline{BC}/\!/\overline{HI}$, $\overline{AC}/\!/\overline{DE}$이다. 점 **P**는 $\overline{DE}$, $\overline{FG}$, $\overline{HI}$의 교점이고 $\overline{DE}=\overline{FG}=\overline{HI}$일 때, $\overline{EC}$의 길이를 구하시오.

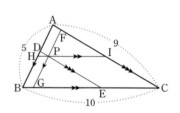

04 오른쪽 그림과 같이 △ABC 내부의 한 점 P를 지나는 길이가 같은 세 선분 $\overline{DE}$, $\overline{FG}$, $\overline{MN}$이 변 $\overline{AB}$, $\overline{BC}$, $\overline{AC}$와 각각 평행하다. $\overline{AB}=6$, $\overline{BC}=7$, $\overline{CA}=8$일 때, $\overline{AM} : \overline{MF} : \overline{FB}$를 구하시오.

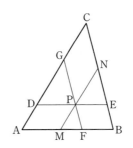

05 오른쪽 그림과 같이 $\overline{AD} /\!/ \overline{BC}$인 사다리꼴 ABCD에서 $\overline{BC}=30$, $\overline{ED}=20$이고 $\overline{AC}$와 $\overline{BE}$의 교점을 P, $\overline{BD}$와 $\overline{EC}$의 교점을 Q라 하자. ∠APE=∠EPD일 때 $\overline{PQ}$의 길이를 구하시오.

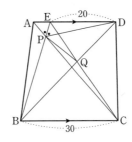

06 오른쪽 그림과 같이 $\overline{BC}=16$, $\overline{CD}=12$인 직사각형에서 점 E는 $\overline{AD}$의 중점이고 ∠CFE=∠AFE가 되도록 $\overline{AB}$ 위에 점 F를 잡았다. $\overline{BE}$와 $\overline{CF}$의 교점을 P라고 할 때, $\overline{CP} : \overline{FP}$의 길이의 비를 가장 간단한 자연수의 비로 나타내시오.

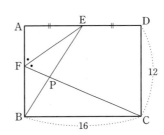

NOTE

07 오른쪽 그림과 같이 일차함수 $y=\dfrac{2}{5}x+4$ 의 그래프가 한 변이 x축 위에 있는 세 정사각형 A, B, C의 한 꼭짓점을 지난다. 정사각형 A의 넓이가 $\dfrac{500}{49}$일 때 정사각형 C의 넓이를 구하시오.

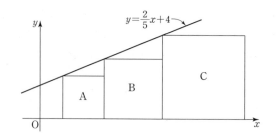

08 오른쪽 그림과 같은 삼각형 ABC에서 변 BC의 오등분점을 D, E, F, G라 하고, 변 AC의 중점을 M이라 하자. 선분 BM과 네 선분 AD, AE, AF, AG의 교점을 H, I, J, K라 할 때 $\overline{BH} : \overline{HI} : \overline{IJ} : \overline{JK} : \overline{KM}$을 가장 간단한 자연수의 비로 나타내시오.

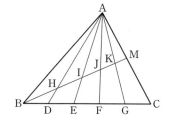

09 유승이는 백화점의 벽에 걸려 있는 직사각형 모양의 광고판의 가로의 길이를 재려고 한다. 먼저 광고판의 가로와 중심을 맞추어 선 후 길이가 **80 cm**인 막대의 한가운데를 잡고 팔을 쭉 뻗어 광고판과 평행하게 하여 광고판의 양 끝을 바라보니 막대와 광고판의 가로의 길이가 같았다. 또 길이가 **160 cm**인 막대로 바꾸어 한가운데를 잡고 앞으로 **2 m** 걸어간 후 광고판의 양 끝을 바라보니 막대와 광고판의 길이가 같았다. 유승이가 앞으로 뻗은 팔의 길이가 **50 cm**일 때, 광고판의 가로의 길이를 구하시오.

III 피타고라스 정리

1. 피타고라스 정리

1 피타고라스 정리

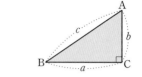
01 피타고라스 정리

(1) 직각삼각형에서 직각을 끼고 있는 두 변의 길이를 a, b라 하고 빗변의 길이를 c라 하면 다음의 식이 성립한다.

$$a^2+b^2=c^2$$

(2) 직각삼각형에서 두 변의 길이를 알면 피타고라스 정리를 이용하여 나머지 한 변의 길이를 구할 수 있다.
➡ $c^2=a^2+b^2$, $a^2=c^2-b^2$, $b^2=c^2-a^2$

핵심 1 길이가 **9 cm**, x **cm**, **41 cm**인 세 철사를 이용하여 직각삼각형을 만들 때, 이 직각삼각형의 둘레의 길이를 구하시오. (단, x는 자연수이고, 철사의 두께는 생각하지 않는다.)

핵심 2 오른쪽 그림과 같은 △ABC에서 $\overline{AD}\perp\overline{BC}$이다. $\overline{AB}=25$ cm, $\overline{AC}=26$ cm, $\overline{CD}=10$ cm일 때, △ABD의 둘레의 길이를 구하시오.

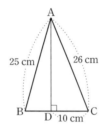

핵심 3 오른쪽 그림의 두 정사각형 ABCD와 CEFG의 넓이가 각각 **49 cm²**, **441 cm²**일 때, $\overline{BF}$의 길이를 구하시오.

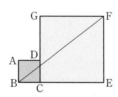

핵심 4 오른쪽 그림에서 △ABE는 직각삼각형이고 □BCDE는 $\overline{BE}$를 한 변으로 하는 정사각형이다. 이때 △ABC와 △AED의 넓이의 합을 구하시오.

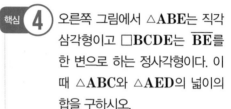

핵심 5 오른쪽 그림에서 □EFGH는 넓이가 **289 cm²**인 정사각형이고 $\overline{AH}=15$ cm일 때, 정사각형 ABCD의 넓이를 구하시오.

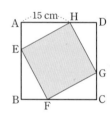

핵심 6 오른쪽 사각형은 직각삼각형 ABC와 합동인 삼각형 3개를 이용하여 정사각형 ABDE를 만든 것이다. 다음 중 옳지 않은 것은?
(단, $a>b$)

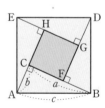

① $a^2=c^2-b^2$
② $\overline{FG}=a-b$
③ □CFGH=△ABC
④ □CFGH는 네 각의 크기가 같은 마름모이다.
⑤ $b=12$, $c=20$일 때, $\overline{CF}$의 길이는 4이다.

예제 1 오른쪽 그림과 같이 ∠A=90°, $\overline{AB}$=20 cm, $\overline{AC}$=15 cm인 △ABC의 꼭짓점 A에서 $\overline{BC}$에 내린 수선의 발이 D이다. △ABD, △ACD에 내접하는 원의 중심을 각각 P, Q라 할 때, $\overline{PQ}$의 길이를 구하시오.

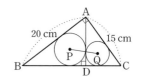

Tip 닮음인 두 직각삼각형과 삼각형에 내접하는 원의 성질을 이용한다.

풀이 △ABC에서 피타고라스 정리에 의해 $\overline{BC}=\boxed{}$(cm)

△ABC의 넓이를 이용하면

$\dfrac{1}{2}\times\overline{AD}\times\boxed{}=\dfrac{1}{2}\times15\times20 \quad \therefore \overline{AD}=\boxed{}$(cm)

또한 △ABC∽△DBA이므로 $\overline{AB}^2=\overline{BD}\times\boxed{} \quad \therefore \overline{BD}=\boxed{}$(cm)

$\overline{DC}=\overline{BC}-\overline{BD}=\boxed{}$(cm)

원 P의 반지름의 길이를 a cm라 하면,

(△ABD의 넓이)$=\dfrac{1}{2}\times a\times$(△ABD의 둘레의 길이)$=\dfrac{1}{2}\times\overline{BD}\times\overline{AD}$이므로 $a=\boxed{}$

원 Q의 반지름의 길이를 b cm라 하면 (△ACD의 넓이)$=\dfrac{1}{2}\times b\times\boxed{}=54 \quad \therefore b=\boxed{}$

$\therefore \overline{PQ}=\boxed{}$(cm)

답 _____

응용 1 오른쪽 그림의 □ABCD에서 $\overline{AB}$=10, $\overline{AD}$=26, $\overline{CD}$=8일 때, $\overline{AC}$의 길이를 구하시오.

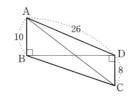

응용 3 오른쪽 그림과 같이 원점 O에서 일차함수 $y=-\dfrac{8}{15}x+16$의 그래프에 내린 수선의 발을 H라 할 때, $\overline{OH}$의 길이를 구하시오.

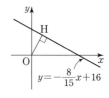

응용 2 오른쪽 그림과 같이 밑면의 반지름의 길이가 **8 cm**, 옆면의 모선의 길이가 **17 cm**인 원뿔에 내접하는 구의 지름의 길이를 구하시오.

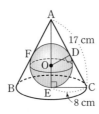

응용 4 오른쪽 그림은 직사각형 ABCD에서 $\overline{EF}$를 접는 선으로 점 B가 점 D에 오도록 접은 것이다. $\overline{AB}$=**24 cm**, $\overline{AE}$=**7 cm**일 때, $\overline{BC}$의 길이를 구하시오.

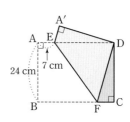

III 피타고라스 정리

02 피타고라스 정리의 성질과 활용

(1) 삼각형의 변의 길이에 대한 각의 크기

△ABC에서 $\overline{BC}=a$, $\overline{AC}=b$, $\overline{AB}=c$(가장 긴 변)일 때,

① $c^2<a^2+b^2$이면 ∠C<90°인 예각삼각형 ② $c^2>a^2+b^2$이면 ∠C>90°인 둔각삼각형

③ $c^2=a^2+b^2$이면 ∠C=90°인 직각삼각형

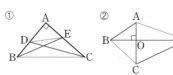

(2) 각의 크기에 따른 삼각형의 변의 길이

△ABC에서 $\overline{BC}=a$, $\overline{AC}=b$, $\overline{AB}=c$일 때,

① ∠C<90°이면 $c^2<a^2+b^2$ ② ∠C>90°이면 $c^2>a^2+b^2$

③ ∠C=90°이면 $c^2=a^2+b^2$

(3) 피타고라스 정리의 활용

① ∠A=90°인 직각삼각형 ABC에서 두 점 D, E가 각각 $\overline{AB}$, $\overline{AC}$ 위의 점일 때, $\overline{BE}^2+\overline{CD}^2=\overline{DE}^2+\overline{BC}^2$

② 사각형 ABCD에서 $\overline{AC}\perp\overline{BD}$일 때, $\overline{AB}^2+\overline{CD}^2=\overline{AD}^2+\overline{BC}^2$

③ 직각삼각형 ABC의 세 변을 지름으로 하는 반원을 그리면 $S_1+S_2=\triangle ABC$

핵심 1 △ABC에서 ∠A, ∠B, ∠C의 대변의 길이를 각각 a, b, c라 할 때, 다음 중 옳지 <u>않은</u> 것은?

① $a^2<b^2+c^2$이면 ∠A<90°이다.

② $a^2=b^2+c^2$이면 ∠B<90°이다.

③ $a^2>b^2+c^2$이면 ∠C<90°이다.

④ $a^2<b^2+c^2$이면 △ABC는 예각삼각형이다.

⑤ $a^2>b^2+c^2$이면 ∠A가 둔각인 둔각삼각형이다.

핵심 2 오른쪽 그림과 같은 △ABC에서 ∠B>90°, $\overline{AB}=10\,cm$, $\overline{BC}=5\,cm$, $\overline{AC}=a\,cm$일 때, 자연수 a의 개수를 구하시오.

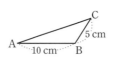

핵심 3 오른쪽 그림과 같은 사각형 ABCD에서 $\overline{AD}\,/\!/\,\overline{BC}$, $\overline{AC}\perp\overline{BD}$, $\overline{AD}=5$, $\overline{OA}=\dfrac{1}{3}\overline{OC}$일 때, $\overline{AB}^2+\overline{CD}^2$의 값을 구하시오.

핵심 4 오른쪽 그림과 같이 ∠A=90°인 △ABC에서 $\overline{AD}:\overline{AB}=1:2$, $\overline{AC}:\overline{AE}=2:1$이고 $\overline{BE}^2+\overline{CD}^2=125$일 때, $\overline{BC}$의 길이를 구하시오.

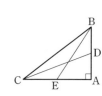

핵심 5 오른쪽 그림과 같이 ∠A=90°인 직각삼각형 ABC에서 $\overline{CA}$, $\overline{AB}$, $\overline{BC}$를 한 변으로 하는 정오각형의 넓이를 각각 S_1, S_2, S_3라 할 때, $S_1+S_2=S_3$임을 설명한 것이다. □ 안에 알맞은 것을 써넣으시오.

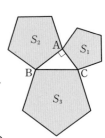

$\overline{BC}=a$, $\overline{CA}=b$, $\overline{AB}=c$라고 하면

피타고라스 정리에 의해 $b^2+\boxed{}=\boxed{}$

한편, 닮은 두 평면도형의 넓이의 비는 닮음비의 $\boxed{}$과 같으므로 $S_1:S_2:S_3=b^2:\boxed{}^2:\boxed{}^2$

따라서 어떤 수 $k(k>0)$에 대하여

$S_1=k\cdot b^2$, $S_2=k\cdot c^2$, $S_3=k\cdot\boxed{}$

으로 나타낼 수 있다.

∴ $S_1+S_2=k(b^2+c^2)=k\cdot\boxed{}=S_3$

▶ 정답 및 풀이 **44**쪽

예제 2 길이가 각각 6, 8, 10, 15, 17인 5개의 끈에서 3개를 골라 삼각형을 만들 때, 예각삼각형의 개수를 a, 직각삼각형의 개수를 b, 둔각삼각형의 개수를 c라고 하자. 이때 $ac-b$의 값을 구하시오.

Tip △ABC에서 $\overline{BC}=a$, $\overline{AC}=b$, $\overline{AB}=c$(가장 긴 변)일 때,
$c^2<a^2+b^2$이면 ∠C<90°인 예각삼각형 $c^2>a^2+b^2$이면 ∠C>90°인 둔각삼각형이다.

풀이 5개의 끈 중에서 3개를 골라 삼각형을 만들 수 있는 경우를 순서쌍으로 나타내면
(6, 8, 10), (6, 10, ☐), (6, 15, 17), (8, ☐, 15), (8, 10, 17), (8, ☐, 17), (10, 15, 17)의 7가지이다.
이때 $6^2+8^2=10^2$, $6^2+10^2<$☐^{2}, 6^2+15^2☐17^2,
8^2+☐$^2<15^2$, 8^2+10^2☐17^2, 8^2+15^2☐17^2, $10^2+15^2>17^2$
예각삼각형은 ☐개, 직각삼각형은 ☐개, 둔각삼각형은 ☐개이므로
$ac-b=$☐

답 _____

응용 1 오른쪽 그림과 같이 네 지점 **A**, **B**, **C**, **D**를 직선으로 연결하였더니 직사각형이 되었다. **E** 지점에서 **A**, **B**, **D** 지점까지의 거리가 각각 **60 km**, **63 km**, **16 km**일 때 **E** 지점에서 출발하여 시속 **100 km**로 차를 타고 **C** 지점까지 이동하는 데 걸리는 시간은 몇 분인지 구하시오.

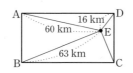

응용 3 오른쪽 그림은 직각삼각형 **ABC**의 각 변을 지름으로 하는 반원을 그린 것이다. $\overline{BC}$의 길이는 **8 cm**, $\overline{AB}$를 지름으로 하는 반원의 넓이는 **26π cm²**일 때, S_1+S_2의 넓이를 구하시오.

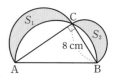

응용 2 오른쪽 그림과 같은 직사각형 **ABCD**에서 $\overline{AD}/\!/\overline{PQ}/\!/\overline{BC}$이고, $\overline{AP}=10$, $\overline{BP}=9$이다. 이때 $\overline{DQ}^2-\overline{CQ}^2$의 값을 구하시오.

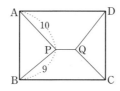

응용 4 오른쪽 그림과 같이 밑면의 반지름의 길이가 **3 cm**, 높이가 **5π cm**인 원기둥이 있다. 점 **A**에서 출발하여 원기둥의 옆면을 따라 두 바퀴 돌아서 점 **B**까지 가는 최단 거리를 구하시오.

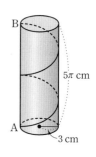

01 오른쪽 그림은 정사각형 ABCD의 한 변 AD를 빗변으로 하는 직각
삼각형 ADE를 그린 것이다. $\overline{EG}\perp\overline{BC}$, $\overline{AB}=5\,cm$, $\overline{ED}=4\,cm$
일 때, $\overline{AF}$의 길이를 구하시오.

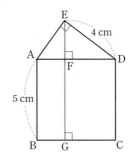

02 △ABC에서 두 변 AB, BC의 중점을 각각 D, E라고 하고, $\overline{AE}\perp\overline{CD}$, $\overline{AB}=8$, $\overline{BC}=6$일
때, $\overline{AC}^2$의 값을 구하시오.

03 ∠A가 직각인 직각삼각형 ABC에서 꼭짓점 C에서 변 AB에 그은 중
선을 $\overline{CM}$이라 하면 $\overline{BC}^2-\overline{CM}^2=3\overline{AM}^2$이 성립함을 설명하시오.

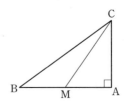

04 오른쪽 그림과 같이 삼각형 ABC는 $\overline{AB}=\overline{AC}=24$ cm, ∠BAC=90°인 직각이등변삼각형이고, $\overline{AB}$ // $\overline{CD}$, $\overline{BE}=30$ cm일 때, 삼각형 ECD의 넓이를 구하시오.

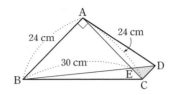

05 중심이 일치하는 두 원에 오른쪽 그림과 같이 현을 그었더니 큰 원의 현의 길이는 $2l$이었고, 작은 원의 현의 길이는 $2m$이었다. 색칠한 부분의 넓이를 l, m을 사용하는 식으로 나타내시오.

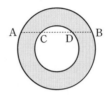

06 오른쪽 그림과 같이 $\overline{AB}=24$, $\overline{BC}=7$인 직각삼각형 ABC가 있다. △ABC를 점 C를 중심으로 시계 방향으로 36° 회전시킨 도형을 △A′B′C라 할 때, 색칠한 부분의 넓이를 구하시오.

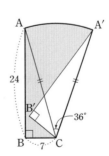

07 오른쪽 그림과 같이 밑면인 원의 반지름의 길이가 **9 cm**이고 높이가 **8π cm**인 원기둥이 있다. 원기둥의 밑면의 둘레 위에 ∠COE=60°가 되도록 두 점 **C**, **E**를 잡고 점 **A**에서 원기둥의 옆면을 따라 $\overline{BD}$를 거쳐 점 **E**까지 실을 감을 때, 실의 최소 길이를 구하시오. (단, 점 **O**은 원의 중심이고 $\overline{AC} \perp \overline{OC}$이다.)

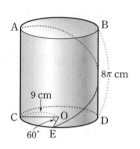

NOTE

08 오른쪽 그림과 같이 $\overline{AB}=12$, $\overline{BC}=15$인 직사각형 **ABCD**에서 $\overline{BP}$를 접는 선으로 하여 꼭짓점 **C**가 변 **AD** 위의 점 **Q**에 오도록 접는다. 점 **D**에서 변 **PQ**에 내린 수선의 발을 **H**라 할 때, $\overline{PH}$의 길이를 구하시오.

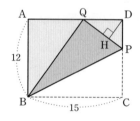

09 오른쪽 그림의 직사각형 **ABCD**에서 $\overline{BM}=\overline{CM}$이고, $\overline{AD}=12$, $\overline{AB}=8$이다. ∠DAM의 이등분선과 $\overline{CD}$ 및 $\overline{BC}$의 연장선이 만나는 점을 각각 **E**, **N**이라 할 때, □AMCE의 넓이를 구하시오.

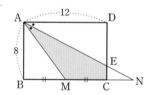

10 빗변의 길이가 25이고 넓이가 84인 직각삼각형의 세 변의 길이의 합을 구하시오.

(단, $(x+y)^2=x^2+2xy+y^2$으로 계산한다.)

11 오른쪽 그림은 $\overline{AE}=10\text{ cm}$, $\overline{AD}=10\text{ cm}$, $\overline{DC}=8\text{ cm}$인 직육면체이다. 점 P가 밑면 EFGH의 변 위를 꼭짓점 F에서부터 꼭짓점 H까지 $F \rightarrow G \rightarrow H$의 순서로 이동할 때, $\triangle APE$의 넓이가 50 cm^2 이상이 되도록 하는 점 P의 이동거리를 구하시오.

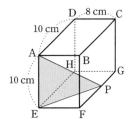

12 오른쪽 그림에서 □ABCD는 $\overline{AB}=2\text{ cm}$, $\overline{BC}=4\text{ cm}$인 직사각형이다. □APCQ가 마름모가 되도록 점 P, Q를 각각 $\overline{BC}$, $\overline{AD}$ 위에 잡았을 때, 마름모 APCQ의 넓이를 구하시오.

(단, $(x-y)^2=x^2-2xy+y^2$으로 계산한다.)

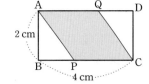

13 오른쪽 그림에서 △ABC는 ∠C=90°인 직각삼각형이고, □DEFG 는 정사각형이다. $\overline{DM}=\overline{MG}$일 때, 정사각형 DEFG의 한 변의 길이 를 구하시오.

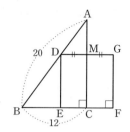

14 오른쪽 그림과 같이 큰 원 O 안에 두 쌍의 합동인 원이 서로 접할 때, 5개 의 원의 둘레의 길이의 합을 구하시오. (단, $(x-y)^2=x^2-2xy+y^2$, $(x+y)^2=x^2+2xy+y^2$으로 계산한다.)

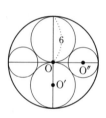

15 오른쪽 그림과 같이 옆에서 본 모양이 이등변삼각형인 조형물 의 꼭대기 O에서 두 줄을 각각 C, D지점까지 당겨 팽팽하게 묶었다. $\overline{OB}=18\,\text{m}$, $\overline{OD}=36\,\text{m}$, $\overline{CD}=9\,\text{m}$이고, ∠B=2∠OCA일 때, $\overline{AB}$의 길이를 구하시오.
(단, $(x+y)^2=x^2+2xy+y^2$으로 계산한다.)

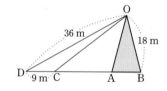

16 오른쪽 그림과 같이 $\overline{AE}=6\,\text{cm}$, $\overline{BE}=10\,\text{cm}$, $\overline{BC}=8\,\text{cm}$, $\overline{DE}=9\,\text{cm}$이고, $\angle AEB=\angle BCE=\angle CED=90°$일 때, 색칠한 부분의 넓이의 합을 구하시오.

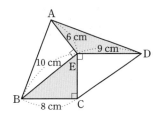

17 오른쪽 그림과 같이 $\overline{AB}=\overline{AC}=10\,\text{cm}$, $\overline{BC}=12\,\text{cm}$인 삼각형 ABC에 정사각형 PQRS가 내접하고 있다. □PQRS의 한 변의 길이를 구하시오.

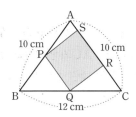

18 오른쪽 그림과 같이 중심각이 직각이고, 반지름의 길이가 10인 사분원 모양의 땅에 내접하는 직사각형 OCDE를 만들어 그 넓이를 48이 되게 하였다. 이때 점 A에서 출발하여 두 점 C, E를 차례대로 지나서 점 B에 도착하는 경로의 최단거리를 구하시오. (단, 선을 따라서만 이동가능하며 $(x+y)^2=x^2+2xy+y^2$으로 계산한다.)

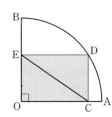

01 이등변삼각형에서 등변의 길이가 **13**이고, 높이와 밑변의 길이는 모두 자연수일 때, 둘레의 길이의 최댓값을 구하시오.

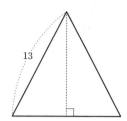

02 오른쪽 그림은 $\overline{AB}=6$, $\overline{AC}=8$, $\angle A=90°$인 $\triangle ABC$이다. $\triangle ABC$의 무게중심을 **G**, $\overline{AG}$의 연장선과 $\overline{BC}$의 교점을 **M**, 점 **G**에서 변 **AB**에 내린 수선의 발을 **H**라 할 때, $\overline{AH}$의 길이를 구하시오.

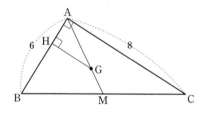

03 오른쪽 [그림 1]과 같이 합동인 직각삼각형 **4**개와 작은 정사각형 **1**개를 꼭맞게 맞추어 큰 정사각형을 만든 후, [그림 2]와 같이 새로운 도형을 만들었다. [그림 1]과 [그림 2]를 이용하여 피타고라스 정리를 설명하시오.

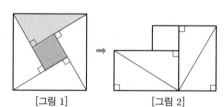

[그림 1]   [그림 2]

04 오른쪽 그림과 같이 ∠ABC=90°, $\overline{AB}$=9, $\overline{BC}$=12, $\overline{AD}$=7, $\overline{CD}$=x인 □ABCD에서 내각 가운데 어느 각도 180°를 넘지 않는 사각형(볼록사각형)이 되도록 점 D가 움직일 때, x가 취할 수 있는 값의 범위를 구하시오.

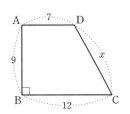

NOTE

05 오른쪽 그림과 같은 10개의 선분 OA, OB, OC, …, OJ 중에서 3개의 선분을 택할 때, 세 선분을 변으로 하는 직각삼각형은 모두 몇 개인지 구하시오. (단, $\overline{OP}$=$\overline{PA}$=$\overline{AB}$=$\overline{BC}$=$\overline{CD}$=$\overline{DE}$=$\overline{EF}$=$\overline{FG}$=$\overline{GH}$=$\overline{HI}$=$\overline{IJ}$=1)

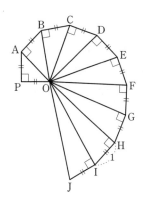

06 오른쪽 그림처럼 직사각형 ABCD가 있는데, $\overline{AB}$=6, $\overline{AD}$=8이다. 그리고 점 P는 변 $\overline{AD}$ 위의 임의의 한 점이다. 이때 $\overline{PE}\perp\overline{BD}$, $\overline{PF}\perp\overline{AC}$되게 점 E, F를 각각 선분 BD, AB 위에 잡는다. 이때 $\overline{PE}+\overline{PF}$의 값을 구하시오.

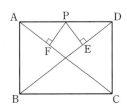

07 오른쪽 그림과 같이 네 변의 길이가 모두 자연수인 □ABCD에서 $\overline{AB}=3$, $\overline{BC}=9$, $\angle A=\angle C=90°$이다. 이때, □ABCD의 둘레의 길이의 최댓값과 최솟값의 합을 구하시오.

(단, $x^2-y^2=(x+y)(x-y)$으로 계산한다.)

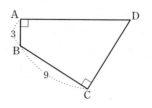

08 오른쪽 그림과 같이 $\overline{AB}=9$ cm, $\overline{AD}=12$ cm인 직사각형 ABCD가 있다. $\overline{BC}$ 위의 점 M을 지나고 $\overline{AC}$에 수직인 직선이 $\overline{AD}$와 만나는 점을 N이라 할 때, $\overline{MN}$의 길이를 구하시오.

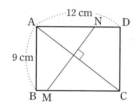

09 윗면의 반지름의 길이가 4 cm, 밑면의 반지름의 길이가 10 cm, 높이가 8 cm인 원뿔대를 눕혀서 오른쪽 그림과 같이 회전시켰을 때, 원뿔대가 지나가면서 만들어진 도형의 넓이를 구하시오.

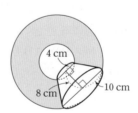

10 세 점 $A(5, -1)$, $B(1, 7)$, $C(-3, 5)$를 꼭짓점으로 하는 $\triangle ABC$의 외심 P의 좌표를 구하시오.
(단, $(a+b)^2 = a^2 + 2ab + b^2$, $(a-b)^2 = a^2 - 2ab + b^2$으로 계산한다.)

11 오른쪽 그림과 같이 정사각형 $ABCD$는 부채꼴 POQ에 내접하고 $\overline{OP} = 5$, $\overline{PQ} = 6$, $\overline{PQ} /\!/ \overline{AB}$이다. 정사각형 $ABCD$의 넓이를 구하시오.

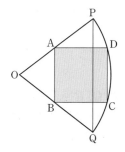

12 오른쪽 그림과 같이 직각삼각형 ABC의 세 변의 길이를 각각 a, b, c라 할 때, $c^2 = a^2 + b^2$을 만족한다. 직각삼각형 ABF의 넓이가 200, 정사각형 $ACDE$의 넓이가 256일 때, $\triangle ABC$의 둘레의 길이를 구하시오.

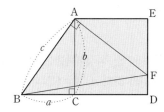

13 오른쪽 그림과 같이 원뿔의 꼭짓점을 O, $\overline{OA}$를 모선으로 하는 원뿔을 밑면에 평행한 평면으로 잘라서 만든 원뿔대가 있다. 이 원뿔대의 윗면과 모선 $\overline{OA}$와의 교점을 B라고 하자. 실을 점 A에서 $\overline{AB}$의 중점 M까지 가장 짧게 한 바퀴 감았을 때, 윗면의 원둘레 위의 점과 실 위의 점 사이의 거리 중 최단 거리를 구하시오. (단, $\overline{AB}=20$ cm, 원뿔대의 윗면의 반지름은 5 cm, 밑면의 반지름은 10 cm이다.)

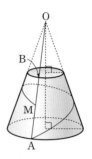

14 오른쪽 그림에서 사각형 P, Q, R는 직각삼각형 ABC의 세 변을 각각 한 변으로 하는 정사각형이다. 사각형 P, Q의 넓이가 각각 16, 9일 때, 색칠한 부분의 넓이를 구하시오.

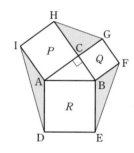

15 오른쪽 그림과 같이 ∠C=90°인 직각이등변삼각형 ABC에서 빗변 AB의 삼등분점을 M, N이라 하자. $\overline{CM}=\overline{CN}=3$일 때, △ABC의 넓이를 구하시오.

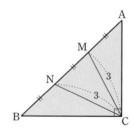

16 오른쪽 그림과 같이 ∠A=90°, $\overline{AB}=12\,cm$, $\overline{AC}=9\,cm$인 직각삼각형이 있다. 빗변 BC에 접하고 동시에 서로 외접하는 3개의 같은 원을 그릴 때, 이 원의 반지름을 구하시오. (단, 양쪽의 원은 각각 변 AB와 변 AC에 접한다.)

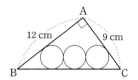

17 앞면이 연보라색이고 뒷면이 흰색인 정사각형의 종이를 그림과 같이 접었다. 점 M은 변 BC의 중점일 때, 연보라색 부분과 흰색 부분의 넓이의 비를 구하시오. (단, $(x-y)^2=x^2-2xy+y^2$으로 계산한다.)

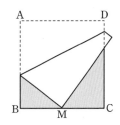

18 오른쪽 그림은 한 변의 길이가 24인 정삼각형 ABC의 각 변에 서로 다른 직각삼각형을 붙인 것이다. 삼각형 ABC와 세 직각삼각형이 만나는 변은 직각삼각형의 빗변이 아니고, 직각삼각형의 각 변의 길이는 자연수일 때, 세 직각삼각형의 넓이의 합의 최솟값을 구하시오.

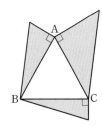

01 둘레의 길이가 14인 삼각형의 각 변의 길이는 서로 다른 자연수를 갖는다고 하자. 이 삼각형의 넓이를 S라 할 때, S^2의 값을 구하시오.

02 다음 [그림 1]과 같이 두 지점 A, B에 길이가 **200 cm**인 끈이 연결되어 있다. A, B는 각각 천장에서 **10 cm**, **60 cm**만큼 떨어져 있다. 이 끈에 추를 매달았더니 [그림 2]와 같이 되었다. [그림 2]에서 추와 두 지점 A, B를 연결하는 끈의 모양을 선분으로 생각할 때, 천장에서 추까지의 거리를 구하시오. (단, 추의 길이는 생각하지 않는다.)

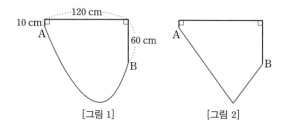

[그림 1]   [그림 2]

03 오른쪽 그림과 같이 한 평면 위에 $\overline{AB}=\overline{BC}=4a$, $\angle B=90°$인 직각이등변삼각형 ABC의 내부에 있는 점 P가 다음 식 $\overline{AP}^2+\overline{BP}^2<\overline{AB}^2$을 만족하면서 움직일 때, 점 P의 자취가 나타낼 수 있는 모든 부분의 넓이를 구하시오.

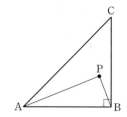

04 좌표평면 위에 다음과 같은 두 직선이 있다.
$$l_1 : y = mx \, (m > 0), \ l_2 : y = nx \, (n > 0)$$
직선 l_1이 x축의 양의 방향과 이루는 각의 크기는 직선 l_2가 x축의 양의 방향과 이루는 각의 크기의 2배이고, 직선 l_1의 기울기는 직선 l_2의 기울기의 10배일 때 mn의 값을 구하시오.

05 삼각형 ABC에서 변 BC의 길이는 9이고, 변 AC의 중점을 E라 하면 중선 BE의 길이는 10이다. 또 꼭짓점 A에서 변 BC에 내린 수선의 발 D에 대하여 선분 AD가 중선 BE를 이등분한다. 삼각형 ABC의 넓이를 구하시오.

06 오른쪽 그림과 같이 직사각형 모양의 방에서 P 지점에서 출발한 로봇청소기가 변 $\overline{DC}$, $\overline{BC}$, $\overline{AB}$를 차례로 부딪힌 후 점 Q에 도착하였다. 이때 로봇청소기가 이동한 최단 거리를 구하시오. (단, 로봇청소기의 크기는 생각하지 않는다.)

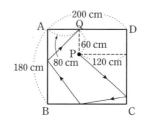

07 오른쪽 그림과 같이 직각삼각형의 각 변을 지름으로 하는 반원이 3개 있다. 빗금친 두 개의 활꼴의 넓이가 각각 **36**과 **64**일 때, 색칠한 부분의 합을 구하시오.

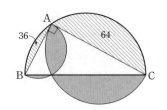

08 오른쪽 그림과 같이 반지름의 길이가 **10**인 구를 지나는 평면 **P**가 있다. 이 평면 **P**는 구의 중심에서 **6**만큼 떨어져 있고 평면 **P**와 구가 만나서 생기는 원 **O** 위에 점 **A**가 있다. 점 **A**에서 원 **O**의 지름의 양 끝점 **B**, **C**를 $\overline{AB}=\overline{AC}$가 되도록 잡고, 점 **B**에서 평면 **P**에 수직인 직선 l을 그어 직선 l과 구가 만나는 점을 **D**라 한다. 이때 $\dfrac{\overline{AC}^2}{\overline{AD}^2}$의 값을 구하시오.

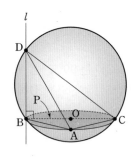

09 오른쪽 그림에서 사각형은 모두 정사각형이고, 삼각형은 모두 직각삼각형 **ABC**와 닮은 직각삼각형이다. 여기서 $\overline{AB}=3$, $\overline{AC}=4$, $\overline{BC}=5$이다. 모든 정사각형의 넓이의 합을 S, 모든 직각삼각형의 넓이의 합을 T라 할 때, $S+T$의 값을 구하시오.

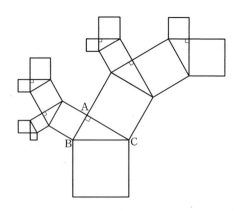

IV 확률

1 경우의 수

(1) 사건과 경우의 수
　① 사건 : 동일한 조건 아래에서 여러 번 반복한 실험이나 관찰에 의하여 일어난 결과
　② 경우의 수 : 어떤 사건이 일어날 수 있는 모든 가짓수
(2) 사건 A 또는 B가 일어나는 경우의 수 구하기
　두 사건 A, B가 동시에 일어나지 않을 때, 사건 A가 일어나는 경우의 수가 m이고, 사건 B가 일어나는 경우의 수가 n이면 사건 A 또는 사건 B가 일어나는 경우의 수는 $m+n$
　참고 단, 중복되는 경우가 있을 때에는 중복되는 경우의 수만큼 빼주어야 한다.
(3) 사건 A, B가 동시에 일어나는 경우의 수 구하기
　사건 A가 일어나는 경우의 수가 m이고 그 각각의 경우에 대하여 사건 B가 일어나는 경우의 수가 n이면 두 사건 A, B가 동시에 일어나는 경우의 수는 $m \times n$

핵심 1 다음 그림과 같은 5장의 카드 중 세 장을 뽑아 만들 수 있는 글자를 사전식으로 늘어놓았을 때, 9번째에 올 글자를 구하시오. (단, 이중모음은 생각하지 않는다.)

핵심 2 1, 3, 5, 7, 9가 각각 적힌 5장의 숫자 카드 중 2장을 뽑아 분수를 만들려고 한다. 이 중 가분수는 모두 몇 가지인지 구하시오. (단, 약분하여 같은 수는 하나로 본다.)

핵심 3 1부터 48까지의 자연수가 각각 적힌 48개의 공이 들어 있는 주머니에서 1개의 공을 꺼낼 때, 그 공에 적힌 수가 3의 배수 또는 7의 배수인 경우의 수를 구하시오.

핵심 4 광명, 동탄, 수원, 용산, 천안, 평택에서 각 지역으로 가는 기차표를 만들려고 한다. 두 지역 사이의 왕복 기차표는 없다고 할 때, 모두 몇 종류의 기차표를 만들어야 하는지 구하시오.

핵심 5 오른쪽 그림과 같이 정육면체 모양의 쌓기나무 64개를 쌓아 큰 정육면체를 만들어 겉면을 색칠하였다. 1개의 쌓기나무를 뽑을 때, 한 면 또는 두 면이 색칠되어 있는 경우의 수를 구하시오.

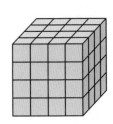

핵심 6 오른쪽 그림의 A, B, C, D의 네 부분을 빨강, 노랑, 주황, 파랑, 보라 중 4가지의 색을 골라 서로 다른 색을 칠하는 경우의 수를 구하시오.

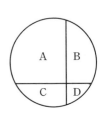

예제 1 4000원을 모두 사용하여 200원짜리, 400원짜리, 800원짜리 사탕을 모두 2개 이상씩 사는 경우의 수를 구하시오.

Tip x, y, z에 대한 관계식을 세우고, 조건을 만족시키는 x, y, z의 값을 구한다.

풀이 200원짜리, 400원짜리, 800원짜리의 사탕의 개수를 x, y, z라 하면 $200x+400y+800z=4000$이므로

(ⅰ) $z=2$일 때, $x+2y=\boxed{}$이므로

$(x, y)=(2, 5), (4, 4), (6, 3), (\boxed{}, 2), (\boxed{}, 1)$

➡ 이때 조건을 만족하는 경우의 수는 $\boxed{}$ ($\because x \geq 2$, $y \geq 2$)

(ⅱ) $z=3$일 때, $x+2y=8$이므로

$(x, y)=(2, 3), (4, 2), (6, \boxed{})$

➡ 이때 조건을 만족하는 경우의 수는 $\boxed{}$ ($\because x \geq 2$, $y \geq 2$)

(ⅲ) $z=4$일 때, $x+2y=4$이므로

$(x, y)=(2, \boxed{})$

➡ 이때 조건을 만족하는 경우의 수는 $\boxed{}$ ($\because x \geq 2$, $y \geq 2$)

따라서 (ⅰ), (ⅱ), (ⅲ)에서 구하는 경우의 수는 $\boxed{}$이다.

답 _____

응용 1 가람, 나영, 다솔 세 사람이 가위바위보를 할 때, 가람이가 이기는 경우는 몇 가지인지 구하시오.

응용 2 크기가 다른 세 개의 주사위를 동시에 던질 때, 나오는 눈의 수의 합이 **5** 이하인 경우의 수를 구하시오.

응용 3 두 주사위 **A**, **B**를 동시에 던져서 나온 눈의 수를 각각 a, b라 할 때, x에 대한 방정식 $(a-2)x-b=0$의 해가 정수가 되는 경우의 수를 구하시오.

응용 4 **0, 3, 5, 7, 9**의 숫자를 사용하여 네 자리에서 다섯 자리까지 비밀번호를 만들려고 한다. 같은 숫자를 여러 번 사용해도 좋지만 한 숫자로는 비밀번호는 만들 수는 없다. 예를 들어 **3007**는 되지만 **7777**은 사용할 수 없다. 이때 만들 수 있는 비밀번호의 가짓수를 구하시오.

응용 5 오른쪽 그림의 **A**지점에서 **P**지점을 거쳐 **B**지점으로 가는 최단 거리를 모두 몇 가지인지 구하시오.

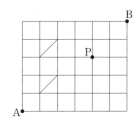

02 여러 가지 경우의 수

(1) 한 줄로 세우는 경우의 수
  ① n명을 한 줄로 세우는 경우의 수는 $n \times (n-1) \times (n-2) \times \cdots \times 3 \times 2 \times 1$
  ② n명 중 r명을 뽑아 한 줄로 세우는 경우의 수는 $n \times (n-1) \times (n-2) \times \cdots \times (n-r+1)$(단, $n \geq r$)

(2) 자연수를 만드는 경우의 수
  서로 다른 한 자리 숫자가 각각 적힌 n장의 카드에서 m장을 뽑아 만들 수 있는 m자리의 자연수의 개수
  ① 0이 포함되지 않은 경우 ➡ $n \times (n-1) \times (n-2) \times \cdots \times (n-m+1)$(개)
  ② 0이 포함되는 경우 ➡ $(n-1) \times (n-1) \times (n-2) \times \cdots \times (n-m+1)$(개)

(3) 뽑는 순서와 경우의 수
  ① 서로 다른 n개 중에서 r개를 택하여 일렬로 배열하는 경우의 수는(뽑는 순서가 관계가 있을 때)
  $$n \times (n-1) \times (n-2) \times \cdots \times (n-r+1) = \frac{n!}{(n-r)!}$$
  ② 서로 다른 n개 중에서 순서를 생각하지 않고 r개를 택하는 경우의 수는(뽑는 순서가 관계가 없을 때)
  $$\frac{n \times (n-1) \times (n-2) \times \cdots \times (n-r+1)}{r!} = \frac{n!}{(n-r)!\,r!}$$
  참고 $n!$(n factorial)은 $n! = n \times (n-1) \times (n-2) \times \cdots \times 2 \times 1$이다.

핵심 **1** A, B, C, D, E, F 여섯 사람이 일렬로 줄을 설 때, A가 네 번째에 서게 되는 경우의 수를 구하시오.

핵심 **2** 다음과 같은 모양의 서랍에 토끼, 호랑이, 기린, 곰, 펭귄, 강아지 6개의 동물 인형을 넣으려고 한다. 토끼, 호랑이, 기린을 이웃하여 넣는 경우의 수를 구하시오.

핵심 **3** 0, 1, 2, 3, 4의 5개의 숫자를 한 번씩 사용하여 다섯 자리의 자연수를 만들 때, 42301보다 작은 수의 개수를 구하시오.

핵심 **4** 2학년 각 반의 반장이 모두 모여 서로 빠짐없이 한 번씩 악수를 했더니 총 21번의 악수를 하게 되었다. 2학년은 모두 몇 반인지 구하시오.

핵심 **5** 다음 □ 안의 수의 합을 구하시오.

> ㄱ. 서로 다른 동전 4개를 던졌을 때, 나올 수 있는 경우의 수는 □이다.
>
> ㄴ. 1, 2, 3이 적힌 카드가 3개씩 있을 때, 중복을 허락하여 만들 수 있는 세 자리의 자연수의 개수는 □ 개이다.
>
> ㄷ. 연극 동아리 부원 5명 중에서 주연 1명, 조연 2명을 뽑는 경우의 수는 □이다.

핵심 **6** 오른쪽 그림과 같이 반원 위에 6개의 점이 있다. 이들 점으로 만들 수 있는 서로 다른 직선의 개수를 구하시오.

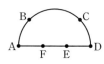

예제 2 ○, ×를 표시하는 6문제에 무작위로 ○, ×를 표시할 때, 적어도 세 문제 이상 맞히는 경우의 수를 구하시오.

Tip (6문제에 무작위로 ○, ×를 표시하는 모든 경우의 수)−(모두 틀리거나 1문제를 틀리거나 2문제를 틀리는 경우의 수)

풀이 6문제에 무작위로 ○, ×를 표시하는 경우의 수는 $2 \times 2 \times 2 \times 2 \times 2 \times \boxed{} = \boxed{}$

6문제를 모두 틀리는 경우는 1(가지)

6문제 중 1문제를 틀리는 경우는 $\boxed{}$(가지)

6문제 중 2문제를 틀리는 경우는 $\dfrac{\boxed{} \times 5}{2} = \boxed{}$(가지)

따라서 적어도 세 문제 이상 맞히는 경우의 수는 $\boxed{} - (1 + \boxed{} + \boxed{}) = \boxed{}$

답 _____

응용 1 a, b, c, d, e, f가 한 개씩 적힌 카드 6개를 일렬로 나열할 때, d와 f가 첫 번째 또는 세 번째 자리에 있고, e가 다섯 번째 자리에 있는 경우의 수를 구하시오.

응용 2 0, 1, 2, 3, 4, 5의 6개의 숫자 중 서로 다른 4개의 숫자를 골라 네 자리 자연수를 만들려고 한다. 이때 백의 자리의 숫자가 2가 아닌 수의 개수를 구하시오.

응용 3 4개의 윷가락을 던질 때, 개 또는 걸이 나오는 경우의 수를 구하시오.

응용 4 A, B, C, D, E, F가 오른쪽 그림과 같은 원탁에 앉으려고 한다. 이때 A, B는 마주 보고 앉는 방법의 수를 구하시오.

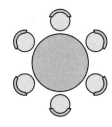

응용 5 수직선 위의 원점에 점 P가 놓여 있다. 동전 한 개를 던져서 앞면이 나오면 수직선을 따라 오른쪽으로 1만큼 가고, 뒷면이 나오면 왼쪽으로 1만큼 간다고 한다. 동전 1개를 5번 던졌을 때, 점 P의 위치가 1이 되는 경우의 수를 구하시오.

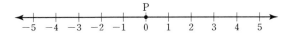

응용 6 오른쪽 그림과 같이 가로 방향으로 평행한 직선 3개와 세로 방향으로 평행한 직선 4개가 같은 간격으로 그어져 있다. 모든 직선들이 각각 수직으로 만날 때, 이 직선으로 만들 수 있는 직사각형의 개수를 구하시오.

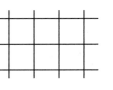

NOTE

01 0, 1, 3, 5, 6, 8의 숫자가 각각 적힌 6장의 카드에서 4장을 뽑아 네 자리의 정수를 만들 때, 9의 배수의 개수를 구하시오.

02 한 개의 주사위를 네 번 던져 나오는 눈의 수를 차례로 일의 자리 숫자, 십의 자리 숫자, 백의 자리 숫자, 천의 자리 숫자로 하는 네 자리 자연수를 만들 때, 그 자연수가 4의 배수가 되는 경우의 수를 구하시오.

03 오른쪽 그림과 같은 도형을 그리는데 **A** 또는 **B**에서 시작하여 연필을 떼지 않고 한 번에 그릴 수 있는 경우의 수를 구하시오. (단, 한 번 지나간 선은 다시 지나지 않는다.)

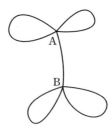

04 좌표평면 위를 움직이는 점 A가 있다. 주사위를 던져서 나오는 눈의 수 a가 홀수이면 x축의 양의 방향으로 a만큼 나아가고, a가 짝수이면 y축의 양의 방향으로 a만큼 나아간다고 한다. 이러한 시행을 몇 번 반복하여 원점에서 출발한 점 A가 점 $(3, 4)$에 도달하게 되는 경우는 몇 가지인지 구하시오.

05 오른쪽 그림은 정사각형의 각 변을 5등분하여 얻은 도형이다. 이 도형에서 크고 작은 정사각형을 제외한 직사각형은 모두 몇 개인지 구하시오.

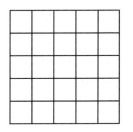

06 오른쪽 그림과 같이 직사각형 모양의 식탁에 8명이 앉을 수 있는 경우의 수를 구하시오.

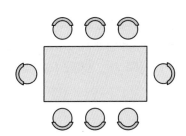

IV
확률

NOTE

07 6장의 카드에 숫자 0, 1, 1, 2, 2, 3이 각각 한 개씩 적혀 있다. 이 6장 중에서 5장을 택하여 만들 수 있는 20000 이상의 다섯 자리의 수의 개수를 A라 하자. 또 이 6장 중에서 3장을 택하여 만들 수 있는 3의 배수인 세 자리의 수의 개수를 B라 할 때, $A+B$의 값을 구하시오.

08 오른쪽 그림과 같은 도로망이 있다. P 지역에서 Q 지역으로 이동하려 하는데 굵은 선으로 나타난 부분은 정체 구역이므로 이 도로를 피하려고 한다. 지나가는 도로가 다르면 서로 다른 방법이라 할 때, P 지역에서 Q 지역까지 최단 거리로 이동하는 방법은 몇 가지인지 구하시오.

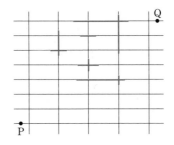

09 어느 신도시의 도로가 오른쪽 그림과 같이 정사각형 또는 직사각형 모양으로 되어 있다고 한다. 철수가 방과 후에 학교에서 독서실을 거쳐 집으로 갈 때, 가장 가까운 길로 가는 방법은 모두 몇 가지인지 구하시오.

10 오른쪽 그림과 같이 A 지점을 출발하여 B 지점까지 최단거리로 가는데 6개의 지점 C_1, C_2, C_3, C_4, C_5, C_6 중 적어도 한 지점을 거쳐서 가는 경우의 수를 구하시오.

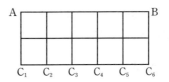

11 석기는 계단을 오르는 데 한 걸음에 1계단 또는 2계단 또는 3계단을 오를 수 있다. 이때 2계단을 오르는 방법의 수는 2이고, 3계단을 오르는 방법의 수는 4이다. 석기가 6계단을 오르는 방법의 수는 얼마인지 구하시오.

12 A, B, C 3개의 주사위를 동시에 던질 때 나올 수 있는 모든 경우의 수를 a라 하고, 나온 3개의 눈의 합이 6의 배수가 되는 모든 경우의 수를 b라 하자. 이때 $a+b$의 값을 구하시오.

13 시영이는 빨대 3개에 실을 꿰어 삼각형을 만들려고 한다. 가지고 있는 빨대의 종류와 개수는 다음 표와 같다. 이때 만들 수 있는 서로 다른 모양의 삼각형은 모두 몇 가지인지 구하시오.

빨대의 길이	3 cm	5 cm	6 cm	8 cm	10 cm
빨대의 개수	2개	2개	2개	1개	1개

14 오른쪽 그림과 같이 1번에서 10번까지 번호가 적힌 10개의 칸이 있다. 같은 모양의 9개의 인형을 2개, 3개, 4개로 나누어 서로 다른 3개의 칸에 넣으려 한다. 이때 홀수 번호가 적힌 칸에는 홀수 개, 짝수 번호가 적힌 칸에는 짝수 개를 넣고, 인형이 들어갈 칸 중에서 밑으로 갈수록 인형의 개수가 많아지도록 인형을 넣는 방법의 수는 얼마인지 구하시오.

```
1
2
3
4
5
6
7
8
9
10
```

15 유승이네 가족은 어머니, 아버지, 유승이로 세 명이다. 어느 날 통닭을 배달시켰더니 닭다리만 10개가 들어 있었다. 이 10개의 닭다리를 세 사람이 나누어 먹는 방법은 모두 몇 가지인지 구하시오. (단, 한 사람이 최소한 1개는 먹는다고 하고, 닭다리 1개를 나누어 먹지는 않는다.)

16 바둑돌이 450개 들어 있는 상자에서 처음에 x개를 꺼내고 그 이후에는 밖에 꺼내져 있는 바둑돌의 개수만큼 계속해서 꺼내면 2개의 바둑돌이 남는다고 한다. 예를 들어 처음에 1개를 꺼내면 그 다음은 차례로 1개, 2개, 4개, 8개 순으로 꺼낸다. 바둑돌을 꺼낸 횟수를 y라 할 때, $x+y$의 최솟값은 얼마인지 구하시오.

17 철수는 진수와 가위바위보 게임을 하는데 철수는 먼저 6점을 가지기로 했다. 그리고 철수가 이기면 1점을 얻고 지면 2점을 잃는데 철수가 점수를 모두 잃어버리면 게임은 끝나게 된다. 이때 6번째 가위바위보에서 게임이 끝나게 되는 경우는 몇 가지인지 구하시오. (단, 비기는 경우는 생각하지 않는다.)

18 1반, 2반, 3반, 4반에서 각각 2명씩 모두 8명이 참석하는 어느 모임이 있다. 한 번에 한 명씩 모임 장소에 도착하며, 그들은 도착하면 이미 도착한 모든 사람과 악수를 하는데, 같은 반끼리는 하지 않는다. 8명이 모두 도착한 뒤에 한 사람 A가 나머지 7명에게 그들이 도착했을 때 악수한 횟수를 물었는데, 모두 다른 답이 나왔다. 이때 A가 악수한 횟수는 얼마인지 구하시오.

IV
확률

01 3, 3, 3, 6, 6, 9, 9로 7자리의 수를 만들 때 같은 숫자끼리 이웃하지 않는 경우의 수를 구하시오.

02 한 자리의 자연수 a, b, c가 $a = \dfrac{b+c}{2}$를 만족할 때, a, b, c로 만들 수 있는 세 자리의 자연수 중 a를 백의 자리로 하는 수는 모두 몇 개인지 구하시오.

03 1000을 연속하는 2개 이상의 자연수의 합으로 나타낼 수 있는 경우의 수를 구하시오. (단, 더하는 순서는 무시한다.)

04 m과 n은 모두 1 이상 50 이하의 정수이다. 이때 두 수의 합 $m+n$을 3으로 나누면 나머지가 2이고, 두 수의 곱 mn을 3으로 나누면 나머지가 1인 정수의 순서쌍(m, n)은 모두 몇 개인지 구하시오.

05 수험생 7명의 수험표를 섞어서 임의로 1장씩 나누어 줄 때 7명 중 어느 3명이 자기 수험표를 받을 경우의 수를 구하시오.

06 6을 2개 이상의 자연수의 합으로 표현하는 방법은 모두 몇 가지인지 구하시오. (단, 더하는 순서가 다르면 다른 표현으로 본다. 예를 들어 $3+2+1$, $2+3+1$, $1+2+3$은 모두 다른 것으로 본다.)

07 3025를 3개의 자연수의 곱으로 나타내는 모든 경우의 수를 구하시오. (단, 곱하는 순서가 다른 것은 다른 방법으로 생각한다. 즉 $a \times b \times c$, $b \times a \times c$, $b \times c \times a$, $\cdots$ 등은 서로 다른 것으로 한다.)

NOTE

08 오른쪽 그림과 같이 직선 l을 축으로 회전하는 밑면이 정삼각형인 삼각기둥이 있다. 빨강, 주황, 노랑, 초록, 보라의 5가지 색을 이 삼각기둥의 모든 면에 서로 다른 색으로 칠하는 경우의 수를 구하시오. (단, 삼각기둥의 위아래는 고정되어 뒤집을 수 없다.)

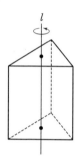

09 오른쪽 그림은 철사를 사용하여 세 개의 정육면체를 이어서 만든 것이다. 꼭짓점 **A**를 출발하여 각 정육면체의 모서리를 따라 꼭짓점 **B**까지 최단 거리로 이동할 때, 이동하는 모든 경우의 수를 구하시오.

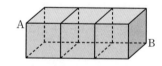

10 오른쪽 그림과 같이 직선과 곡선으로 이루어진 수레바퀴 모양의 길이 있다. 한 번 지난 지점은 다시 지날 수 없을 때, 수레바퀴 모양의 길을 따라 **A**에서 **E**까지 가는 방법은 모두 몇 가지인지 구하시오. (단, 거리는 고려하지 않는다.)

11 정사면체의 각면에 **A**, **B**, **C**, **D**가 적혀 있다. 이 사면체를 던졌을 때, 아래에 있어 보이지 않는 문자를 숨은 문자라고 하자. 숨은 문자가 **A**일 때는 오른쪽으로, **B**일 때는 왼쪽으로, **C**일 때는 위쪽으로, **D**일 때는 아래쪽으로 각각 한 칸씩 이동한다. 정사면체를 8번 던졌을 때 **P**에서 **Q**로 가는 경우의 수를 구하시오.

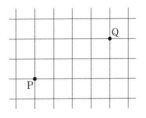

12 오른쪽 그림은 **L** 전자 대리점에 전시된 멀티비전이다. 1번부터 6번까지 각각의 화면에 세 방송국에서 방송하는 **K**−**tv**의 뉴스, **M**−**tv**의 드라마, **S**−**tv**의 오락 중에 하나를 방영하고자 한다. 이 멀티비전의 1, 2, 3번 화면에 서로 다른 세 프로그램이 방영될 때, 4, 5, 6번에서 바로 위의 화면과 다른 프로그램이 방영되는 경우의 수를 구하시오.

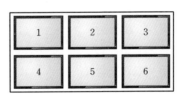

IV

확률

13 오른쪽 그림과 같은 4행 4열 모양의 16칸 중 8칸을 선택하여 검은 바둑돌을 8개를 놓으려고 한다. 각 행과 열에 2개씩만 놓이도록 할 때 서로 다른 경우는 모두 몇 가지인지 구하시오.

	1열	2열	3열	4열
1행				
2행				
3행				
4행				

NOTE

14 처음에 1을 적은 후, A와 B 두 사람이 가위바위보를 하여 다음 규칙에 따라 수를 차례로 적는다. 가위바위보를 7번 한 후, 72를 적을 수 있는 경우는 모두 몇 가지인지 구하시오.

> A가 이기면 앞의 수의 2배를 적는다.
> B가 이기면 앞의 수의 3배를 적는다.
> A와 B가 비기면 앞의 수의 $\frac{1}{2}$배를 적는다.

15 축구예선 조별경기에서 갑, 을, 병 세 팀이 상대팀과 1번씩 경기를 치루었다. 갑팀은 2번의 경기에서 모두 이겼고, 병팀은 2번의 경기 중 1번 비겼다. 각 팀의

> 갑팀 : 골을 실점한 점수 6점
> 을팀 : 골을 득점한 점수 7점, 골을 실점한 점수 8점
> 병팀 : 골을 득점한 점수 5점, 골을 실점한 점수 7점

골을 득점한 총계와 골을 실점한 총계가 오른쪽과 같을 때, 예선 3경기에서 갑팀이 을팀에게 골을 득점한 점수가 a, 병팀이 을팀에게 골을 득점한 점수를 b라 하자. 이때 $a+2b$의 값을 구하시오.

16 유승이가 정팔각형의 변을 따라 움직이는 로봇을 만들었다. 이 로봇은 정팔각형의 한 변을 지나가는데 **1**분이 걸리며, 각 꼭짓점에서는 가던 방향으로 계속 가거나 반대 방향을 바꿀 수 있다고 한다. 이 로봇이 한 꼭짓점 **A**에서 출발하여 **10**분 동안 계속 움직여 꼭짓점 **A**의 반대편 꼭짓점에 도달할 수 있는 경우의 수를 구하시오.

17 철수와 영희 두 사람이 수 부르기 놀이를 하고 있다. 이 놀이는 철수가 먼저 수를 말한 다음 영희가 철수보다 큰 수를 말하되 **11** 이상의 차이가 나면 안 되며 먼저 **100**에 도달하는 사람이 이긴다. 놀이를 한 결과 항상 철수가 이겼다. 그 비결은 철수가 맨 처음에 x를 말하면 된다. 이때 x가 될 수 있는 값 중에서 **50**에 가장 가까운 수는 얼마인지 구하시오.

18 오른쪽 그림과 같은 **16**개의 투명한 정육면체 틀에 **5**개의 검은색 정육면체를 끼워 넣으려고 한다. **A** 방향에서 본 모양은 □□□□이고, **B** 방향에서 본 모양은 □□□□라고 할 때 검은색 정육면체를 끼워 넣는 방법은 모두 몇 가지인지 구하시오.

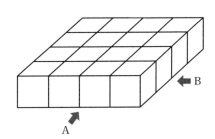

(1) **확률** : 같은 조건 아래에서 실험이나 관찰을 반복할 때, 어떤 사건 A가 일어나는 상대도수가 일정한 값에 가까워지는
경우 이 일정한 값을 사건 A가 일어날 확률이라 한다.

(2) **확률의 성질**
  ① 어떤 사건이 일어날 확률을 p라 하면 $0 \le p \le 1$
  ② 반드시 일어나는 사건의 확률은 1이다.
  ③ 절대 일어날 수 없는 사건의 확률은 0이다.
  ④ 사건 A가 일어날 확률을 p라 하면 (사건 A가 일어나지 않을 확률)$= 1 - p$

(3) 사건 A와 사건 B가 동시에 일어나지 않을 때, 사건 A가 일어날 확률을 p, 사건 B가 일어날 확률을 q라 하면
  (사건 A 또는 사건 B가 일어날 확률)$= p + q$

(4) 사건 A와 사건 B가 서로 영향을 끼치지 않을 때 사건 A가 일어날 확률을 p, 사건 B가 일어날 확률을 q라 하면
  (사건 A와 사건 B가 동시에 일어날 확률)$= p \times q$

핵심 ① 3인용 의자 **A**, **B** 2개에 재욱, 성호, 광희, 해진, 소희, 지수 6명이 나누어 앉을 때, 재욱이와 성호가 같은 의자에 앉게 될 확률을 구하시오. (단, 앉는 순서는 생각하지 않는다.)

핵심 ④ 오른쪽 그림과 같은 표적지를 향하여 화살을 두 번 쏠 때 맞힌 숫자를 각각 a, b라 할 때, ab의 값이 홀수일 확률을 구하시오. (단, 각 영역의 넓이는 같고, 모든 화살은 반드시 표적지에 맞으며 경계선에 맞는 경우는 없다.)

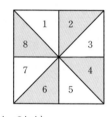

핵심 ② W 고등학교는 내년도 신입생을 다섯 개의 반으로 편성하려고 한다. W 고등학교에서는 학생들을 임의로 학급에 배정한다고 할 때, 내년에 입학할 가람, 나영, 다슬 3명의 학생이 모두 다른 반에 편성될 확률을 구하시오.

핵심 ⑤ 주머니 속에 들어 있는 **10**개의 제비 중 **4**개가 당첨 제비이다. **A**가 주머니에서 제비를 뽑고 확인한 후 넣고 다시 **B**가 뽑을 때, **A**와 **B**가 모두 당첨될 확률을 구하시오.

핵심 ③ 영어 단어 'WATER'에서 5개의 문자를 일렬로 배열할 때, W 또는 R가 맨 앞에 올 확률을 구하시오.

핵심 ⑥ 어느 정류장에서 정오에 도착 예정인 버스가 정시에 도착할 확률은 $\dfrac{3}{4}$, 정시보다 늦게 도착할 확률은 $\dfrac{1}{6}$이라고 한다. 이때 버스가 정시보다 일찍 도착할 확률을 구하시오.

예제 1 주머니 속에 크기가 같은 주황색 공 6개, 파란색 공 x개, 노란색 공 y개가 들어 있다. 이 주머니에서 공 1개를 꺼낼 때, 파란색 공이 나올 확률은 $\dfrac{1}{8}$이고 노란색 공이 나올 확률은 $\dfrac{1}{2}$이다. 이 주머니에서 차례로 2개의 공을 꺼낼 때, 2개 모두 주황색 공일 확률을 구하시오. (단, 꺼낸 공은 다시 넣지 않는다.)

Tip x, y에 대한 식을 세워 연립방정식으로 풀 수 있다.

풀이 파란색 공이 나올 확률에서 $\dfrac{x}{\square+x+y}=\dfrac{1}{8}$, $8x=\square+x+y$

$\therefore 7x-y=\square$ … ㉠

노란색 공이 나올 확률에서 $\dfrac{y}{\square+x+y}=\dfrac{1}{2}$, $\square+x+y=\square y$

$\therefore x-y=\square$ … ㉡

㉠, ㉡을 연립하여 풀면 $x=\square$, $y=\square$

따라서 구하는 확률은 $\dfrac{6}{\square}\times\dfrac{5}{\square}=\square$

답 _____

응용 1 오른쪽 그림은 전통놀이인 사방치기를 할 때, 바닥에 그리는 그림이다. 여기에 돌을 던졌을 때, 5의 약수가 있는 영역에 떨어질 확률을 구하시오. (단, 모든 사각형은 정사각형이고, 가장 작은 정사각형의 한 변의 길이는 **50 cm**이다. 또, 놀이 도형을 벗어나거나 경계선에 떨어지는 경우는 생각하지 않는다.)

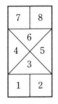

응용 2 공동프로젝트를 진행하기 위해서 **A**팀 팀원 a명과 **B**팀 팀원 b명이 회의실에 모이기로 했다. 모인 사람은 **10**명이고 이 중 프로젝트 팀 대표 2명을 제비뽑기를 통해 뽑을 때, 대표 2명이 모두 **B**팀일 확률이 $\dfrac{1}{3}$이라고 한다. 이때 회의실에 모인 **B**팀 팀원 수는 모두 몇 명인지 구하시오.

응용 3 한 변의 길이가 **4**인 삼각형의 나머지 두 변의 길이를 서로 다른 주사위 두 개를 동시에 던져서 나오는 눈의 수로 정할 때, 삼각형이 만들어지지 않을 확률을 구하시오.

응용 4 오른쪽 그림과 같이 바둑돌이 놓여 있다. 한 개의 주사위를 던져 짝수의 눈이 나오면 바둑돌을 위로 한 칸 이동시키고, 홀수의 눈이 나오면 오른쪽으로 한 칸 이동시키는 경기를 하였다. 주사위를 4번 던져 현재 **A** 위치에 놓여 있는 바둑돌이 **B** 위치에 도착할 확률을 구하시오.

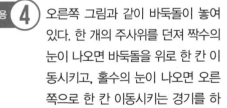

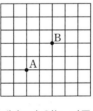

---

(1) 적어도 ~ 일 확률

(사건 A가 적어도 한 번 일어날 확률)=$1-$(사건 A가 일어나지 않을 확률)

(2) 어떤 사건이 일어나지 않을 확률과 확률의 곱셈

두 사건 A, B가 서로 영향을 끼치지 않을 때 사건 A가 일어날 확률을 p, 사건 B가 일어날 확률 q라 할 때,

① 두 사건 A, B가 모두 일어나지 않을 확률 ➡ $(1-p)\times(1-q)$

② 두 사건 A, B 중 적어도 하나가 일어날 확률 ➡ $1-(1-p)\times(1-q)$

핵심 ① 10원, 50원, 100원, 500원짜리 동전을 각각 한 개씩 던질 때, 적어도 어느 하나가 뒷면이 나올 확률을 구하시오.

핵심 ② 1에서 20까지의 숫자가 각각 적힌 정이십면체를 한 번 던질 때, 3의 배수도 아니고 4의 배수도 아닌 수가 나올 확률을 구하시오.

핵심 ③ 오른쪽 그림과 같은 전기 회로에서 두 스위치 A, B가 열릴 확률이 각각 0.1, 0.25라 한다. 이때 전구에 불이 켜질 확률을 구하시오.

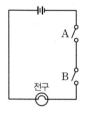

핵심 ④ 어떤 퀴즈 대회에서 첫 번째 문제를 풀어서 맞힐 확률은 0.7이고, 두 번째 문제를 풀어서 맞힐 확률은 0.8이라 한다. 두 문제를 풀었을 때, 두 문제 모두 맞히거나 모두 틀릴 확률을 구하시오.

핵심 ⑤ 명중률이 각각 $\dfrac{1}{3}$, $\dfrac{1}{4}$, $\dfrac{4}{5}$인 세 명의 클레이 사격 선수가 날아가는 표적 원반 하나를 겨냥하여 동시에 총을 쏘았을 때, 원반이 깨질 확률을 구하시오.

핵심 ⑥ 승연, 희영 두 사람이 주사위를 승연 → 희영 → 승연 →희영의 순서로 1회씩 던질 때, 승연이는 2 이하의 눈이 나오면 이기고 희영이는 4 이상의 눈이 나오면 이기는 것으로 한다. 이때 4회 이내에 희영이가 이길 확률을 구하시오.

예제 **2** A, B, C 세 사람이 달리기 시합을 하는데 A가 B를 이길 확률은 $\frac{1}{3}$, B가 C를 이길 확률은 $\frac{3}{4}$, C가 A를 이길 확률은 $\frac{1}{5}$이라 한다. 세 명이 제비뽑기를 하여 한 명이 부전승으로 결승전에 오른다고 할 때, A가 우승할 확률을 구하시오.(단, 비기는 경우는 없다.)

Tip A가 결승전에 오르는 경우를 구하고 그에 따른 확률을 각각 구할 수 있다.

풀이 A, B, C가 각각 부전승일 확률은 모두 $\frac{1}{3}$이다.

(ⅰ) A가 부전승일 경우

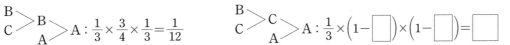

$$B \underset{C}{>} B \underset{A}{-} A : \frac{1}{3} \times \frac{3}{4} \times \frac{1}{3} = \frac{1}{12} \qquad B \underset{C}{>} C \underset{A}{-} A : \frac{1}{3} \times \left(1-\boxed{}\right) \times \left(1-\boxed{}\right) = \boxed{}$$

$$\therefore \frac{1}{12} + \boxed{} = \boxed{}$$

(ⅱ) B가 부전승일 경우

$$A \underset{C}{>} A \underset{B}{-} A : \frac{1}{3} \times \left(1-\boxed{}\right) \times \boxed{} = \boxed{}$$

(ⅲ) C가 부전승일 경우

$$A \underset{B}{>} A \underset{C}{-} A : \frac{1}{3} \times \frac{1}{3} \times \boxed{} = \boxed{}$$

따라서 (ⅰ), (ⅱ), (ⅲ)에 의하여 A가 우승할 확률은 $\boxed{}$

답 _____

응용 1 각 면에 1부터 4까지의 숫자가 각각 적힌 정사면체 모양의 주사위가 있다. 이 주사위를 던져서 3의 눈이 나오면 동전을 세 번, 3이 아닌 눈이 나오면 동전을 네 번 던지기로 했다. 주사위를 한 번 던졌을 때, 동전의 앞면이 세 번만 나올 확률을 구하시오.

응용 2 서로 다른 세 개의 주사위를 동시에 던질 때, 나온 눈의 수의 최댓값을 M, 최솟값을 m이라 하자. 이때 $M-m>1$일 확률을 구하시오.

응용 3 상자 안에 검은 바둑돌과 흰 바둑돌을 합하여 10개의 바둑돌이 들어 있다. 이 상자에서 1개의 바둑돌을 꺼내어 색을 확인하고 다시 넣은 후 다시 1개의 바둑돌을 꺼낼 때, 적어도 한 번은 흰 바둑돌이 나올 확률은 0.91이다. 이 상자 안에 들어 있는 검은 바둑돌의 개수를 구하시오.

응용 4 같은 능력을 가진 A, B 두 사람이 게임을 해서 먼저 3번 이긴 사람이 50000원을 갖기로 했다. A가 2번 이기고, B가 1번 이긴 상태에서 게임을 중단할 수 밖에 없었다. 그렇다면 상금을 얼마씩 나누는 것이 합리적인지 말하시오. (단, 비기는 경우는 없다.)

Ⅳ 확률

01 길이가 **1 cm, 2 cm, 3 cm, 4 cm, 5 cm, 6 cm**인 끈 **6**개가 있다. 이 **6**개의 끈 중에서 **3**개의 끈으로 삼각형을 만들 때, 삼각형이 만들어질 확률을 구하시오.

02 **A, B, C, D, E**가 각각 적혀 있는 카드가 **5**장이 있다. 이 카드를 일렬로 배열할 때, **C**는 **D**보다 왼쪽에 **E**는 **D**보다 오른쪽에 있을 확률을 구하시오.

03 오른쪽 그림과 같이 중심각의 크기가 **120°**인 부채꼴에 색칠이 되어 있는 원판 모양의 과녁에 화살을 세 번 쏠 때, 적어도 한 번은 색칠한 부분을 맞힐 확률을 구하시오. (단, 화살이 과녁을 벗어나거나 경계선에 맞히는 경우는 없다.)

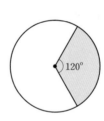

04 오른쪽 그림과 같은 통로가 있다. A에 공을 넣으면 B, C, D, E 중의 어느 한 곳으로 공이 나온다. A에 공을 넣을 때, D로 공이 나올 확률을 구하시오. (단, 모든 통로에 대하여 공이 지나갈 확률은 같다.)

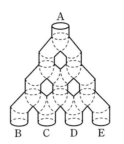

05 남학생 4명과 여학생 4명을 한 줄로 세울 때 남학생끼리는 어느 두 명도 이웃하지 않을 확률을 구하시오.

06 1부터 20까지의 자연수가 각각 적혀 있는 20개의 구슬이 주머니에 들어 있다. 이 주머니에서 한 개의 구슬을 임의로 꺼내었을 때 적혀 있는 수를 m이라 하고, 꺼낸 구슬을 다시 넣은 후 한 개의 구슬을 또 꺼내었을 때 적혀 있는 수를 n이라 하자. 이때 $4^m + 9^n$이 5로 나누어떨어질 확률을 구하시오.

NOTE

07 주사위를 3번 던져서 첫 번째, 두 번째, 세 번째 나온 눈의 수를 차례로 a, b, c라 하자. 두 직선 $ax-by+c=0$과 $x-3y+2=0$이 한 점에서 만날 확률을 구하시오.

08 오른쪽 그림과 같이 두 직선 l, m 위에 각각 5개씩 10개의 점이 놓여 있다. 이 중에서 3개의 점을 선택할 때, 삼각형이 그려질 확률을 구하시오.

09 서로 다른 주사위 3개를 동시에 던질 때, 나오는 눈의 합이 6의 배수가 될 확률을 구하시오.

10 갑, 을 두 사람이 각각 두 개의 말을 가지고 윷놀이를 하고 있다. 윷짝의 앞면과 뒷면이 나타날 확률은 같다고 할 때, 처음에 갑이 던져서 도가 나왔고, 그 다음에 을이 던져서 걸이 나왔다고 한다. 이때, 갑이 한 번 던져서 을의 말을 잡을 확률을 구하시오.

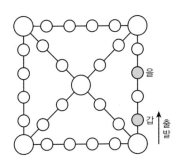

11 좌표축 위의 원점에 점 P가 있다. 주사위를 던져서 짝수의 눈이 나오면 점 P를 x축으로 $+2$만큼, 홀수의 눈이 나오면 점 P를 x축으로 -1만큼씩 움직인다. 주사위를 7회 던져서 점 P의 좌표가 $(2, 0)$에 올 확률을 구하시오.

12 1에서 8까지의 숫자가 적힌 정팔면체 모양의 주사위가 있다. 이 주사위를 던져서 짝수가 4번 나오거나 홀수가 4번 나오게 되면 경기는 끝나게 된다고 한다. 이 경기에서 주사위를 5번을 던지고도 경기가 끝나지 않게 되는 확률을 $\dfrac{b}{a}$라 할 때, $a+b$의 값을 구하시오. (단, a, b는 서로소인 자연수)

NOTE

13 4통의 편지와 이에 대응한 겉봉을 쓴 봉투가 있다. 지금 아무렇게나 편지를 한 통씩 봉투에 넣을 때, 적어도 한 통은 옳게 넣을 확률을 구하시오.

14 A, B 두 개의 과일 상자가 있다. A상자에는 사과와 배가 합하여 10개 들어 있고, B상자에는 사과가 4개, 배가 3개 들어 있었는데, 어느 날 아침에 A상자에서 과일 하나를 꺼내어 B상자에 넣었다고 한다. 그 날 저녁에 B상자에서 과일 하나를 꺼냈을 때, 사과가 나올 확률이 $\dfrac{23}{40}$이라 하면, 처음 A상자에 들어 있던 사과의 개수를 구하시오.

15 A와 B는 오른쪽 그림과 같은 말판을 이용하여 게임을 하기로 하였다. 동전을 서로 번갈아 가며 던져서 A는 동전의 앞면이 나오면 말을 위쪽으로 한 칸 이동하고 동전의 뒷면이 나오면 말을 오른쪽으로 한 칸 이동한다. B는 동전의 앞면이 나오면 말을 아래쪽으로 한 칸 이동하고, 동전의 뒷면이 나오면 말을 왼쪽으로 한 칸 이동한다. A와 B 두 사람이 동전을 각각 5번씩 던질 때, 두 사람의 말이 만날 확률을 구하시오.

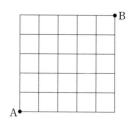

16 두 개의 주사위 A와 B를 동시에 던져서 주사위 A에서 나온 눈의 수를 a, 주사위 B에서 나온 눈의 수를 b라고 하자. 직선 $y=ax+b$와 x축 및 y축으로 둘러싸인 삼각형의 넓이가 3보다 클 확률을 구하시오.

17 오른쪽 그림과 같이 두 점 A(2, 2), B(4, 1)과 직선 $y=\dfrac{b}{a}x$가 있다. 주사위 두 개를 던져서 나오는 눈의 수를 각각 a, b라 할 때, 직선 $y=\dfrac{b}{a}x$와 선분 AB가 만날 확률을 구하시오.

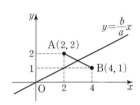

18 좌표평면 위의 점 A(x, y)에서 $1 \le x \le 6$, $-4 \le y \le -1$을 만족하는 정수 x, y에 대하여 $x-y \ge 4$일 확률을 구하면 $\dfrac{n}{m}$이다. 이때 $m+n$의 최솟값을 구하시오.

01 A, B, C, D, E 다섯 팀이 오른쪽 그림과 같은 대진표로 농구 경기를 하고 있다. 비기는 경우는 없으며, B, C, D는 서로 이길 확률이 같고, A, E도 서로 이길 확률이 같다. 다만, A는 B, C, D의 어느 한 팀과 경기를 하더라도 이길 확률이 $\frac{2}{3}$이고, E는 B, C, D의 어느 한 팀과 경기를 하더라도 이길 확률이 $\frac{1}{3}$이다. B가 우승할 확률을 구하시오.

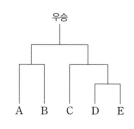

02 오른쪽 그림은 정사각형의 각 변을 이등분하여 얻은 도형의 꼭짓점을 9개의 점으로 나타낸 것이다. 이 중에서 4개의 점을 선택하여 사각형을 만들 때 정사각형이 아닐 확률을 구하시오.

03 유승이 아버지는 버스와 지하철 중 어느 하나를 한 번만 타고 출근한다. 버스를 탄 다음날 버스를 탈 확률은 $\frac{2}{3}$이고, 지하철을 탄 다음날 버스를 탈 확률은 $\frac{1}{3}$이다. 이번주 월요일에 지하철로 출근하였을 때, 이번 주 목요일에 버스로 출근할 확률을 구하시오.

04 오른쪽 그림과 같은 반원의 호 **AB** 위에 임의로 두 점 **C**, **D**를 잡을 때, ∠**COD**가 둔각일 확률을 구하시오.

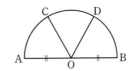

05 **A, B, C, D** 네 팀이 출전한 어느 야구 대회에서 각 팀은 다른 팀과 반드시 한 번씩 시합을 하고, 모든 경기는 반드시 승패가 결정된다. 네 팀 중 모두 이긴 팀과 모두 진 팀이 동시에 생길 확률을 구하시오. (단, 각 팀이 경기에서 이길 확률은 모두 $\frac{1}{2}$이다.)

06 주머니에 흰 바둑돌 4개와 검은 바둑돌 3개가 들어 있다. 처음에 2개의 바둑돌을 연속하여 꺼낸 후 다시 2개의 바둑돌을 연속하여 꺼낼 때, 나중에 꺼낸 2개의 바둑돌이 모두 흰 바둑일 확률을 구하시오. (단, 꺼낸 바둑돌은 다시 넣지 않는다.)

NOTE

07 분자는 1, 3, 5, 7, 9 중에서 임의로 선택하고, 분모는 1부터 8까지 각 면에 쓰인 정팔면체 모양의 주사위를 던져서 나오는 눈의 수로 하여 분수를 만들었다. 그 분수가 자연수 또는 유한소수로 나타내어질 확률이 $\dfrac{a}{b}$일 때 $a+b$의 최솟값을 구하시오.

08 1층에서 10층까지 운행하는 엘리베이터 1호기, 2호기, 3호기가 있다. 1호기는 모든 층에서, 2호기는 홀수 층에서, 3호기는 5층 이상에서만 선다고 한다. 갑, 을, 병 세 사람이 1층에서 각각 1, 2, 3호기를 타고 올라가다가 어느 한 층에서 반드시 내릴 때, 세 사람이 같은 층에서 내릴 확률을 구하시오.

09 1부터 20까지의 정수가 적힌 공 20개가 상자 안에 들어 있다. 이 상자에서 한 개의 공을 꺼내어 적힌 숫자를 확인하고 넣은 후 다시 한 개의 공을 꺼내어 적힌 숫자를 확인했다. 처음 나온 수를 x, 나중에 나온 수를 y라 할 때 2^x+5y의 일의 자리의 숫자가 9일 확률을 구하시오.

10 한 모서리가 **6 cm**인 정육면체 모양의 나무가 있다. 모든 면에 파란색을 칠하고 **1 cm** 간격으로 잘라서 한 모서리가 **1 cm**인 정육면체 216개를 만들었다. 이것들을 주머니 속에 넣은 다음 그 중하나를 뽑아 던졌을 때 파란색 면이 위로 나타날 확률을 구하시오.

11 서로 다른 세 개의 주사위를 동시에 던져 나온 눈의 수의 합만큼 점 **P** 가 점 **A**를 출발하여 시계 방향으로 이동한다. 예를 들어, 나온 눈의 수의 합이 6이면 **A → B → C → D → E → A → B**로 이동하여 점 **P**는 점 **B**에 위치하게 된다. 세 주사위를 동시에 던질 때, 점 **P**가 점 **A**에 위치할 확률을 구하시오.

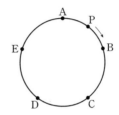

12 1에서 20까지의 자연수가 각각 적혀 있는 20개의 공 중에서 임의로 6개를 뽑아 당첨 번호를 정하는 행운 복권이 있다. 이 복권 한 장을 사서 6개의 번호를 선택했을 때, 순서에 관계없이 3개의 숫자만을 맞추면 4등이라고 한다. 이 복권 한 장을 사서 4등에 당첨될 확률을 구하시오.

13 자연수 10은 $2+2+2+2+2$, $2+2+3+3$, $2+3+5$, $3+7$ 등과 같이 10 이하의 소수의 합으로 나타낼 수 있다. 이때 같은 소수를 계속하여 더할 수 있고, 더하는 순서는 무시한다. 이를 테면 $2+3+5$는 $2+5+3$ 및 $5+3+2$와 같은 것으로 본다. 이와 같은 방법으로 23을 10 이하의 소수의 합으로 나타내는 모든 경우 중에서 한 경우를 택했을 때, 7이 두 번 더해져 있을 확률을 구하시오.

14 1에서 8까지의 숫자가 하나씩 쓰여 있는 8장의 카드가 있다. 이 중 3장을 뽑아 세 자리의 자연수를 만들 때, 그 수가 3의 배수가 될 확률을 구하시오.

15 오른쪽 그림과 같은 바둑판이 있다. 주사위 한 개를 던졌을 때, 1의 눈이 나오면 왼쪽으로, 2, 3의 눈이 나오면 오른쪽으로, 4, 5, 6의 눈이 나오면 위쪽으로 바둑돌을 한 칸씩 이동시키려고 한다. 주사위를 네 번 던졌을 때, 바둑돌이 점 A에서 출발하여 점 B에 오도록 할 확률은 $\dfrac{n}{m}$이 된다. 이때, $m+n$의 값을 구하시오. (단, 처음으로 점 B에 오는 경우만 생각하며, m, n은 서로소이다.)

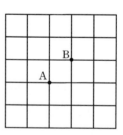

16 오른쪽 그림과 같이 쌓기나무를 아래층의 중앙에 놓는 방법으로 크기가 같은 쌓기나무를 맨 위층에는 1개, 그 아래층에는 4개, 또 그 아래층에는 9개, …와 같이 8층까지 쌓았다. 사용된 모든 쌓기나무 중 단 한 개가 흰색일 때, 흰색 쌓기나무가 보이지 않을 확률은 몇 %인지 구하시오. (단, 소수점 아래 둘째 자리에서 반올림한다.)

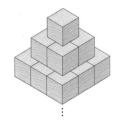

17 주머니 속에 1부터 8까지의 자연수가 하나씩 적힌 노란 구슬 8개와 1부터 10까지의 자연수가 하나씩 적힌 파란 구슬 10개가 들어 있다. 이 주머니에서 노란 구슬 1개를 뽑았을 때 나오는 수를 a, 파란 구슬을 1개 뽑았을 때 나오는 수를 b라고 하자. 연립방정식 $2x+y=a$, $x+2y=b$의 해가 모두 자연수일 확률을 구하시오.

18 좌표평면 위의 점 $P(5, 3)$은 두 개의 주사위를 던져 두 눈의 수의 합이 3의 배수이면 x축의 양의 방향으로 1만큼 이동하고, 3의 배수가 아니면 y축의 양의 방향으로 1만큼 이동한다. 네 번 던져 처음으로 점 P가 직선 $y=x$ 위에 있게 될 확률을 구하시오.

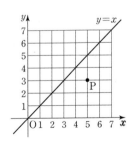

01 1357부터 9753까지의 네 자리 자연수 중에서 서로 다른 4개의 숫자로 이루어져 있고, 일의 자리의 숫자와 천의 자리의 숫자의 차가 6인 수는 모두 몇 개인지 구하시오.

02 빨간 공, 파란 공 그리고 노란 공이 각각 50개씩 있다. 이 150개의 공을 서로 다른 상자 A와 B에 각각 75개씩 나누어 담으려고 한다. 같은 색깔의 공은 구별하지 않을 때 나누어 담는 방법의 수를 구하시오.

03 검은 바둑돌 2개와 흰 바둑돌 3개를 두 개의 상자에 나누어 담고, 한 개의 상자를 선택하여 1개의 바둑돌을 꺼냈을 때, 검은 바둑돌이 나오면 이기는 게임을 하려고 한다. 한 개의 상자에는 검은 바둑돌 a개, 흰 바둑돌 b개를 담고, 다른 한 개의 상자에는 검은 바둑돌 c개, 흰 바둑돌 d개를 담았을 때 이길 확률이 가장 크다고 한다. 이때 $a+b-c+d$의 값을 구하시오. (단, $a+b \neq 0$, $c+d \neq 0$)

NOTE

04 승민이와 한별이를 포함하여 $n+2$명의 사람이 서로 돌아가며 모든 사람과 한 번씩 가위바위보를 하고, 이기면 2점, 비기면 1점, 지면 0점을 받기로 하였다. 승민이와 한별이가 받은 점수의 합은 16점이고, 다른 n명이 받은 점수는 모두 같았다. 이때 n의 값을 모두 구하시오.
(단, $(x+a)(x+b)=x^2+(a+b)x+ab$로 계산한다.)

05 A는 노란색 공 3개와 빨간색 공 3개가 들어 있는 주머니를, B는 파란색 공 4개와 빨간색 공 2개가 들어 있는 주머니를 가지고 있다. A와 B가 각각 자기 주머니에서 임의의 하나의 공을 꺼내어 공의 색을 비교한 후 승패를 다음과 같이 정하기로 했다. 서로 같은 색의 공일 때에는 그 공을 제외한 나머지의 공에서 다시 하나의 공을 꺼내어 승부를 결정한다고 할 때, B가 이길 확률을 구하시오.

공의 색	노란색/파란색	노란색/빨간색	빨간색/파란색
승	노란색	빨간색	파란색

06 흰 구슬 네 개와 빨간 구슬 여섯 개가 들어 있는 주머니에서 갑이 네 개의 구슬을 꺼내고 난 다음에 을이 세 개의 구슬을 꺼낼 때, 갑, 을 두 사람이 꺼낸 구슬 중 흰 구슬의 수가 같을 확률을 구하시오. (단, 갑이 꺼낸 구슬은 다시 넣지 않는다.)

Ⅳ
확률

07 유승이와 한솔이는 2시와 3시 사이에 예술의 전당에서 만나 공연을 함께 보기로 약속을 하였다. 두 사람이 모두 약속을 지킨다고 할 때, 서로 15분 이내에 만날 확률을 구하시오.

08 주머니 속에 흰 공이 4개, 검은 공이 8개 들어 있다. 이 주머니 속의 공을 임의로 한 개씩 꺼낼 때, 흰 공 4개가 모두 나오는데 8번 이상 꺼내게 될 확률을 구하시오. (단, 꺼낸 공은 다시 넣지 않는다.)

09 1부터 100까지의 자연수가 있다. 이 100개의 수 중에서 순서에 관계없이 임의로 2개를 택할 때, 이 두 수의 합이 8의 배수가 될 확률을 구하시오.

Memo

Memo

중학수학

절대강자

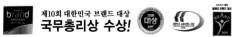
중학수학
절대강자

정답 및 해설

특목에 강하다! 경시에 강하다!
최상위

2·2

(주)에듀왕
www.eduwang.com

중학수학

절대강자

중학수학
절대강자

특목에 강하다! 경시에 강하다!
최상위

정답 및 해설

2·2

Ⅰ. 도형의 성질

1 삼각형의 성질

핵심문제 01
6쪽

1 41°	**2** 59°	**3** 33°
4 3 cm	**5** 30°	**6** 6 cm

1 △ABC에서

$\angle ACB = \dfrac{1}{2}(180° - 42°) = 69°$, $\angle DCE = 70°$

따라서 $69° + \angle x + 70° = 180°$이므로 $\angle x = 41°$

2 △BDE와 △CEF에서

$\overline{BD} = \overline{CE}$, $\angle DBE = \angle ECF$, $\overline{BE} = \overline{CF}$

∴ △BDE ≡ △CEF(SAS 합동)

∴ $\angle DEF = 180° - (\angle BED + \angle CEF)$

$= 180° - (\angle BED + \angle BDE)$

$= \angle DBE = \dfrac{1}{2} \times (180° - 56°) = 62°$

따라서 $\overline{ED} = \overline{EF}$이므로

$\angle x = \dfrac{1}{2} \times (180° - 62°) = 59°$

3 $\overline{AC} /\!/ \overline{ED}$이므로

$\angle ADE = \angle CAD = 48°$(엇각)

$\angle EBD = x$라 하면 $\angle EDB = x$, $\angle DEA = \angle DAE = 2x$

△AED에서 $2x + 2x + 48° = 180°$

∴ $x = \angle EBD = 33°$

4 △BCD ≡ △ECD(RHS 합동)이고

$\overline{DB} = 7 - 4 = 3(cm)$이므로

$\overline{DE} = \overline{DB} = 3(cm)$

5 △ADM ≡ △BDM(SAS합동),

△ADM ≡ △ADC(RHS합동)

∴ $\angle CAD = \angle MAD = \angle MBD = \angle x$

△ABC에서 $2\angle x + \angle x + 90° = 180°$이므로

$3\angle x = 90°$ ∴ $\angle x = 30°$

6 △ABD ≡ △BCE(RHA합동)이므로

$\overline{BE} = \overline{AD} = 10(cm)$, $\overline{BD} = \overline{CE} = 4(cm)$

∴ $\overline{DE} = \overline{BE} - \overline{BD} = 10 - 4 = 6(cm)$

응용문제 01
7쪽

예제 **1** x, x, x, $2x$, 180, 36/36°

1 42° **2** $\dfrac{108}{5}$ cm² **3** 25° **4** 10

1 △BCD가 $\overline{BC} = \overline{DC}$인 이등변삼각형이므로

$\angle CBD = \angle CDB = 23°$

$\overline{BF} /\!/ \overline{CD}$이므로 $\angle FBD = \angle CDB = 23°(∵ 엇각)$

△ABC가 $\overline{AB} = \overline{AC}$인 이등변삼각형이므로

$\angle ABC = \angle ACB = 46°$

또, △BCF도 $\overline{BC} = \overline{FC}$인 이등변삼각형이므로

$\angle CBF = \angle CFB = 46°$

따라서 △FBC에서

$\angle FBC + \angle BCF + \angle CFB$

$= 46° + 46° + \angle GCE + 46° = 180°$

∴ $\angle GCE = 42°$

2 △ADE와 △ACE에서

$\angle ADE = \angle ACE = 90°$, $\overline{AD} = \overline{AC}$, $\overline{AE}$는 공통이므로

△ADE ≡ △ACE(RHS 합동)

$\overline{DB} = \overline{AB} - \overline{AD} = 17 - 8 = 9(cm)$

$\overline{DE} = \overline{CE} = x(cm)$라고 하면

△ABC = △ABE + △ACE이므로

$\dfrac{1}{2} \times 15 \times 8 = \dfrac{1}{2} \times 17 \times x + \dfrac{1}{2} \times 8 \times x$

$120 = 25x$ ∴ $x = \dfrac{24}{5}$

∴ △DBE $= \dfrac{1}{2} \times \overline{DB} \times \overline{DE} = \dfrac{108}{5}(cm²)$

3 △ABC는 $\overline{AB} = \overline{AC}$인 이등변삼각형이므로

$\angle ABC = \angle ACB = \dfrac{1}{2}(180° - 50°) = 65°$

∴ $\angle DBC = \dfrac{1}{2}\angle ABC = \dfrac{1}{2} \times 65° = 32.5°$

또, $\angle ACE = 180° - \angle ACB$

$= 180° - 65° = 115°$

∴ $\angle DCE = \dfrac{1}{2}\angle ACE = \dfrac{1}{2} \times 115° = 57.5°$

△BCD에서

$\angle DBC + \angle x = \angle DCE$이므로

$32.5° + \angle x = 57.5°$ ∴ $\angle x = 25°$

4 $\overline{AB} = \overline{AC}$이므로 $\overline{AF} = 18 - 8 = 10$

$\angle ABC = \angle ACB$, $\angle BEF = \angle DEC = 90°$이므로

$\angle BFE = \angle CDE$ ··· ㉠

∠BFE=∠DFA(맞꼭지각) ··· ㉡

㉠, ㉡에 의해 △ADF는 $\overline{AD}=\overline{AF}$인 이등변삼각형이다.

∴ $x=\overline{AF}=10$

핵심 문제 02   8쪽

1 SAS, △COE, $\overline{OC}$, 90, $\overline{OC}$, $\overline{OF}$, RHS

2 10 cm   **3** 62°   **4** 110°   **5** 70°

2 $\overline{AO}=\overline{BO}$이므로 △AOC=△BOC

$△AOC=△BOC=\dfrac{1}{2}△ABC=\dfrac{1}{2}\times\left(\dfrac{1}{2}\times24\times x\right)=60$

$6x=60$ ∴ $x=10(\text{cm})$

3 $\overline{OC}$를 그으면

$∠OCA=90°-(22°+28°)=40°$

∴ $∠x=∠OCB+∠OCA$

$=22°+40°=62°$

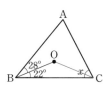

4 오른쪽 그림에서

$∠D=\dfrac{1}{2}\times220°=110°$

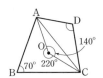

5 점 O는 △ABC의 외심이다.

$\overline{CO}$를 그으면

$∠BOC=180°-2\times20°=140°$

∴ $∠A=\dfrac{1}{2}∠BOC=\dfrac{1}{2}\times140°=70°$

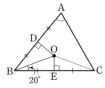

응용 문제 02   9쪽

예제 ② 외심, 중점, 29, $\dfrac{29}{2}$, $\dfrac{29}{2}$, $\dfrac{841}{4}\pi$ / $\dfrac{841}{4}\pi\,\text{m}^2$

1 14 cm   **2** 10°   **3** 30°   **4** 18 cm²

1 점 O가 △ABC의 외심이므로 $\overline{OA}=\overline{OB}=\overline{OC}$

△AOC의 둘레의 길이는

$\overline{OA}+\overline{OC}+\overline{AC}=2\overline{OA}+20=48$,

$2\overline{OA}=28$ ∴ $\overline{OA}=14(\text{cm})$

따라서 △ABC의 외접원의 반지름의 길이는 14 cm이다.

2 점 O가 △ABC의 외심이므로

$∠OAB+∠OBC+∠OCA=90°$

$∠OAB+20°+30°=90°$

∴ $∠OAB=40°$

△ABH에서

$∠BAH=90°-∠ABH=90°-(∠OBA+∠OBH)$

$=90°-(40°+20°)=30°$

∴ $∠x=∠OAB-∠BAH=40°-30°=10°$

3 점 M이 직각삼각형 ABC의 외심이므로 △MBC는

$\overline{MB}=\overline{MC}$인 이등변삼각형이다.

∴ $∠MBC=∠MCB=70°$

$∠BMC=180°-2\times70°=40°$

△MBH에서

$∠HBM=90°-∠BMC=90°-40°=50°$

△MBA에서

$∠MBA=∠MAB=\dfrac{1}{2}∠BMC=20°$

∴ $∠HBM-∠MBA=50°-20°=30°$

4 △OAD≡△OBD, △OBE≡△OCE, △OAF≡△OCF

$△ABC=2(△OBD+△OBE+△OAF)=60(\text{cm}^2)$

∴ $△OBD+△OBE+△OAF=30(\text{cm}^2)$

∴ $□ODBE=△OBD+△OBE=30-△OAF$

$=30-\dfrac{1}{2}\times6\times4=18(\text{cm}^2)$

핵심 문제 03   10쪽

1 ⑤   **2** 110°   **3** 54

4 28 cm²   **5** 10°

1 삼각형의 내심은 세 내각의 이등분선의 교점이고 내심에서 세 변에 이르는 거리는 같다.

또한 모든 삼각형의 내심은 삼각형의 내부에 있다.

2 $∠ACB=180°\times\dfrac{2}{3+4+2}=40°$이므로

$∠AIB=90°+\dfrac{1}{2}∠ACB=90°+\dfrac{1}{2}\times40°=110°$

3 오른쪽 그림에서

$\overline{BE}=\overline{BD}=9$, $\overline{AF}=\overline{AD}=6$,

$\overline{CE}=\overline{CF}=3$이므로

$△ABC=\dfrac{1}{2}\times12\times9=54$

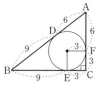

4 내접원의 반지름의 길이를 r라 하면

$\pi r^2 = 16\pi$ $\therefore r = 4(\text{cm})(\because r > 0)$

$\triangle ABC = \dfrac{1}{2} \times 4 \times (\overline{AB} + \overline{BC} + \overline{CA}) = 88$이므로

$\overline{AB} + \overline{BC} + \overline{CA} = 44$, $2(\overline{AD} + \overline{BE} + \overline{CE}) = 44$

$\overline{AD} + \overline{BC} = 22$, $\overline{AD} + 15 = 22$

$\therefore \overline{AD} = 7(\text{cm})$

$\square ADIF = 2\triangle ADI$

$= 2 \times \left(\dfrac{1}{2} \times \overline{AD} \times \overline{DI} \right) = 2 \times \left(\dfrac{1}{2} \times 7 \times 4 \right)$

$= 28(\text{cm}^2)$

5 $\angle A = 180° - (60° + 70°) = 50°$이므로

$\angle BOC = 2\angle A = 2 \times 50° = 100°$

그런데 $\triangle OBC$는 $\overline{OB} = \overline{OC}$인 이등변삼각형이므로

$\angle OBC = \dfrac{1}{2} \times (180° - 100°) = 40°$

또, 점 I는 $\triangle ABC$의 내심이므로

$\angle IBC = \dfrac{1}{2} \angle ABC = \dfrac{1}{2} \times 60° = 30°$

$\therefore \angle OBI = \angle OBC - \angle IBC = 40° - 30° = 10°$

---

3 내접원의 반지름의 길이를 r cm라고 하면

$\triangle ABC = \triangle ABI + \triangle BCI + \triangle CAI$

$150 = \dfrac{1}{2} \times r \times (19 + 25 + 16)$ $\therefore r = 5(\text{cm})$

이때 $\angle AID = \angle AIF$, $\angle BID = \angle BIE$, $\angle CIE = \angle CIF$

이므로 $\angle AID + \angle BIE + \angle CIF = 180°$

$\therefore$ (색칠한 부채꼴의 넓이의 합)

$= \pi \times 5^2 \times \dfrac{180}{360} = \dfrac{25}{2}\pi(\text{cm}^2)$

4 원 I_1의 반지름의 길이를
r cm라고 하면

$\overline{BE} = \overline{BF} = r(\text{cm})$,

$\overline{CP} = \overline{CF} = 20 - r(\text{cm})$

$\overline{AP} = \overline{AE} = 15 - r(\text{cm})$

$\overline{AC} = \overline{AP} + \overline{PC}$이므로

$25 = (15 - r) + (20 - r)$

$2r = 10$ $\therefore r = 5(\text{cm})$

$\therefore \overline{AP} = 15 - 5 = 10(\text{cm})$

한편, $\triangle ABC \equiv \triangle CDA$이므로 두 원 I_1, I_2는 합동이고

$\overline{AP} = \overline{CQ}$이다.

$\therefore \overline{PQ} = \overline{AC} - (\overline{AP} + \overline{CQ})$

$= \overline{AC} - 2\overline{AP}$

$= 25 - 20 = 5(\text{cm})$

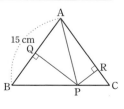

응용 문제 03

11쪽

예제 3 50, 50, 25, 55, 20, 5, 60/60°

1 30°   **2** 65°   **3** $\dfrac{25}{2}\pi$ cm²   **4** 5 cm

---

1 점 P가 $\triangle ABC$의 내심이므로

$\angle BPC = 90° + \dfrac{1}{2}\angle A = 120°$

$\angle ACB + \angle ACD$

$= 2(\times + \bullet) = 180°$이므로

$\times + \bullet = 90°$ 즉, $\angle PCQ = 90°$

$\angle CPQ = 180° - 120° = 60°$이므로 $\triangle CQP$에서

$\angle CQP = 180° - (90° + 60°) = 30°$

2 $\angle A = 40°$, $\overline{AD} = \overline{AF}$

$\therefore \angle AFD = \angle ADF = (180° - 40°) \div 2 = 70°$

$\overline{FC} = \overline{EC}$이므로 $\angle CFE = \angle CEF = 45°$

따라서

$\angle DFE = 180° - (\angle AFD + \angle CFE)$

$= 180° - (70° + 45°) = 65°$

심화 문제

12~17쪽

01 $\dfrac{72}{5}$ cm   **02** 15°   **03** 78°   **04** 104°

05 5 cm   **06** 풀이 참조   **07** 3   **08** 135°

09 117°   **10** 4 cm   **11** 28°   **12** 108°

13 $\dfrac{4}{3}$ **14** 24 : 31 : 38   **15** 50°

16 63 cm²   **17** 3 cm   **18** 70°

01 $\triangle ABC$는 $\angle B = \angle C$인 이등변
삼각형이므로

$\overline{AC} = \overline{AB} = 15(\text{cm})$

$\triangle ABP = \dfrac{1}{2} \times 15 \times \overline{PQ} = \dfrac{15}{2}\overline{PQ}$

$\triangle APC = \dfrac{1}{2} \times 15 \times \overline{PR} = \dfrac{15}{2}\overline{PR}$

$\triangle ABC$의 넓이가 $108\ cm^2$이고

$\triangle ABC=\triangle ABP+\triangle APC$이므로

$\dfrac{15}{2}\overline{PQ}+\dfrac{15}{2}\overline{PR}=108$ $\therefore\ \overline{PQ}+\overline{PR}=\dfrac{72}{5}(cm)$

02 $\triangle ABC$는 정삼각형이므로 $\angle BAF=\angle CAF=30°$이고,

$\angle AFC=90°$이므로 $\angle AFE=\angle CFE=45°$

$\angle FEC=30°+45°=75°$

따라서 $\triangle ADE$에서 $\angle x=75°-60°=15°$

03 $\overline{EA}\perp\overline{CF}$, $\overline{AF}=\overline{AC}$이므로 $\triangle EFC$는 이등변삼각형

$\therefore\ \angle ACE=\angle DCE=26°$

$\triangle EBC$에서

$\angle BED=\angle DEC=(180°-50°-26°)\div2=52°$

$\therefore\ \angle EDB=26°+52°=78°$

04 $\angle BDC=\angle FDB=38°(\because$ 접힌 부분)

$\angle BDC=\angle FBD=38°(\because$ 엇각)

$\therefore\ \triangle FBD$는 이등변삼각형

$\therefore\ \angle x=180°-38°\times2=104°$

05 $\triangle FEC$에서 $\angle AFE=\angle CFE(\because$ 접힌 부분)

$\angle AFE=\angle CEF($엇각)

따라서 $\triangle FEC$는 $\overline{CF}=\overline{CE}$인 이등변삼각형이다.

$\overline{CG}=\overline{AB}=12(cm)$이므로

$\overline{BC}=\overline{AD}=18(cm)$이다. $(\because\ \overline{BC}:\overline{AB}=3:2)$

$\overline{CF}=\overline{CE}=13(cm)$이므로

$\overline{BE}=\overline{EG}=\overline{BC}-\overline{CE}=18-13=5(cm)$

06 $\triangle OAH$와 $\triangle OBH$와 $\triangle OCH$에서

$\overline{OA}=\overline{OB}=\overline{OC}(\because$ 정사면체의 모서리), $\overline{OH}$는 공통

$\angle OHA=\angle OHB=\angle OHC=90°$이므로

$\triangle OAH\equiv\triangle OBH\equiv\triangle OCH(RHS$ 합동)

$\therefore\ \overline{AH}=\overline{BH}=\overline{CH}$

07 $\triangle OEB\equiv\triangle OFB$,

$\triangle ODA\equiv\triangle OFA(RHA$ 합동)

이므로 $\overline{OD}=\overline{OF}=\overline{OE}$

$\therefore\ \overline{OD}=\overline{OE}$

$\overline{OC}$를 그으면

$\triangle OEC\equiv\triangle ODC(RHS$ 합동)

$\therefore\ \overline{CE}=\overline{CD}$

$\overline{AF}=x$라 하면, $6+x=7+(5-x)$ $\therefore\ x=3$

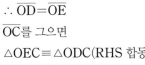

08 $\angle ACB=x$, $\angle AEB=y$, $\angle ABD=a$, $\angle DBC=b$,

$\angle BAD=c$, $\angle DAE=d$라 하자.

$\triangle ABC$와 $\triangle BAE$는 모두 이등변삼각형이므로

$a+b=x,\ c+d=y$ …㉠

$\triangle DAB$와 $\triangle DBC$, $\triangle DAE$는 모두 직각삼각형이므로

$a+c=90°,\ b+x=90°,\ d+y=90°$ …㉡

㉡의 세 식을 변끼리 더하면

$a+b+c+d+x+y=270°$ …㉢

㉠을 ㉢에 대입하면 $2(x+y)=270°$

$\therefore\ \angle ACB+\angle AEB=x+y=135°$

09 선분 OD를 그으면 점 O는

$\triangle BCD$의 외심이므로 $\overline{OB}=\overline{OC}=\overline{OD}$

$\angle OBD=\angle ODB=a$,

$\angle ODC=\angle OCD=b$라 하면

$\angle BOD=180°-2a$

$\angle COD=180°-2b$

$\angle BOC=180°-2a+180°-2b=360°-2(a+b)$

$360°-2(a+b)=126°$

$\therefore\ \angle BDC=a+b=117°$

10 직각삼각형 BCH에서 점 N은 빗변 BC의 중점이므로

$\overline{BN}=\overline{CN}=\overline{HN}$이다. $(\because$ 점 N은 $\triangle BCH$의 외심)

$\therefore\ \angle C=\angle NHM$

$\overline{AB}\parallel\overline{MN}$이므로 $\angle NMC=\angle A=2\angle C$

또한, $\triangle NHM$에서 $\angle NMC=\angle NHM+\angle HNM$이므로

$2\angle C=\angle C+\angle HNM$

$\therefore\ \angle HNM=\angle C$

따라서 $\angle NHM=\angle HNM$이므로 $\triangle MHN$은 이등변삼각형

이고 $\overline{HM}=\overline{NM}=4(cm)$

11 점 O가 $\triangle ABC$의 외심이므로

점 O와 삼각형의 각 꼭짓점을 연결

하면

$\angle OAB+\angle OBC+\angle OCA=90°$

이므로 $\angle OAB=90°-40°=50°$

$\triangle ABH$에서

$\angle BAH=90°-\angle ABH$

$\qquad=90°-(\angle OBA+\angle OBH)$

$\qquad=90°-(\angle OAB+\angle OBH)$

$\qquad=90°-(50°+12°)=28°$

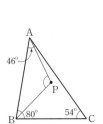

12 물결이 퍼지는 속도는 모두 같으므로

점 P는 $\triangle ABC$의 외심이다.

$\angle ACB=180°-(80°+46°)=54°$

$\therefore\ \angle APB=2\angle ACB$

$\qquad=2\times54°=108°$

13 점 I가 내심이고 ∠B=∠C이므로

△ABI≡△ACI(ASA 합동)

∴ △ABI=△ACI

△IDE는 △ABI의 넓이를 3등분한
것 중 하나이므로

$a=\dfrac{1}{3}\triangle ABI$

또 △IFG는 △ACI의 넓이를 4등분한 것 중 하나이므로

$b=\dfrac{1}{4}\triangle ACI=\dfrac{1}{4}\triangle ABI$

$\therefore \dfrac{a}{b}=\dfrac{1}{3}\triangle ABI \div \dfrac{1}{4}\triangle ABI=\dfrac{4}{3}$

14 점 I_2는 △ABC의 내심이다.

$\angle BI_2C=90^\circ+\dfrac{1}{2}\times 68^\circ=124^\circ$

점 I_3는 △BI_2C의 내심이다.

$\angle BI_3C=90^\circ+\dfrac{1}{2}\times 124^\circ=152^\circ$

이때 ∠ABC+∠ACB=$180^\circ-68^\circ=112^\circ$이고

$\angle I_1BC+\angle I_1CB=\dfrac{3}{4}\times 112^\circ=84^\circ$이다.

△I_1BC에서

$\angle BI_1C=180^\circ-(\angle I_1BC+\angle I_1CB)$

$=180^\circ-84^\circ=96^\circ$

$\angle BI_1C : \angle BI_2C : \angle BI_3C=96^\circ : 124^\circ : 152^\circ$

$=24 : 31 : 38$

15 ∠A=∠x라 하고

∠ABD=∠DBC=∠a,

∠ACE=∠ECB=∠b라고 하면,

△ABD와 △ACE에서

∠BDC=∠x+∠a,

∠BEC=∠x+∠b

또, ∠CDB+∠BEC=165°이므로

$2\angle x+\angle a+\angle b=165^\circ$ ⋯ ㉠

한편, △ABC에서 ∠x+2∠a+2∠b=180° ⋯ ㉡

㉠+㉡을 하면 3(∠x+∠a+∠b)=345°

∴ ∠x+∠a+∠b=115° ⋯ ㉢

따라서 ㉠-㉢을 하면 ∠x=50°

16 오른쪽 그림과 같이 내접원 O′
이 △ABC의 세 변 AB, BC,
CA와 만나는 점을 각각 D, E,
F라 하고 $\overline{BC}=a$ cm,
$\overline{CA}=b$ cm라 하자.

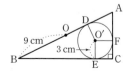

▱O′ECF는 정사각형이므로

$\overline{BE}=(a-3)$ cm, $\overline{AF}=(b-3)$ cm

$\overline{AB}=\overline{AD}+\overline{BD}=\overline{AF}+\overline{BE}$

$18=a-3+b-3$

∴ $a+b=24$

$\triangle ABC=\triangle O'AB+\triangle O'BC+\triangle O'CA$

$=\dfrac{1}{2}\times 18\times 3+\dfrac{1}{2}\times a\times 3+\dfrac{1}{2}\times b\times 3$

$=27+\dfrac{3}{2}(a+b)$

$=27+\dfrac{3}{2}\times 24=63(\text{cm}^2)$

17 점 I가 △ABC의 내심이므로 $\overline{BI}$, $\overline{CI}$는
각각 ∠B, ∠C의 이등분선이다.

∠ABI=∠IBD, ∠ACI=∠ICE
  ⋯ ㉠

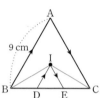

$\overline{AB}\,/\!/\,\overline{ID}$, $\overline{AC}\,/\!/\,\overline{IE}$이므로

∠ABI=∠BID, ∠ACI=∠CIE ⋯ ㉠

∠ABC=∠IDE=60°(동위각),

∠ACB=∠IED=60°(동위각) ⋯ ㉢

㉠, ㉡, ㉢에 의하여 $\overline{BD}=\overline{DI}=\overline{DE}=\overline{IE}=\overline{EC}$

$\therefore \overline{DE}=\dfrac{1}{3}\times\overline{BC}=\dfrac{1}{3}\times 9=3(\text{cm})$

18 △ABC에서

∠ACB

$=180^\circ-70^\circ\times 2=40^\circ$

$\overline{AD}\,/\!/\,\overline{BC}$이고 △ADC가
이등변삼각형이므로

∠DAC=∠DCA=40°

∠ADC=100°이고 점 I가 △ADC의 내심이므로

$\angle CDI=\dfrac{1}{2}\times 100^\circ=50^\circ$

점 O가 △ABC의 외심이므로

∠AOC=2∠ABC=140°

$\overline{AO}=\overline{CO}$이므로 ∠OCA=$20^\circ$

∴ ∠DOC=$180^\circ-50^\circ-60^\circ=70^\circ$

18~23쪽

최상위 문제

01 $105°$	**02** 135개	**03** $150°$	**04** $75°$
05 100	**06** 27 cm^2	**07** 8 cm	**08** 3
09 $25°$	**10** 8.5	**11** $85°$	**12** 544
13 3 cm	**14** $54°$	**15** $\dfrac{7}{3}$	**16** $\dfrac{10}{7}$ cm
17 $55°$	**18** 26		

01 △AOB는 직각이등변삼각형이므로

$\angle OAB = \angle OBA = 45°$

$\angle OAC = \dfrac{1}{2}\angle QAC = 30°$

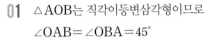

($\because$ △ACQ는 정삼각형이고,
점 O는 원의 중심)

따라서 $\angle CAB = \angle OAB - \angle OAC = 45° - 30° = 15°$

$\angle ABD = \angle ABO + \angle DBO = 45° + 45° = 90°$

$\therefore \angle APD = \angle BAC + \angle ABD(\because 외각)$
$= 15° + 90° = 105°$

02

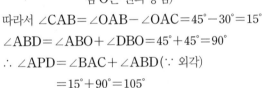

위 그림에서 $\angle CAB = a$라 하면

△ABC의 세 내각의 크기의 합은 $180°$이므로

$a + 4a + 4a = 180°$ $\therefore a = 20°$

꼭짓점 A를 중심으로 △ABC와 합동인 삼각형

n개를 연이어 붙이면 $n \times 20° = 360°$ $\therefore n = 18$

따라서 만들어지는 정다각형은 정십팔각형이므로

대각선의 총 개수는 $18 \times (18-5) \div 2 = 135$

03 △OAA′과 △OBB′에서 $\overline{OA} = \overline{OB}$, $\overline{OA'} = \overline{OB'}$,

$\angle AOA' = \angle BOB' = 70°$

따라서 △OAA′≡△OBB′이므로 $\angle PBO = \angle PAO$

$\therefore \angle APB' = \angle BAP + \angle PBO + \angle OBA$
$= \angle BAP + \angle PAO + \angle OBA$
$= \angle OAB + \angle OBA$
$= 180° - 30° = 150°$

04 오른쪽 그림과 같이 $\overline{AC}$를 연장하여
$\overline{AC} = \overline{AG}$가 되도록 점 G를 정하면
△BCG는 정삼각형이다.

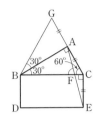

($\because$ △ABC≡△ABG(SAS 합동))

△BCG가 정삼각형이므로 $\overline{BC} = \overline{CG}$

이고, $2\overline{BD} = \overline{BC}$이므로 $\overline{CE} = \overline{CA}$

이다.

이때 △AEC는 $\overline{AC} = \overline{CE}$인 이등변삼각형이고

$\angle ACE = 60° + 90° = 150°$이므로

$\angle CAE = \dfrac{1}{2} \times (180° - 150°) = 15°$

따라서 △AFC에서 $\angle AFB = 15° + 60° = 75°$

05 △FED≡△FEH(RHA 합동)이므로 $\overline{FD} = \overline{FH}$

이때 $\overline{AF} = \overline{FH}$이므로 $\overline{AF} = \overline{FD}$

즉 점 F는 $\overline{AD}$의 중점이므로

$\triangle BAF = \triangle BHF = \dfrac{1}{2}\triangle BAD = \dfrac{1}{4}\square ABCD$

$= \dfrac{1}{4} \times 240 = 60$

$\triangle FED = \triangle FEH = a$라고 하면

$\triangle BEF = \triangle BEC = \triangle BHF + \triangle FEH = 60 + a$

이때 직사각형 모양의 종이의 넓이가 240 cm^2이므로

$240 = \triangle BAF + \triangle BEF + \triangle BEC + \triangle FED$
$= 60 + (60 + a) + (60 + a) + a$
$= 180 + 3a$

$3a = 240 - 180$이므로 $a = 20$

$\therefore (\square BEDF의 넓이)$
$= \triangle BEF + \triangle FED = (60 + 20) + 20 = 100$

06 점 G에서 $\overline{AB}$에 내린 수선의 발을
H라 하자.

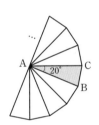

$\overline{HG} /\!/ \overline{BC}$이므로 $\angle AGH = 45°$

△AHG는 직각이등변삼각형이므로

$\overline{AH} = \overline{HG}$ ⋯ ㉠

△DBE≡△GHD(RHA 합동)

이므로 $\overline{HG} = \overline{BD}$ ⋯ ㉡

㉠, ㉡에 의해

$\overline{DB} + \overline{BE} = \overline{AH} + \overline{HD} = 15(\text{cm})$

$\therefore \overline{DB} = 24 - 15 = 9(\text{cm})$, $\overline{BE} = 15 - 9 = 6(\text{cm})$

$\therefore \triangle DBE = \dfrac{1}{2} \times 9 \times 6 = 27(\text{cm}^2)$

07 점 I는 △ABC의 내심이므로 $\angle BAI = \angle CAI$이고,
주어진 조건에 의하여

∠CAI=∠CBD이므로 ∠BAI=∠CBD ⋯ ㉠

또, 점 I는 △ABC의 내심이므로 ∠IBA=∠IBC ⋯ ㉡

㉠, ㉡에 의해

∠IBD=∠IBC+∠CBD=∠IBA+∠BAI=∠BID

따라서 △DBI는 이등변삼각형이므로

$\overline{BD}=\overline{ID}=\overline{OD}-\overline{OI}=12-4=8(cm)$

08 $\overline{NM}$과 $\overline{DC}$의 교점을 E,
$\overline{BN}$과 $\overline{AC}$의 교점을 F라 하자.

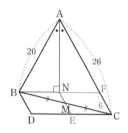

△ABF는 이등변삼각형이므로

$\overline{AB}=\overline{AF}=20$, $\overline{FC}=6$

$\overline{BF} /\!/ \overline{DC}$, $\overline{BD} /\!/ \overline{NM} /\!/ \overline{FC}$

이므로 △BMN≡△CME

∴ $\overline{MN}=\dfrac{1}{2}\overline{NE}=\dfrac{1}{2}\overline{FC}=3$

09 $\overline{AC} /\!/ \overline{BD}$이므로

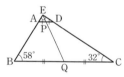

∠EAC=∠EDB=90°(엇각)

$\overline{CE}$의 중점을 O라 할 때,

점 O는 △AEC의 외심이므로

$\overline{AO}=\overline{CO}=\overline{EO}$

∠ACO=a라 하면 ∠CAO=a, ∠AOE=2a

$\overline{AB}=\dfrac{1}{2}\overline{CE}=\overline{AO}$이므로 ∠ABO=2$a$

△ABC에서 $2a+a+105°=180°$ ∴ $a=25°$

∴ ∠ACB=25°

10 오른쪽 그림과 같이 $\overline{BA}$와 $\overline{CD}$
의 연장선이 만나는 점을 E라
하면

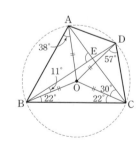

∠E=90°인 직각삼각형이므로

빗변의 중점 P, Q는 각각 △EAD, △EBC의 외심이다.

따라서 $\overline{EP}=\overline{AP}=\overline{DP}$, $\overline{EQ}=\overline{BQ}=\overline{CQ}$이므로

$\overline{EP}=\dfrac{1}{2}\overline{AD}=\dfrac{1}{2}\times3=1.5$, $\overline{EQ}=\dfrac{1}{2}\overline{BC}=\dfrac{1}{2}\times20=10$

∴ $\overline{PQ}=\overline{EQ}-\overline{EP}=10-1.5=8.5$

11 물류 창고의 위치를 점 O, $\overline{AC}$
와 $\overline{BD}$의 교점을 E라 하자.

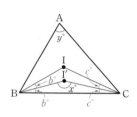

점 O는 △ABC의 외심이면서 △BCD의 외심이기도 하다.

△ABC에서

∠OAB+∠OBC+∠OCA=90°이므로

38°+22°+∠OCA=90° ∴ ∠OCA=30°

△BCD에서 ∠OBC+∠ODC+∠OBD=90°

22°+57°+∠OBD=90° ∴ ∠OBD=11°

∴ ∠AEB=∠CBD+∠BCA=33°+52°=85°

12 ∠IBI′=∠I′BC=$b°$,
∠ICI′=∠I′CB=$c°$라고 하면
∠ABI=2$b°$, ∠ACI=2$c°$

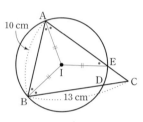

$\begin{cases} b+c+x=180 \\ 4b+4c+y=180 \end{cases}$

∴ $y=4x-540$에서 $m=4$, $n=-540$

∴ $m-n=4-(-540)=544$

13 점 I는 내심이므로

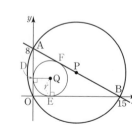

∠BAI=∠EAI,

∠ABI=∠CBI이고

$\overline{IA}=\overline{IB}=\overline{IE}$(반지름)

이므로 ∠CAB=∠CBA

∴ $\overline{AC}=\overline{CB}=13(cm)$

또, ∠BAI=∠EAI, $\overline{AI}$는 공통, ∠AIB=∠AIE이므로

△IAB≡△IAE(ASA 합동)

∴ $\overline{AE}=\overline{AB}=10(cm)$

∴ $\overline{EC}=\overline{AC}-\overline{AE}=13-10=3(cm)$

14 $\overline{AD} /\!/ \overline{BC}$이므로 ∠CBD=∠ADB=36°(∵ 엇각)

$\overline{AB}=\overline{AD}$이므로 ∠BAD=180°-36°×2=108°

$\overline{BD}=\overline{BC}$, ∠DBC=36°이므로

∠BDC=(180°-36°)÷2=72°

점 I′는 △DBC의 내심이므로

∠ADO=$\dfrac{1}{2}\times72°+36°=72°$

△ADO에서

∠AOD=180°-∠OAD-∠ADO

$=180°-\dfrac{1}{2}∠BAD-∠ADO$

∴ ∠AOD=180°-54°-72°=54°

15 내접원 Q의 반지름의 길이를
r라 하고 내접원 Q와 △AOB
의 교점을 D, E, F라 하자.

$\overline{OD}=\overline{OE}=r$,

$\overline{AD}=\overline{AF}=8-r$,

$\overline{BE}=\overline{BF}=15-r$,

$\overline{AB}=8-r+15-r=17$ ∴ $r=3$

∴ Q(3, 3)

점 P는 △ABC의 외심이므로 $\overline{AB}$의 중점이다.

$$\therefore \mathrm{P}\left(\frac{15+0}{2},\ \frac{0+8}{2}\right)=\mathrm{P}\left(\frac{15}{2},\ 4\right)$$

따라서 두 점 $\mathrm{P}\left(\frac{15}{2},\ 4\right)$, $\mathrm{Q}(3,\ 3)$을 지나는 직선의 방정식은

$y=\dfrac{2}{9}x+\dfrac{7}{3}$이므로 y절편은 $\dfrac{7}{3}$이다.

16 오른쪽 그림에서 두 원 O와 O′의
반지름의 길이를 r라 하자.

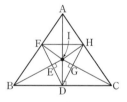

$$\triangle\mathrm{OAB}=\frac{1}{2}\times6\times r=3r\ \cdots\ \bigcirc$$

$$\triangle\mathrm{O'AC}=\frac{1}{2}\times8\times r=4r\ \cdots\ \bigcirc$$

$$\square\mathrm{OBCO'}=\frac{1}{2}\times(2r+10)\times r=r^2+5r\ \cdots\ \bigcirc$$

$\triangle\mathrm{ABC}$의 넓이에서 $\overline{\mathrm{AB}}\times\overline{\mathrm{AC}}=\overline{\mathrm{AH}}\times\overline{\mathrm{BC}}$이므로

$$\overline{\mathrm{AH}}=\frac{24}{5}(\mathrm{cm})$$

$$\therefore \triangle\mathrm{AOO'}=\frac{1}{2}\times2r\times\left(\frac{24}{5}-r\right)=-r^2+\frac{24}{5}r\ \cdots\ \bigcirc$$

따라서 $\bigcirc\sim\bigcirc$에 의하여

$\triangle\mathrm{ABC}=3r+4r+(r^2+5r)+\left(-r^2+\dfrac{24}{5}r\right)$이므로

$$\frac{1}{2}\times6\times8=\frac{84}{5}r \qquad \therefore r=\frac{10}{7}(\mathrm{cm})$$

17 $\triangle\mathrm{FBE}$와 $\triangle\mathrm{DBE}$에서
$\overline{\mathrm{BE}}$는 공통, $\angle\mathrm{FBE}=\angle\mathrm{DBE}$,
$\angle\mathrm{FEB}=\angle\mathrm{DEB}$이므로
$\triangle\mathrm{FBE}\equiv\triangle\mathrm{DBE}$(SAS 합동)
$\therefore \overline{\mathrm{FE}}=\overline{\mathrm{DE}}$
같은 방법으로 하면 $\triangle\mathrm{CHG}\equiv\triangle\mathrm{CDG}$이므로 $\overline{\mathrm{HG}}=\overline{\mathrm{DG}}$
따라서 점 I는 $\overline{\mathrm{FD}}$, $\overline{\mathrm{DH}}$의 수직이등분선의 교점이다.
즉, 점 I는 $\triangle\mathrm{DHF}$의 외심이다.
$\angle\mathrm{IDC}=\angle\mathrm{IHC}=90°(\because \triangle\mathrm{IDC}\equiv\triangle\mathrm{IHC})$,
$\angle\mathrm{IFB}=\angle\mathrm{IDB}=90°(\because \triangle\mathrm{IFB}\equiv\triangle\mathrm{IDB})$이므로
$\angle\mathrm{IFA}=\angle\mathrm{IHA}=90°$
점 I는 $\triangle\mathrm{DHF}$의 외심이므로 $\overline{\mathrm{IF}}=\overline{\mathrm{IH}}$, $\overline{\mathrm{AI}}$는 공통이므로
$\triangle\mathrm{AFI}\equiv\triangle\mathrm{AHI}$(RHS 합동)이다.
$\therefore \angle\mathrm{AHF}=\angle\mathrm{AFH}$
$\angle\mathrm{A}=70°$이므로 $\angle\mathrm{AHF}=(180°-70°)\div2=55°$

18 $\overline{\mathrm{AD}}=\overline{\mathrm{AF}}=x$라 하면
$\overline{\mathrm{BD}}=\overline{\mathrm{BE}}=7-x$, $\overline{\mathrm{CE}}=8-(7-x)=1+x$, $\overline{\mathrm{CF}}=9-x$
$\overline{\mathrm{CE}}=\overline{\mathrm{CF}}$이므로 $1+x=9-x$ $\therefore x=4$
즉, $\overline{\mathrm{AD}}=\overline{\mathrm{AF}}=4$, $\overline{\mathrm{BD}}=\overline{\mathrm{BE}}=3$, $\overline{\mathrm{CE}}=\overline{\mathrm{CF}}=5$

$\triangle\mathrm{ABF}=\dfrac{4}{9}S$이고

$\triangle\mathrm{ADF}=\dfrac{4}{7}\times\triangle\mathrm{ABF}=\dfrac{4}{7}\times\dfrac{4}{9}S=\dfrac{16}{63}S$

같은 방법으로 하면

$\triangle\mathrm{BED}=\dfrac{3}{7}\times\dfrac{3}{8}S=\dfrac{9}{56}S$

$\triangle\mathrm{CFE}=\dfrac{5}{8}\times\dfrac{5}{9}S=\dfrac{25}{72}S$

$\therefore \triangle\mathrm{DEF}=\triangle\mathrm{ABC}-(\triangle\mathrm{ADF}+\triangle\mathrm{BED}+\triangle\mathrm{CFE})$

$\qquad =S-\left(\dfrac{16}{63}+\dfrac{9}{56}+\dfrac{25}{72}\right)S=\dfrac{5}{21}S$

$\therefore m+n=21+5=26$

2 사각형의 성질

핵심 문제 01

24쪽

| **1** $x=5$, $y=35$ | **2** ④ | **3** $32\,\mathrm{cm}$ | **4** $15\,\mathrm{cm}^2$ |

1 한 쌍의 대변이 평행하고 그 길이가 같으면
평행사변형이 되므로
$\overline{\mathrm{AD}}=\overline{\mathrm{BC}}$에서 $x+2=7$ $\therefore x=5$
$\overline{\mathrm{AD}}/\!/\overline{\mathrm{BC}}$에서 $\angle\mathrm{ADB}=\angle\mathrm{DBC}$ $\therefore y=35$

2 $\triangle\mathrm{ABE}$와 $\triangle\mathrm{CDF}$에서
$\angle\mathrm{AEB}=\angle\mathrm{CFD}=90°$, $\overline{\mathrm{AB}}=\overline{\mathrm{CD}}$,
$\angle\mathrm{ABE}=\angle\mathrm{CDF}$(엇각)
따라서 $\triangle\mathrm{ABE}\equiv\triangle\mathrm{CDF}$

3 $\angle\mathrm{DAE}=\angle\mathrm{AEB}$(엇각)이므로 $\angle\mathrm{EAB}=\angle\mathrm{AEB}$에서
$\overline{\mathrm{BE}}=\overline{\mathrm{BA}}=12(\mathrm{cm})$
$\therefore \overline{\mathrm{EC}}=\overline{\mathrm{BC}}-\overline{\mathrm{BE}}=16-12=4(\mathrm{cm})$
또, $\angle\mathrm{B}=60°$이므로 $\triangle\mathrm{ABE}$는 정삼각형이다.
$\therefore \overline{\mathrm{AE}}=12(\mathrm{cm})$
따라서 $\square\mathrm{AECF}$는 평행사변형이므로 둘레의 길이는
$2\times(12+4)=32(\mathrm{cm})$

4 $\square\mathrm{ABCD}=6\times5=30(\mathrm{cm}^2)$이므로
$\triangle\mathrm{PDA}+\triangle\mathrm{PBC}=\dfrac{1}{2}\square\mathrm{ABCD}$
$\qquad\qquad\qquad\qquad =\dfrac{1}{2}\times30=15(\mathrm{cm}^2)$

응용문제 01

25쪽

예제 ① a, $3b$, 2, 3, 6, 6, $\dfrac{1}{4}$, 4, 4, 6, 10/10

1 16° **2** 34 cm **3** 3 cm² **4** 4 cm

1 $\angle BCE = \angle CDE = 180° \times \dfrac{1}{1+3+1} = 36°$

$\angle AEB = \angle EBC = 180° - (124° + 36°) = 20°$

$\angle ABC = \angle D = 36°$

$\therefore \angle x = 36° - 20° = 16°$

2 $\angle B = \angle C$이고

$\angle DEB = \angle ACE(\because \overline{AC} /\!/ \overline{DE})$

$\angle ABE = \angle FEC(\because \overline{AB} /\!/ \overline{FE})$이므로

$\triangle DBE$와 $\triangle FEC$는 모두 이등변삼각형이다.

$\therefore \overline{DB} = \overline{DE}$, $\overline{FE} = \overline{FC}$

(□ADEF의 둘레) $= \overline{AD} + \overline{DE} + \overline{EF} + \overline{FA}$

$\qquad = \overline{AD} + \overline{DB} + \overline{CF} + \overline{FA}$

$\qquad = 2 \times 17 = 34(cm)$

3 보조선 BD를 그으면 □BECD는
한 쌍의 대변이 평행하고 그 길이가
같으므로 평행사변형이다.

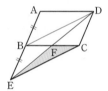

$\therefore \triangle ECF = \triangle BFD$

$\qquad = \dfrac{1}{4} \square BECD$

그런데 □BECD = □ABCD이므로

$\triangle ECF = \dfrac{1}{4} \times 12 = 3(cm^2)$

4 $\angle DAH = a$, $\angle ADH = b$라 하면

$\triangle AHD$에서 $a + b = 90°$ … ㉠

$\angle DAB + \angle ADC = 180°$이므로

$\angle BAE + a + 2b = 180°$

$\therefore \angle BAE + b = 90°$ … ㉡

따라서 ㉠, ㉡에서 $\angle BAE = a$

이때 $\angle BEA = \angle DAE = a$(엇각)이므로

$\overline{BE} = \overline{AB} = 8(cm)$

$\therefore \overline{EC} = \overline{BC} - \overline{BE} = 12 - 8 = 4(cm)$

핵심문제 02

26쪽

1 60° **2** 14 cm² **3** 56 cm² **4** 51°

5 ③

1 $\angle ABD = \angle ADB = a$라 하면

$\angle DBC = \angle ADB = a$(엇각)이므로 $\angle ABD = \angle DBC = a$

$\angle C = \angle ABC = 2a$

따라서 $\triangle BCD$에서 $a + 2a = 90°$이므로 $a = 30°$

$\therefore \angle C = 2a = 2 \times 30° = 60°$

2 $\triangle DEB = \triangle DAB = \square ABCD - \triangle DBC$

$\qquad = 24 - 10 = 14(cm^2)$

3 $\overline{AC} \perp \overline{BD}$이고 $\overline{AO} = \overline{CO} = 8(cm)$, $\overline{BO} = \overline{DO} = 14(cm)$

이므로 $\triangle ABO$의 넓이는 $\dfrac{1}{2} \times 14 \times 8 = 56(cm^2)$

4 $\overline{AC}$를 그으면 $\overline{AH}$는 $\overline{CD}$의
수직이등분선이므로

$\triangle ACH \equiv \triangle ADH$(SAS 합동)

따라서 $\triangle ACD$는 $\overline{AC} = \overline{AD}$

이고 $\overline{CD} = \overline{AD}$이므로

$\triangle ACD$는 정삼각형이다.

이때 $\angle D = 60°$이므로 $\angle C = \angle BAD = 180° - 60° = 120°$

$\angle AEC = 180° - 81° = 99°$

따라서 □AECH에서 $\angle x = 360° - (99° + 120° + 90°) = 51°$

5 $\triangle ABP$와 $\triangle ADQ$에서

$\overline{AB} = \overline{AD}$, $\overline{BP} = \overline{DQ}$, $\angle ABP = \angle ADQ$

$\therefore \triangle ABP \equiv \triangle ADQ$(SAS 합동)

$\therefore \overline{AP} = \overline{AQ}$, $\angle APB = \angle AQD$

$\triangle AEO$와 $\triangle AFO$에서

$\angle AOE = \angle AOF = 90°$, $\angle EAO = \angle FAO$, $\overline{AO}$는 공통

$\therefore \triangle AEO \equiv \triangle AFO$(ASA 합동)

$\therefore \angle AEO = \angle AFO$

응용문제 02

27쪽

예제 ② 90, $\overline{AH}$, $\overline{DO}$, 90, $\overline{OH}$, $\overline{DH}$, $\overline{AH}$, $\overline{AD}$, 변,
마름모/마름모

1 63 cm² **2** 60 cm² **3** 24 cm² **4** 120°

1 오른쪽 그림에서 점 M을 지나고
직선 CD와 평행한 선을 그어 $\overline{AD}$
의 연장선과 만나는 점을 E, $\overline{BC}$
와 만나는 점을 F라고 하자.

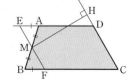

△AME와 △BMF에서

$\overline{MA}=\overline{MB}$, $\overline{AE}=\overline{BF}$,

∠MAE=∠MBF이므로

△AME≡△BMF(SAS 합동)

∴ □ABCD=□EFCD=$\overline{CD}×\overline{MH}=7×9=63(\text{cm}^2)$

2 △AOD : △ABO=2 : 3이므로

$△ABO=\dfrac{3}{2+3}△ABD=\dfrac{3}{5}×40=24(\text{cm}^2)$

△CDO=△ACD−△AOD

        =△ABD−△AOD=△ABO

∴ $△CDO=24(\text{cm}^2)$

△CDO : △BCO=2 : 3이므로

24 : △BCO=2 : 3, 2△BCO=72

∴ $△BCO=36(\text{cm}^2)$

∴ $△ABC=△ABO+△BCO=24+36=60(\text{cm}^2)$

3 △APS≡△DRS(SAS 합동),

△BQP≡△CQR(SAS 합동)이므로

□PQRS

=□ABCD−(△APS+△DRS+△BQP+△CQR)

=96−(10+10+14+14)=48(\text{cm}^2)

이때 등변사다리꼴의 각 변의 중점을 연결하여 만든 사각형은 마름모이므로

$△OQP+△ORS=\dfrac{1}{2}□PQRS=\dfrac{1}{2}×48=24(\text{cm}^2)$

4 □EBFD는 마름모이므로 ∠DBF=∠BDF

$\overline{EB}/\!/\overline{DF}$이므로 ∠EBD=∠BDF(엇각)

∴ ∠DBF=∠EBD

∴ $∠DBF=\dfrac{1}{3}∠ABC=\dfrac{1}{3}×90°=30°$

따라서 △BFD에서 ∠x=180°−2×30°=120°

핵심 문제 03   28쪽

1 ⑤	2 직사각형	3 $16\pi\ \text{cm}^2$	4 90°
5 56°	6 $4\pi\ \text{cm}^2$		

1 ⑤ 한 내각의 크기가 90°인 평행사변형은 직사각형이다.

2 ∠A+∠B=180°이므로

∠SPQ=∠APB=180°−(∠ABP+∠BAP)

        $=180°-\dfrac{1}{2}×180°=180°-90°=90°$

마찬가지 방법으로 ∠PQR=∠QRS=∠RSP=90°

따라서 □PQRS는 직사각형이다.

3 □OABC는 직사각형이므로 $\overline{OB}=\overline{AC}=4(\text{cm})$

따라서 원 O의 반지름의 길이가 4 cm이므로

(원 O의 넓이)$=\pi×4^2=16\pi(\text{cm}^2)$

4 △ABP와 △BCQ에서

$\overline{AB}=\overline{BC}$, ∠ABP=∠BCQ=90°,

$\overline{BP}=\overline{CQ}$이므로

△ABP≡△BCQ(SAS 합동)

∴ ∠BAP=∠CBQ

따라서 ∠BAP+∠APB=∠CBQ+∠APB=90°이므로

∠x=∠BEP=180°−90°=90°(맞꼭지각)

5 ∠DBE=∠DBC=28°(접은 각)이므로

∠ABE=90°−2×28°=34°

∠BED=∠BCD=90°이므로

△BEF에서 ∠x+34°=90°

∴ ∠x=56°

6 부채꼴의 반지름의 길이를 r cm라 하면

$\overline{AC}=\overline{DB}=r$ cm

$□ABCD=\dfrac{1}{2}×\overline{AC}×\overline{DB}=8$,

$r^2=16$ ∴ $r=4(∵ r>0)$

따라서 주어진 사분원의 반지름의 길이는 4 cm이므로

그 넓이는 $\pi×4^2×\dfrac{90}{360}=4\pi(\text{cm}^2)$

응용 문제 03   29쪽

예제 3 평행사변형, $\overline{FN}$, 평행, 평행사변형, 90, 정사각형/정사각형

1 16°	2 6 cm²	3 30°	4 18 cm

1 △DEF는 직각삼각형이므로 $\overline{DG}=\overline{EG}=\overline{FG}=\overline{DB}$

∴ ∠GDF=∠GFD, ∠DBG=∠DGB

또, $\overline{AF}/\!/\overline{BC}$이므로 ∠EBC=∠GFD

이때, ∠DBG=∠DGB=2∠GFD=2∠EBC이므로

∠ABD+2∠EBC+∠EBC=90°

∴ $∠EBC=\dfrac{1}{3}×(90°-42°)=16°$

2 △AEO와 △DFO에서

∠EOA+∠AOF=90°

∠AOF+∠FOD=90°이므로 ∠EOA=∠FOD,

$\overline{AO}=\overline{DO}$, ∠EAO=∠FDO=45°

따라서 △AEO≡△DFO(ASA 합동)이므로

△BEO+△DFO=△BEO+△AEO

$$=△ABO=\frac{1}{4}□ABCD$$

$$=\frac{1}{4}×24=6(cm^2)$$

3 △PCD에서

∠PCD=∠C-∠PCB=90°-60°=30°

이때 $\overline{PC}=\overline{BC}=\overline{DC}$이므로

$$∠CDP=∠CPD=\frac{1}{2}×(180°-30°)=75°$$

따라서 △DBC에서 ∠CDB=45°이므로

∠x=∠CDP-∠CDB=75°-45°=30°

4 $\overline{DA}$의 연장선 위에 $\overline{CP}=\overline{AR}$

가 되도록 점 R를 잡으면

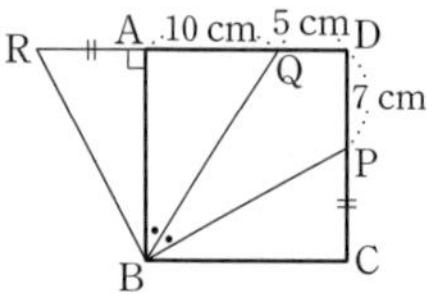

△CPB≡△ARB(SAS 합동)

∴ ∠CBP=∠ABR

따라서 △BQR에서

∠BQR=∠CBQ(∵ 엇각)=∠QBR이므로

△BQR는 이등변삼각형이다.

$\overline{BP}=\overline{BR}=\overline{QR}=\overline{AQ}+\overline{AR}$

$=\overline{AQ}+\overline{CP}=10+(15-7)=18(cm)$

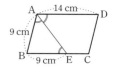

심화 문제

[30~35쪽]

01 90°	**02** 36 cm	**03** 20 cm	**04** 40°
05 12	**06** 45°	**07** 직사각형	**08** 정삼각형
09 75 cm²	**10** 70°	**11** 15 cm	**12** 8 cm
13 4 cm²	**14** ㄱ, ㄹ	**15** 100 cm²	**16** 36 cm²
17 243 cm²	**18** △BFE		

01 ∠DGA=∠BAG(엇각)이므로 ∠DAG=∠DGA

이때 ∠CGF=∠DGA(맞꼭지각), ∠DCE=∠ADC(엇각)

이므로

$$∠CGF+∠FCG=\frac{1}{2}∠DAB+\frac{1}{2}∠ADC$$

$$=\frac{1}{2}×180°=90°$$

따라서 △GCF에서 ∠x=180°-90°=90°

02 $\overline{AB}/\!/\overline{IH}$, $\overline{BC}/\!/\overline{FG}$, $\overline{CA}/\!/\overline{ED}$이므로

□ADOI, □FBHO, □OECG는 평행사변형이다.

$\overline{OF}=\overline{HB}$, $\overline{OG}=\overline{EC}$, $\overline{OI}=\overline{DA}$,

$\overline{OH}=\overline{FB}$, $\overline{OD}=\overline{IA}$, $\overline{OE}=\overline{GC}$

∴ (△ABC의 둘레의 길이)

=(색칠한 세 삼각형의 둘레의 길이의 합)=36(cm)

03 (i) 점 P가 꼭짓점 B에 위치할 때,

점 Q는 점 E와 같다.

즉, ∠BAE=∠DAE

=∠BEA

이므로 $\overline{BA}=\overline{BE}$이다.

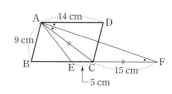

(ii) 점 P가 꼭짓점 C에 위치할 때, 점 Q는 점 F

와 같다.

즉, ∠CAF=∠DAF

=∠CFA

이므로 $\overline{CA}=\overline{CF}$이다.

∴ $\overline{EC}=\overline{BC}-\overline{BE}=\overline{AD}-\overline{BA}=14-9=5(cm)$

$\overline{CF}=\overline{AC}=15(cm)$

따라서 점 Q는 점 E에서 점 F까지 움직이므로 점 Q가 움직

인 거리는 $\overline{EF}=\overline{EC}+\overline{CF}=5+15=20(cm)$

04 △ABC와 △DBE에서 $\overline{AB}=\overline{DB}$, $\overline{BC}=\overline{BE}$,

∠ABC=60°+∠ABE=∠DBE

∴ △ABC≡△DBE(SAS 합동)

마찬가지로 △ABC≡△FEC(SAS 합동)

∴ $\overline{DE}=\overline{AC}=\overline{FC}=\overline{AF}$, $\overline{EF}=\overline{BA}=\overline{DB}=\overline{DA}$

따라서 □AFED는 두 쌍의 대변의 길이가 각각 같으므로

평행사변형이다.

∠BDE=∠BAC=80°

∠ADE=∠AFE=80°-60°=20°

∴ ∠ADE+∠AFE=2∠ADE=40°

05 오른쪽 그림과 같이 점 G와 F를 연

결하고, 점 E, H에서 $\overline{AD}$에 평행

선을 그어 $\overline{GF}$와 만난 점을 각각 P,

Q라 하면,

△AEG≡△PGE, △DGH≡△QHG, △BEF≡△PFE,

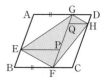

$\triangle$CHF$\equiv\triangle$QFH이므로

$\square$EFHG$=\dfrac{1}{2}\square$ABCD$=12$

06 보조선 $\overline{\text{AP}}$를 그으면
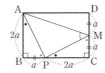
$\triangle$ABP와 $\triangle$PCM에서

$\overline{\text{AB}}=\overline{\text{PC}}$, $\angle$ABP$=\angle$PCM,

$\overline{\text{BP}}=\overline{\text{CM}}$이므로

$\triangle$ABP$\equiv\triangle$PCM(SAS 합동)

따라서 $\overline{\text{AP}}=\overline{\text{PM}}$, $\angle$BAP$=\angle$CPM이므로

$\triangle$PAM은 $\angle$P$=90°$인 직각이등변삼각형이다.

$\therefore\angle$AMP$=45°$

07 $\square$ABCD는 평행사변형이므로

$\angle$A$=\angle$C, $\angle$B$=\angle$D, $\angle$HAD$=\angle a$, $\angle$EBA$=\angle b$

라 하면

($\angle$A의 외각)$=$($\angle$C의 외각)$=2\angle a$

($\angle$B의 외각)$=$($\angle$D의 외각)$=2\angle b$

$\square$ABCD의 외각의 합은 $360°$이므로

$2\times(2\angle a+2\angle b)=360°$, $\angle a+\angle b=90°$

$\triangle$EAB에서 $\angle$E$=180°-(\angle a+\angle b)=90°$

마찬가지로 $\angle$F$=\angle$G$=\angle$H$=90°$

$\therefore\square$EFGH는 직사각형이다.

08 $\angle$ABC$=120°$이므로
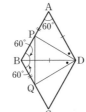
$\angle$DAB$=180°-\angle$ABC

$\qquad\quad=180°-120°=60°$

보조선 $\overline{\text{BD}}$를 그으면 $\triangle$ABD에서

$\overline{\text{AB}}=\overline{\text{AD}}$이므로 $\triangle$ABD는 정삼각형

이다.

$\therefore\overline{\text{AB}}=\overline{\text{AD}}=\overline{\text{BD}}$, $\angle$DBC$=\angle$ABD$=60°$

$\triangle$DAP$\equiv\triangle$DBQ(SAS 합동) $\cdots$ ㉠

($\because\overline{\text{AP}}=\overline{\text{BQ}}$, $\angle$DAP$=\angle$DBQ$=60°$, $\overline{\text{AD}}=\overline{\text{BD}}$)

이므로 $\overline{\text{DP}}=\overline{\text{DQ}}$ $\cdots$ ㉡

즉, $\triangle$PQD는 이등변삼각형이고

$\angle$PDQ$=\angle$PDB$+\angle$BDQ($\because$㉠)

$\qquad\quad=\angle$PDB$+\angle$ADP

$\qquad\quad=\angle$ADB$=60°$ $\cdots$ ㉢

㉡, ㉢에 의해서 $\triangle$PQD의 세 내각의 크기가 모두 같다.

따라서 $\triangle$PQD는 정삼각형이다.

09 $\square$ABCD는 마름모이므로 대각선 $\overline{\text{AC}}$와 $\overline{\text{BD}}$는 서로 다른 것
을 수직이등분한다.

$\square$ABCD$=\dfrac{1}{2}\times35\times20=350(\text{cm}^2)$

$\triangle$DBC$=\dfrac{1}{2}\square$ABCD$=\dfrac{1}{2}\times350=175(\text{cm}^2)$

$\triangle$DBE와 $\triangle$EBC의 넓이의 비는 $3:4$이므로

$\triangle$DBE$=\dfrac{3}{7}\triangle$DBC$=\dfrac{3}{7}\times175=75(\text{cm}^2)$

10 $\overline{\text{CD}}$의 연장선 위에 있는 점 중 $\overline{\text{BE}}=\overline{\text{DG}}$
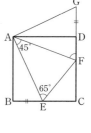
가 되는 점을 G라 하자.

$\triangle$ABE와 $\triangle$ADG에서

$\angle$ABE$=\angle$ADG$=90°$,

$\overline{\text{AB}}=\overline{\text{AD}}$, $\overline{\text{BE}}=\overline{\text{DG}}$이므로

$\triangle$ABE$\equiv\triangle$ADG(SAS 합동)

$\therefore\overline{\text{AE}}=\overline{\text{AG}}$ $\cdots$ ㉠

$\angle$BAE$=\angle$DAG $\cdots$ ㉡

$\triangle$AEF, $\triangle$AGF에서 ㉠, ㉡으로부터

$\angle$FAG$=\angle$FAD$+\angle$DAG$=\angle$FAD$+\angle$BAE

$\qquad\quad=90°-\angle$EAF$=45°$

$\therefore\angle$EAF$=\angle$FAG

$\overline{\text{AE}}=\overline{\text{AG}}$, $\overline{\text{AF}}$는 공통이므로

$\triangle$AEF$\equiv\triangle$AGF(SAS 합동)

$\therefore\angle$AFE$=\angle$AFD$=180°-45°-65°=70°$

11 $\overline{\text{BF}}$를 그으면

$\triangle$BEF$\equiv\triangle$BCF(RHS합동)이므로

$\overline{\text{FE}}=\overline{\text{FC}}$ $\cdots$ ㉠

$\triangle$EDF에서 $\angle$DEF$=90°$

$\angle$EDF$=45°$이므로

$\triangle$EDF는 직각이등변삼각형이다.

$\therefore\overline{\text{ED}}=\overline{\text{EF}}$ $\cdots$ ㉡

㉠, ㉡에서 $\overline{\text{DE}}=\overline{\text{EF}}=\overline{\text{FC}}$

$\therefore3\overline{\text{DF}}+\overline{\text{DE}}+\overline{\text{EF}}+\overline{\text{FC}}$

$\quad=3(\overline{\text{DF}}+\overline{\text{FC}})=3\times5=15(\text{cm})$

12 꼭짓점 A, D에서 $\overline{\text{BC}}$에 내린 수선의
발을 각각 G, H라 하자.

$\overline{\text{GH}}=\overline{\text{AD}}=8\text{ cm}$이므로

$\overline{\text{BG}}=\overline{\text{CH}}=3\text{ cm}$

한편 $\triangle$EBF는 직각삼각형이므로

$\overline{\text{DB}}=\overline{\text{DE}}=\overline{\text{DF}}$

따라서 $\triangle$DBF는 이등변삼각형이다.

$\therefore\overline{\text{BH}}=\overline{\text{FH}}=11\text{ cm}$

$\therefore\overline{\text{CF}}=\overline{\text{FH}}-\overline{\text{CH}}=11-3=8(\text{cm})$

13 $\overline{BD}$를 그으면 $\overline{AF}\,/\!/\,\overline{BC}$이므로

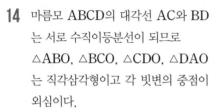
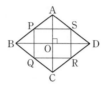

$$\triangle CFE = \triangle CFD - \triangle EFD$$
$$\qquad = \triangle BFD - \triangle EFD$$
$$\qquad = \triangle BED$$
$$\triangle BCD = \frac{1}{2}\square ABCD = 14(cm^2)$$
$$\therefore \triangle CFE = \triangle BED = \frac{2}{7} \times 14 = 4(cm^2)$$

14 마름모 ABCD의 대각선 AC와 BD
는 서로 수직이등분선이 되므로
$\triangle ABO$, $\triangle BCO$, $\triangle CDO$, $\triangle DAO$
는 직각삼각형이고 각 빗변의 중점이
외심이다.

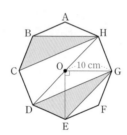

따라서 $\square PQRS$는 마름모 ABCD의 각 변의 중점을 연결하
여 만든 사각형이므로 직사각형이다.

15 $\overline{DH}\,/\!/\,\overline{EG}$이므로

$$\triangle DEG = \triangle OEG$$
$$\qquad = \frac{1}{2} \times 10 \times 10 = 50$$
$$\therefore (색칠한 부분의 넓이)$$
$$\qquad = 2\triangle DEG = 2 \times 50$$
$$\qquad = 100(cm^2)$$

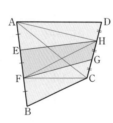

16 $\overline{AH}$, $\overline{AC}$, $\overline{FH}$, $\overline{FC}$를 그으면

$$\square AFCH = \triangle ACH + \triangle AFC$$
$$\qquad = \frac{2}{3}\triangle ACD + \frac{2}{3}\triangle ABC$$
$$\qquad = \frac{2}{3}\square ABCD$$
$$\therefore \square EFGH = \triangle EFH + \triangle HFG$$
$$\qquad = \frac{1}{2}\triangle AFH + \frac{1}{2}\triangle HFC$$
$$\qquad = \frac{1}{2}\square AFCH = \frac{1}{2} \times \frac{2}{3}\square ABCD$$
$$\qquad = \frac{1}{3}\square ABCD$$
$$\square ABCD = 3\square EFGH = 3 \times 12 = 36(cm^2)$$

17 정사각형 모양의 색종이 2장이 겹쳤
을 때
$\triangle OEC$와 $\triangle OFD$에서
$\overline{OC} = \overline{OD}$,

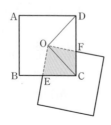

$\angle EOC = 90° - \angle COF = \angle FOD$,
$\angle OCE = \angle ODF = 45°$
이므로 $\triangle OEC \equiv \triangle OFD(ASA \text{ 합동})$

$$\square OECF = \triangle OEC + \triangle OCF$$
$$\qquad = \triangle OFD + \triangle OCF$$
$$\qquad = \triangle OCD = \frac{1}{4}\square ABCD$$
$$\qquad = \frac{1}{4} \times 9 = \frac{9}{4}(cm^2)$$

따라서 36장의 색종이를 고리 모양으로 만들면 겹쳐진 부분
이 모두 36군데이므로 구하는 넓이는

$$9 \times 36 - \frac{9}{4} \times 36 = 243(cm^2)$$

18 점 G에서 $\overline{AB}$에 평행한 직선을 그
어 $\overline{AD}$, $\overline{BC}$와 만나는 점을 각각
H, I라 하면

(ⅰ) $\overline{AB}\,/\!/\,\overline{GI}$이므로
$$\triangle AHG = \triangle BHG$$
$$\triangle AEG = \triangle AHG - \triangle EHG$$
$$\qquad = \triangle BHG - \triangle EHG = \triangle BHE$$
(ⅱ) $\overline{GI}\,/\!/\,\overline{DC}$이므로 $\triangle DHG = \triangle CHG$
$$\triangle DFG = \triangle DHG - \triangle FHG$$
$$\qquad = \triangle CHG - \triangle FHG = \triangle CHF$$
(ⅲ) $\overline{AD}\,/\!/\,\overline{BC}$이므로 $\triangle CHF = \triangle BHF$
(ⅰ), (ⅱ), (ⅲ)에서
$$\triangle AEG + \triangle DFG = \triangle BHE + \triangle CHF$$
$$\qquad = \triangle BHE + \triangle BHF = \triangle BFE$$

최상위 문제
36~41쪽

01 $(2, 6)$	**02** 9초 후	**03** $75°$	**04** $8:9$
05 $\frac{1}{3}$	**06** 11.4 cm	**07** 96	**08** 19.2 cm
09 마름모	**10** 45 cm²	**11** 80°	**12** 12 cm
13 50 cm²	**14** 124 cm²	**15** 직사각형	**16** 풀이 참조
17 6 : 5	**18** 270		

01 점 D의 좌표를 (a, b)라 하면 평행사변형의 두 대각선은 서
로 다른 것을 이등분하여 중점이 일치하므로
$$(\overline{AC}의 \text{ 중점의 } x좌표) = (\overline{BD}의 \text{ 중점의 } x좌표)$$
$$\frac{-2+4}{2} = \frac{a}{2} \qquad \therefore a = 2$$
$$(\overline{AC}의 \text{ 중점의 } y좌표) = (\overline{BD}의 \text{ 중점의 } y좌표)$$
$$\frac{3+2}{2} = \frac{b-1}{2} \qquad \therefore b = 6$$

따라서 점 D의 좌표는 (2, 6)이다.

02 Q가 출발한 지 x초 후 $\overline{AP}=\overline{CQ}$라 하면

(거리)＝(속력)×(시간)에서

$3(x+6)=5x$, $3x+18=5x$ ∴ $x=9$

따라서 점 Q가 출발한 지 9초 후에 $\square$AQCP는 평행사변형이 된다.

03 꼭짓점 C에서 $\overline{AD}$에서 내린 수선의 발을 H라 하면 점 O는 직각삼각형 ACH의 외심이므로

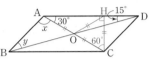

$\overline{OA}=\overline{OH}=\overline{OC}$

또한 ∠OCH＝∠OHC＝60°이므로 △OCH는 정삼각형이다.

∠DOC＝∠OAD＋∠ODA＝45°

∴ ∠HOD＝15°

따라서 $\overline{HO}=\overline{HD}$이므로 $\overline{HC}=\overline{HD}$

∴ ∠HDC＝45°, ∠y＝∠CDO＝30°

∴ ∠x＝∠ACD＝∠ACH＋∠HCD＝60°＋45°＝105°

∴ ∠x－∠y＝105°－30°＝75°

04 △AEP≡△BEC(ASA 합동),

△DFQ≡△CFB(ASA 합동)이므로

△PQO＝$\square$ABCD＋△BOC

$\square$EBCF는 $\overline{BE}=\overline{CF}$, $\overline{BE}\,/\!/\,\overline{CF}$이므로 평행사변형이다.

또, △EBO≡△CFO(ASA 합동),

△EFO≡△CBO(ASA 합동)

$\triangle BOC=\dfrac{1}{4}\times\dfrac{1}{2}\times\square ABCD=\dfrac{1}{8}\square ABCD$

$\therefore \triangle PQO=\square ABCD+\dfrac{1}{8}\square ABCD=\dfrac{9}{8}\square ABCD$

∴ $\square$ABCD : △PQO＝8 : 9

05 △ABE와 △APE에서 ∠BAE＝∠PAE,

∠ABE＝∠APE＝90°, $\overline{AE}$는 공통이므로

△ABE≡△APE(RHA 합동)

∴ $\overline{AB}=\overline{AP}=a$

△ADF와 △AQF에서

∠DAF＝∠QAF, ∠ADF＝∠AQF＝90°,

$\overline{AF}$는 공통이므로 △ADF≡△AQF(RHA 합동)

∴ $\overline{BC}=\overline{AD}=\overline{AQ}=a+b$

$\overline{AB}:\overline{BC}=3:4$이므로 $a:(a+b)=3:4$

$4a=3(a+b)$, $a=3b$

$\therefore \dfrac{b}{a}=\dfrac{1}{3}$

06 $\overline{DP}$를 연장하여 $\overline{DP}=\overline{PH}$가 되는 점 H를 잡으면 $\square$ADGH는 $\overline{PA}=\overline{PG}$, $\overline{PH}=\overline{PD}$이므로 평행사변형이다.

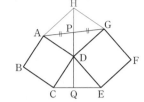

△DCE와 △GHD에서

$\overline{DC}=\overline{DA}=\overline{GH}$, $\overline{DE}=\overline{GD}$,

∠CDE＝180°－∠ADH－∠GDH

＝180°－∠GHD－∠GDH＝∠HGD

∴ △DCE≡△GHD(SAS 합동)

$\overline{PD}=\dfrac{1}{2}\overline{HD}=\dfrac{1}{2}\overline{CE}=\dfrac{1}{2}\times 10=5(cm)$

∠DQE＝∠DCQ＋∠CDQ＝∠GHD＋∠CDQ

＝∠ADH＋∠CDQ＝180°－∠ADC

＝180°－90°＝90°

$\triangle DCE=\dfrac{1}{2}\times\overline{CE}\times\overline{DQ}=\dfrac{1}{2}\times 10\times\overline{DQ}=32$

∴ $\overline{DQ}=6.4(cm)$

∴ $\overline{PQ}=\overline{PD}+\overline{DQ}=5+6.4=11.4(cm)$

07 [그림 1]에서

△ABC＝2×108＝216

[그림 2]와 같이 내접시킨 정사각형의 넓이는 △ABC의 넓이의 $\dfrac{4}{9}$이다.

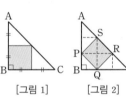

[그림 1]　　[그림 2]

∴ ($\square$PQRS의 넓이)＝$\dfrac{4}{9}\times 216=96$

08 $\square$ABCD에서

$\square$ABCD＝△ABP＋△BCP＋△CDP＋△DAP

$\square ABCD=\dfrac{1}{2}\times\overline{AC}\times\overline{BD}=\dfrac{1}{2}\times 16\times 12=96(cm^2)$

△ABP＋△BCP＋△CDP＋△DAP

$=\dfrac{1}{2}\overline{AB}\times l_1+\dfrac{1}{2}\overline{BC}\times l_2+\dfrac{1}{2}\overline{CD}\times l_3+\dfrac{1}{2}\overline{DA}\times l_4$

$=\dfrac{1}{2}\overline{AB}(l_1+l_2+l_3+l_4)$

$=\dfrac{1}{2}\times 10\times(l_1+l_2+l_3+l_4)$

$=5(l_1+l_2+l_3+l_4)$

$5(l_1+l_2+l_3+l_4)=96$이므로

$l_1+l_2+l_3+l_4=19.2(cm)$

09 ∠BDE＝∠BDE′(접은 각),

∠BDE′＝∠DBE(엇각)이므로

∠BDE＝∠DBE

∴ △BED는 $\overline{BE}=\overline{DE}$인 이등변삼각형

또, $\overline{DE}=\overline{DE'}$, $\overline{BD}$는 공통, $\angle BDE=\angle BDE'$

∴ $\triangle BDE \equiv \triangle BDE'$

따라서 $\overline{BE}=\overline{BE'}$

∴ $\overline{BE}=\overline{DE}=\overline{BE'}=\overline{DE'}$

∴ □BEDE′는 마름모

10 $\overline{AE}:\overline{BE}=2:1$이므로

$\triangle AEF=2\triangle BEF$

$\quad =2\times9=18(\text{cm}^2)$

$\triangle BAD=\triangle BCD$,

$\triangle AFD=\triangle CFD$이므로

$\triangle BCF=\triangle BCD-\triangle CFD$

$\quad =\triangle BAD-\triangle AFD$

$\quad =\triangle BAF=27(\text{cm}^2)$

또한 $\triangle AFD=\triangle CFD=a(\text{cm}^2)$라 하면

$\triangle CAE=2\triangle CBE$이므로

$2a+18=2\times36 \quad \therefore a=27$

∴ □AEFD $=\triangle AEF+\triangle ADF$

$\quad =18+27=45(\text{cm}^2)$

11 $\triangle AED$와 $\triangle CGD$에서

□ABCD가 정사각형이므로

$\overline{AD}=\overline{CD}$ … ㉠

$\angle CDE=30°$이므로

$\angle ADE=\angle CDG=60°$ … ㉡

□DEFG가 정사각형이므로

$\overline{DE}=\overline{DG}$ … ㉢

㉠, ㉡, ㉢에서 $\triangle AED=\triangle CGD$(SAS 합동)

∴ $\angle DAE=\angle DCG=40°$ … ㉣

따라서 ㉡, ㉣에서 $\angle CGD=180°-(40°+60°)=80°$

12 $\overline{EF}$가 사다리꼴 ABCD의 넓이를 이등

분하므로 □AFED=□FBCE

또, $\triangle DFE=\triangle EFC$이므로

$\triangle AFD=\triangle FBC$

$\overline{AF}=x$라 하면

$\dfrac{1}{2}\times x\times6=\dfrac{1}{2}\times12\times(18-x)$,

$3x=108-6x$, $9x=108$

∴ $\overline{AF}=x=12(\text{cm})$

13 $\overline{BD}=\overline{FH}$, $\overline{OB}=\overline{OD}=\overline{OF}=\overline{OH}$

이므로 □ABCD와 □EFGH가

완전히 포개어질 때를 제외하고

□BHDF는 직사각형이다.

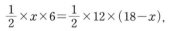
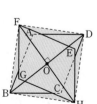

이때 $\triangle FBD$에서 $\overline{BD}$의 길이는 일정하므로 점 F와 $\overline{BD}$ 사이의 거리가 최대일 때, $\triangle FBD$의 넓이는 최대가 된다.

즉, $\angle BOF=90°$일 때, $\triangle FBD$의 넓이가 최대가 되므로

$\triangle FBD$의 넓이의 최댓값은 $\dfrac{1}{2}\times10\times5=25(\text{cm}^2)$

따라서 □BHDF의 넓이의 최댓값은

$2\triangle FBD=2\times25=50(\text{cm}^2)$

14 $\overleftrightarrow{HM}$과 $\overleftrightarrow{DA}$의 교점을 E라 하면

$\triangle AEM\equiv\triangle BHM$

∴ $\overline{EM}=8\text{ cm}$

$\triangle DMC$

$=$□ABCD$-\triangle MBC-\triangle MDA$

$=\dfrac{1}{2}\times(9+22)\times16-\dfrac{1}{2}\times22\times8-\dfrac{1}{2}\times9\times8$

$=124(\text{cm}^2)$

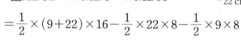

15 $\overline{DH}$와 $\overline{BF}$는 $\overline{CG}$, $\overline{AE}$에 평

행하고, 길이가 같으므로

□BDHF는 평행사변형이다.

… ㉠

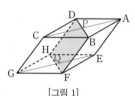

[그림 1]

같은 방법으로, □AEGC도

평행사변형이다.

또한, 마름모 ABCD의 대각선 AC와 BD의 교점을 P라 하고, 마름모 EFGH의 대각선 GE와 FH와의 교점을 Q라 하자.

$\triangle ADE$와 $\triangle ABE$에 대해서

마름모에서 서로 이웃하는 각의 합은 180°이므로

$\angle BAE=\angle DAE$

$\quad =180°-120°=60°$,

$\overline{AB}=\overline{AD}$, $\overline{AE}$는 공통이므로

$\triangle ADE\equiv\triangle ABE$(SAS합동)

∴ $\overline{DE}=\overline{BE}$

$\overline{AC}$, $\overline{BD}$는 마름모꼴의 대각선이므로 $\overline{AC}\perp\overline{BD}$

또한, $\overline{BD}\perp\overline{EP}$이고, $\overline{PQ}\,/\!/\,\overline{AE}\,/\!/\,\overline{CG}$

따라서 $\overline{BD}\perp$(평면 AEGC)이므로 $\overline{BD}\perp\overline{PQ}$이다. … ㉡

㉠, ㉡에 의해서 □BDHF는 직사각형이다.

16 $\overline{CD}$의 연장선 위에

$\overline{AC}\,/\!/\,\overline{BP}$인 점 P를 잡으면

$\triangle ABC=\triangle APC$

$\overline{AD}\,/\!/\,\overline{EQ}$인 Q를 잡으면

$\triangle AED=\triangle AQD$

따라서 오각형 ABCDE의 넓이와

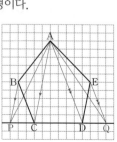

삼각형 APQ의 넓이는 같다.

17 점 P는 평행사변형 ABCD의 내
부의 한 점이므로

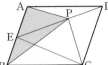

$$\triangle ABP + \triangle CDP = \frac{1}{2}\square ABCD$$

$$\therefore \triangle CDP = \frac{1}{2}\square ABCD - \triangle ABP$$

$$= 55 - 30 = 25(cm^2)$$

또한 $\triangle DAE + \triangle CEB = \triangle CDE$

$$\therefore \triangle CDE = 55\ cm^2$$

$$\triangle CPE = \triangle CDE - \triangle CDP = 55 - 25 = 30(cm^2)$$

$$\therefore \triangle CEP : \triangle CPD = 30 : 25 = 6 : 5$$

$$\therefore \overline{EP} : \overline{PD} = 6 : 5$$

18 직사각형의 각 변의 중점을 연결하여 만든 사각형은 마름모이
므로 사각형 EFGH는 마름모이다.

$$\therefore \angle HEP = \angle FPE = 90°(엇각)$$

임의의 사각형의 각 변의 중점을 연결하여 만든 사각형은 평
행사변형이므로 사각형 HIJK는 평행사변형이다.

사각형 EFGH가 마름모이므로 $\angle EFG = \angle EHG$이고,

평행사변형에서 이웃하는 두 내각의 크기의 합은 180°이므로

$$180° = \angle KHI + \angle HIJ$$

$$= (\angle EHG + \angle GHK + \angle EHI) + \angle HIJ$$

$$= (\angle EFG + \angle GHK + \angle EHI) + \angle HIJ$$

$$\therefore \angle EFG + \angle GHK + \angle EHI + \angle HIJ + \angle HEP$$

$$= 180° + 90° = 270°$$

특목고 / 경시대회 실전문제 　42~44쪽

01 5개	**02** 30°	**03** 10	**04** 96
05 $\frac{3}{16}$	**06** 12 cm²	**07** 128 cm	**08** 96 cm²
09 8			

01 (i) $\overline{AB}$가 밑변인 경우 : 1개　(ii) $\overline{AP}$가 밑변인 경우 : 2개

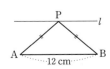
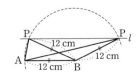

(iii) $\overline{BP}$가 밑변인 경우 : 2개

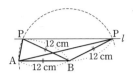

따라서 $\triangle PAB$가 이등변삼각형이 되게 하는 점 P는
모두 5개이다.

02 점 D를 지나고 $\overline{BC}$와 평행한 선분 $\overline{DF}$를
긋고 점 F와 점 B를 연결한 선분과 $\overline{DC}$와
만나는 점을 G라 하자.

$\angle DFG = \angle FDG = \angle DGF = 60°$이므로

$\triangle DGF$는 정삼각형

$$\therefore \overline{DF} = \overline{DG}$$

한편 $\angle GBC = \angle GCB = \angle BGC = 60°$
이므로 $\triangle GBC$는 정삼각형이다.

$\triangle CBE$에서 $\angle BCE = 80°$, $\angle EBC = \angle BEC = 50°$이므로

$$\overline{BC} = \overline{CE}$$

$\overline{CG} = \overline{BC}$이고 $\overline{BC} = \overline{CE}$이므로 $\overline{CG} = \overline{CE}$

$$\therefore \angle CGE = \angle CEG = 80°$$

$$\angle EGF = 180° - \angle DGF - \angle CGE$$

$$= 180° - 60° - 80° = 40°$$

$$\angle EFG = \angle DFE - \angle DFG$$

$$= 100° - 60° = 40°$$

$\angle EGF = \angle EFG$이므로 $\overline{EF} = \overline{EG}$

따라서 $\triangle DEF \equiv \triangle DEG(SAS$ 합동$)$이므로

$$\angle CDE = \frac{1}{2} \times \angle FDG = \frac{1}{2} \times 60° = 30°$$

03 점 M은 직각삼각형 ABC의
외심이므로 $\triangle MAB$는 이등
변삼각형이다.

이때 $\angle MAB = \angle MBA = a$
라 하면

$$\angle AMC = \angle MAB + \angle MBA = 2a$$

$\triangle MAN$에서

$$\angle NMA = 90° - 2a$$

$$\angle NAM = \frac{1}{2} \times 90° + a = 45° + a$$

$$\angle ANM = 180° - (90° - 2a) - (45° + a)$$

$$= 45° + a$$

$$\therefore \angle NAM = \angle ANM$$

따라서 $\triangle MAN$은 이등변삼각형이고,

$\overline{MN} = \overline{MA} = 10$이다.

04 △ABC와 △IBC는 이등변
삼각형이므로 $\overline{AO_1}$을 그으면
네 점 A, I, O_1, O_2는 일직선
상에 있다.

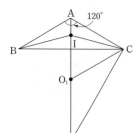

∠CAI=60°이고, 점 O_1은
△ABC의 외심이므로
∠ACO_1=60°이다.
따라서 $\overline{AC}=\overline{O_1C}$ … ㉠
점 I는 △ABC의 내심이므로
∠$CIO_1=\frac{1}{2}$∠BIC=75°이고
점 O_2는 △IBC의 외심이므로
$\overline{IO_2}=\overline{CO_2}$이고 ∠$ICO_2$=75°이다.
또한 ∠ACO_2=90°, ∠ACO_1=60°이므로
△CO_1O_2에서
∠O_1CO_2=30° … ㉡
∠CO_1O_2=120° … ㉢
㉠, ㉡, ㉢에 의해 △ABC≡△O_1O_2C(ASA 합동)이므로
두 삼각형의 넓이는 같다.
또, △AO_1C와 △O_1O_2C는 높이가 같고 밑변의 길이가 같으
므로 넓이가 같다.
따라서 △AO_2C=△CAO_1+△CO_1O_2
   =△ABC+△ABC
   =96이다.

05 $\overline{AC}$를 그으면

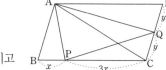

△ABC=$\frac{1}{2}$□ABCD,
△ABP=$\frac{1}{8}$□ABCD이고
△ABC와 △ABP의 높이가 같으므로
$\overline{BP}:\overline{BC}=\frac{1}{8}:\frac{1}{2}$=1:4이다.
∴ $\overline{BP}:\overline{PC}$=1:3 … ㉠
△ACD=$\frac{1}{2}$□ABCD, △AQD=$\frac{1}{4}$□ABCD이고
△ACD와 △AQD의 높이가 같으므로
$\overline{DQ}:\overline{DC}=\frac{1}{4}:\frac{1}{2}$=1:2
∴ $\overline{DQ}:\overline{QC}$=1:1 … ㉡
$\overline{CQ}=\overline{QD}$(∵ ㉡)이고,
$\overline{PC}=\frac{3}{4}\overline{BC}$ (∵ ㉠)
   =$\frac{3}{4}\overline{AD}$ (∵ □ABCD는 평행사변형)이므로

△PCQ=△AQD×$\frac{3}{4}=\left(\frac{1}{4}\times\right.$□ABCD$\left.\right)\times\frac{3}{4}$
   =$\frac{3}{16}$□ABCD

06 $\frac{1}{2}$□ABCD=△ABD=△APD+△PBC이므로
△ABQ+△AQD=(△AQD+△DQP)+△PBC
∴ △ABQ=△DQP+△PBC … ㉠
이때 △ABQ=△ABP−△PQB을 ㉠에 대입하면
△ABP−△PQB=△PDQ+△PBC에서
△ABP−△PBC=△PQB+△PDQ … ㉡
∴ △PDB=△PQB+△PDQ
   =△PAB−△PBC(∵ ㉡)
   =36−24=12(cm²)

07 오른쪽 그림처럼 □$A_2B_2C_2D_2$를 45°회
전시키면

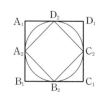

□$A_2B_2C_2D_2=\frac{1}{2}$□$A_1B_1C_1D_1$,
□$A_3B_3C_3D_3=\frac{1}{2}$□$A_2B_2C_2D_2$
   =$\left(\frac{1}{2}\right)^2$□$A_1B_1C_1D_1$, …
따라서 $A_{10}B_{10}C_{10}D_{10}=\left(\frac{1}{2}\right)^9$□$A_1B_1C_1D_1$=8이므로
□$A_1B_1C_1D_1=8\times2^9=2^{12}$
□$A_3B_3C_3D_3=\left(\frac{1}{2}\right)^2$□$A_1B_1C_1D_1=\left(\frac{1}{2}\right)^2\times2^{12}=2^{10}$이므로
□$A_3B_3C_3D_3$의 한 변의 길이는 2^5=32(cm)
∴ (□$A_3B_3C_3D_3$의 둘레의 길이)=4×32=128(cm)

08 [그림 1]에서 정사각형 ABCD는 $\overline{EG}$
와 $\overline{HF}$에 의해 4등분되고 □AEOH
는 정사각형이다.

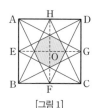

[그림 2]에서 $\overline{EG}$와 $\overline{HF}$의 교점을 O,
□AEOH에서 두 대각선의 교점을 P,
$\overline{EO}$와 $\overline{AF}$, $\overline{HO}$와 $\overline{AG}$, $\overline{ED}$와 $\overline{HB}$
의 교점을 각각 Q, R, S라고 하면

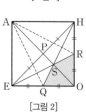

□SQOR=$\frac{1}{4}$×16=4(cm²)
밑변이 공통이고 높이가 같은 삼각형
의 넓이는 같으므로
△HEO에서
△SHP=△SEP=△SEQ=△SQO=△SOR=△SRH
□AEOH=2△HEO=2×3△SQOR=24
∴ □ABCD=4□AEOH=96(cm²)

09 $\angle A = \angle B = \angle C = \angle D = 90°$이므로

$\dfrac{1}{2}\angle A = \dfrac{1}{2}\angle B = \dfrac{1}{2}\angle C = \dfrac{1}{2}\angle D = 45°$

$\triangle AHD$에서 $\angle AHD = 45°$이므로

$\overline{DH} \parallel \overline{FB}$ ··· ㉠

$\triangle GBC$에서 $\angle BGC = 45°$이므로

$\overline{GC} \parallel \overline{AE}$ ··· ㉡

∴ ㉠, ㉡에 의해 □PQRS는 평행사변형이다.

$\triangle APD$에서

$\angle APD = 180° - \dfrac{1}{2}(\angle A + \angle D) = 90°$ ··· ㉢

$\triangle APH \equiv \triangle DPE$이므로 $\overline{PH} = \overline{PE}$

$\triangle GQH \equiv \triangle FSE$이므로 $\overline{QH} = \overline{SE}$

∴ $\overline{PQ} = \overline{PH} - \overline{QH} = \overline{PE} - \overline{SE} = \overline{PS}$ ··· ㉣

∴ 평행사변형 PQRS는 ㉢, ㉣를 만족시키므로 정사각형이다.

(정사각형 PQRS의 넓이) $= \dfrac{1}{2} \times \overline{PR} \times \overline{QS} = \dfrac{1}{2} \times 8 = 4$

이므로 정사각형 PQRS의 한 변의 길이는 2이다.

따라서 □PQRS의 둘레의 길이는 $2 \times 4 = 8$

Ⅱ. 도형의 닮음

1 도형의 닮음

핵심문제 01　　46쪽

1 125°　　**2** ②, ⑤　　**3** 750 cm　　**4** 16 cm

1　$\angle A = \angle F = 70°$, $\angle B = \angle G = 90°$이므로 점 A와 점 F는 서로 대응하고 점 B와 점 G도 서로 대응한다.

□ABCD∽□FGHE

∴ $\angle x = 360° - (\angle A + \angle B + \angle C)$

$= 360° - (\angle A + \angle B + \angle H)$

$= 360° - (70° + 90° + 75°)$

$= 125°$

2　② 오른쪽 그림에서 넓이는 같지만 닮음인 것은 아니다.

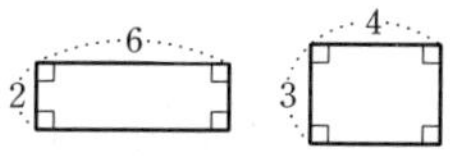

⑤ 높이의 비가 1 : 2가 아니면 닮은 도형이 아닐 수도 있다.

3　정십이면체 B의 한 모서리의 길이를 x cm라 하면

$4 : 5 = 20 : x$　∴ $x = 25$

이때 정십이면체 B의 모서리의 개수는 30개이므로

정십이면체 B의 모든 모서리의 길이의 합은

$25 \times 30 = 750$(cm)

4　오른쪽 그림에서 처음 원뿔과 작은 원뿔의 닮음비는

$32 : 20 = 8 : 5$

처음 원뿔의 밑면의 반지름의 길이를 r라 하면

$r : 10 = 8 : 5$, $5r = 80$

∴ $r = 16$(cm)

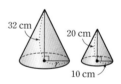

응용문제 01　　47쪽

예제 ① 64, 5, 325, 325, 64, $\dfrac{832}{5}$ / $\dfrac{832}{5}$ cm³

1 4 : 1　　**2** 660 cm²　　**3** 400π cm²　　**4** 3배

1　A3 용지의 긴 변의 길이를 a라 하면

A5 용지의 긴 변의 길이는 $\dfrac{1}{2}a$,

A7 용지의 긴 변의 길이는 $\frac{1}{4}a$이다.

따라서 A3 용지와 A7 용지의 닮음비는 $a : \frac{1}{4}a = 4 : 1$

2 □ABEF∽□BCDE이므로

$\overline{BE} : \overline{CD} = 1 : 2$, $\overline{BE} : 80 = 1 : 2$, $2\overline{BE} = 80$

$\therefore \overline{BE} = 40(cm)$

$\overline{AF} : \overline{BE} = 1 : 2$, $\overline{AF} : 40 = 1 : 2$, $2\overline{AF} = 40$

$\therefore \overline{AF} = 20(cm)$

□ABEF $= \frac{1}{2} \times (20 + 40) \times 22 = 660(cm^2)$

3 물의 높이는 $42 \times \frac{2}{3} = 28(cm)$이고 그릇에 채워진 물과 그

릇이 서로 닮은 도형이므로 닮음비는 $42 : 28 = 3 : 2$

수면의 반지름의 길이를 r cm라 하면 $30 : r = 3 : 2$

$\therefore r = 20$

$\therefore$ (수면의 넓이) $= \pi \times 20^2 = 400\pi(cm^2)$

4 큰 쇠구슬과 작은 쇠구슬의 닮음비가 $3 : 1$이므로

부피의 비는 $3^3 : 1^3 = 27 : 1$이다.

따라서 큰 쇠구슬 한 개를 녹여서 작은 쇠구슬 27개를 만들

수 있다.

또, 큰 쇠구슬 1개와 작은 쇠구슬 1개의 겉넓이의 비는

$3^2 : 1^2 = 9 : 1$이므로

(큰 쇠구슬의 겉넓이) : (작은 쇠구슬의 겉넓이의 합)

$= (9 \times 1) : (1 \times 27) = 1 : 3$

따라서 작은 쇠구슬의 겉넓이의 합은 처음의 큰 쇠구슬의 겉

넓이의 3배이다.

핵심 문제 02 48쪽

1 8 cm **2** 9 cm **3** $\frac{21}{4}$ cm **4** 2 cm

1 △ABC와 △ADB에서

∠A는 공통, $\overline{AB} : \overline{AD} = 12 : 9 = 4 : 3$

$\overline{AC} : \overline{AB} = 16 : 12 = 4 : 3$

$\therefore$ △ABC∽△ADB(SAS 닮음)

따라서 $\overline{BC} : 6 = 4 : 3$이므로

$3\overline{BC} = 24$에서 $\overline{BC} = 8(cm)$

2 △ABC와 △EBD에서

∠B는 공통, $\overline{AB} : \overline{EB} = 12 : 8 = 3 : 2$

$\overline{BC} : \overline{BD} = 9 : 6 = 3 : 2$

$\therefore$ △ABC∽△EBD(SAS 닮음)

따라서 $\overline{AC} : \overline{ED} = 3 : 2$이므로 $\overline{AC} : 6 = 3 : 2$,

$2\overline{AC} = 18$에서 $\overline{AC} = 9(cm)$

3 ∠FED = ∠DCB = 90°

∠FDE = ∠DBC(엇각)

$\therefore$ △FED∽△DCB(AA 닮음)

$\overline{FD} : \overline{DB} = \overline{ED} : \overline{CB}$, $\overline{FD} : (15 \times 2) = 15 : 24$

$\overline{FD} : 30 = 5 : 8$, $8\overline{FD} = 150$

$\therefore \overline{FD} = \frac{75}{4}(cm)$

$\overline{AF} + \overline{FD} = \overline{BC}$, $\overline{AF} + \frac{75}{4} = 24$

$\therefore \overline{AF} = \frac{96}{4} - \frac{75}{4} = \frac{21}{4}(cm)$

4 $\overline{AD} = \overline{BC} = 12$ cm이므로 $\overline{BF} = 12 - 9 = 3(cm)$

△BEF와 △CDF에서 ∠BFE = ∠CFD(맞꼭지각)

∠BEF = ∠CDF(엇각)

$\therefore$ △BEF∽△CDF(AA 닮음)

따라서 $\overline{BF} : \overline{CF} = \overline{BE} : \overline{CD}$이므로

$3 : 9 = \overline{BE} : 6$, $9\overline{BE} = 18$

$\therefore \overline{BE} = 2(cm)$

응용 문제 02 49쪽

예제 2 2, 18, 2, CAE, DAE, $\overline{BC}$, 12, 24, 18, 24, 63 / 63

1 $\frac{216}{7}$ cm **2** 4 cm **3** $\frac{57}{5}$ cm **4** 12 : 25

1 ∠AEB = ∠CFB = 90°

∠EAB = ∠FCB(평행사변형의 대각)

△AEB∽△CFB(AA 닮음)

$\overline{BE} : \overline{BF} = \overline{BA} : \overline{BC}$, $28 : 24 = 36 : \overline{BC}$

$7 : 6 = 36 : \overline{BC}$, $7\overline{BC} = 216$

$\therefore \overline{BC} = \frac{216}{7}(cm)$

2 △ABE와 △ECF에서

∠ABE=∠ECF=90°

∠BAE+∠AEB=∠AEB+∠CEF=90°이므로

∠BAE=∠CEF

△ABE∽△ECF(AA 닮음)

따라서 △ABE에서

$\overline{BE}:\overline{AE}=\frac{1}{2}\overline{BC}:\overline{AD}=\frac{1}{2}\overline{BC}:\overline{BC}=1:2$이므로

$\overline{CF}:\overline{EF}=1:2$

이때 $\overline{EF}=\overline{DF}$이므로

$\overline{EF}=\frac{2}{3}\overline{DC}=\frac{2}{3}\overline{AB}=\frac{2}{3}\times6=4(cm)$

3 △ABD와 △DCE에서

∠B=∠C=60°, ∠ADB=120°−∠CDE=∠DEC

이므로 △ABD∽△DCE(AA 닮음)

또, $\overline{BD}:\overline{DC}=2:3$이므로 $\overline{BD}=6(cm)$, $\overline{DC}=9(cm)$

따라서 $\overline{AB}:\overline{DC}=\overline{BD}:\overline{CE}$이므로 $15:9=6:\overline{CE}$

$15\overline{CE}=54$에서 $\overline{CE}=\frac{18}{5}(cm)$

$\therefore \overline{AE}=15-\frac{18}{5}=\frac{57}{5}(cm)$

4 △ADF∽△ABC(AA 닮음)이고 $\overline{AD}:\overline{AB}=2:5$이므로

△ADF : △ABC=$2^2:5^2=4:25$에서

$\triangle ADF=\frac{4}{25}\triangle ABC$

△FEC∽△ABC(AA 닮음)이고

$\overline{CF}:\overline{CA}=\overline{EF}:\overline{BA}=\overline{BD}:\overline{BA}=3:5$이므로

△FEC : △ABC=$3^2:5^2=9:25$에서

$\triangle FEC=\frac{9}{25}\triangle ABC$

$\square DBEF=\triangle ABC-\left(\frac{4}{25}\triangle ABC+\frac{9}{25}\triangle ABC\right)$

$=\frac{12}{25}\triangle ABC$

$\square DBEF:\triangle ABC=\frac{12}{25}:1=12:25$

핵심 문제 03   50쪽

1 24   **2** 4 cm   **3** 4 : 1   **4** 121 cm

1 △ABC∽△EDC(AA 닮음)이므로

$18:6=(x+6):10$, $6x+36=180$, $6x=144$

$\therefore x=24$

2 △ADE≡△ADC(RHA 합동)이므로

$\overline{AE}=\overline{AC}=12(cm)$

$\therefore \overline{AB}=12+3=15(cm)$

△ABC와 △DBE에서 ∠ACB=∠DEB=90°,

∠B는 공통

$\therefore$ △ABC∽△DBE(AA 닮음)

따라서 $\overline{BC}:3=15:5=3:1$이므로 $\overline{BC}=9(cm)$

$\therefore \overline{CD}=\overline{BC}-\overline{BD}=9-5=4(cm)$

3 △BCM≡△CDN(SAS 합동)이므로

△BCE에서 ∠EBC+∠ECB

　　　　=∠ECM+∠CND

　　　　=90°

$\therefore$ ∠BEC=∠CEM=90°

이때 ∠CBE=∠MCE이므로

△BCE∽△CME(AA 닮음)

따라서 $\overline{BC}:\overline{CM}=\overline{EC}:\overline{EM}=\overline{BE}:\overline{CE}=2:1$이므로

$\overline{BE}=2\overline{CE}=2\times2\overline{EM}=4\overline{EM}$

$\therefore \overline{BE}:\overline{EM}=4\overline{EM}:\overline{EM}=4:1$

4 △OBC에서 $\overline{OA}^2=\overline{AB}\times\overline{AC}$, $55^2=25\times\overline{AC}$

$\therefore \overline{AC}=121(cm)$

응용 문제 03   51쪽

예제 ❸ 12, 5, 144, $\frac{144}{13}$, $\frac{25}{13}$, $\frac{60}{13}$, $\frac{150}{13}$ / $\frac{150}{13}$

1 6 cm   **2** $\frac{864}{25}$ cm²   **3** 32 cm   **4** 41

1 $\overline{AD}^2=5\times20=100$　　$\therefore \overline{AD}=10(cm)$

점 M은 △ABC의 외심이므로

$\overline{AM}=\overline{BM}=\overline{CM}=\frac{25}{2}(cm)$

$\overline{DM}=\frac{25}{2}-5=\frac{15}{2}(cm)$

(△ADM의 넓이)=$\frac{1}{2}\times\frac{25}{2}\times\overline{DE}$

$=\frac{1}{2}\times\frac{15}{2}\times10$

$25\overline{DE}=150$　　$\therefore \overline{DE}=6(cm)$

2 △ABD와 △CAD에서 ∠ADB=∠CDA=90°

∠BAD+∠ABD=∠BAD+∠CAD=90°이므로

∠ABD=∠CAD

∴ △ABD∽△CAD(AA 닮음)

따라서 $\overline{AB}:\overline{CA}=12:16=3:4$이므로

$\overline{AD}=a$(cm)라 하면

$\overline{BD}:a=3:4$에서 $\overline{BD}=\dfrac{3}{4}a$,

$a:\overline{CD}=3:4$에서 $\overline{CD}=\dfrac{4}{3}a$

$\therefore \overline{BD}:\overline{CD}=\dfrac{3}{4}a:\dfrac{4}{3}a=9:16$

따라서 △ABD와 △CAD는 높이가 같고 밑변의 길이의 비가

9 : 16이므로

$$\triangle ABD=\dfrac{9}{25}\triangle ABC=\dfrac{9}{25}\times\left(\dfrac{1}{2}\times12\times16\right)$$
$$=\dfrac{864}{25}(cm^2)$$

3 △EBM과 △MCH에서 ∠EBM=∠MCH=90°,

∠BEM=90°-∠EMB=∠CMH

∴ △EBM∽△MCH(AA 닮음)

이때 $\overline{BM}=\overline{MC}=\dfrac{1}{2}\times16=8$(cm)이므로

△EBM과 △MCH의 닮음비는

$\overline{EB}:\overline{MC}=6:8=3:4$

$8:\overline{CH}=3:4$ $\therefore \overline{CH}=\dfrac{32}{3}$(cm)

$\overline{EM}=\overline{EA}=16-6=10$(cm)이므로

$10:\overline{MH}=3:4$ $\therefore \overline{MH}=\dfrac{40}{3}$(cm)

(△MCH의 둘레의 길이)$=8+\dfrac{32}{3}+\dfrac{40}{3}=32$(cm)

4 △DGF와 △GFC에서

∠FDG=∠CGF=90°, ∠GFD=90°-∠GFC=∠FCG

∴ △DGF∽△GFC(AA 닮음)

$4:5=5:\overline{CF}$ $\therefore \overline{CF}=\dfrac{25}{4}$(cm)

따라서 △DGF와 △FCA의 닮음비는

$\overline{DG}:\overline{FC}=4:\dfrac{25}{4}=16:25$

$a+b=16+25=41$

심화 문제 52~57쪽

01 19 **02** $\dfrac{21}{4}$ **03** $\dfrac{100}{9}$ cm **04** 1 : 11

05 $\dfrac{7}{2}$ **06** 32 **07** 20 cm **08** 32 : 315

09 5 cm² **10** 289 **11** $\dfrac{108}{7}$ **12** $\dfrac{9}{5}$ m

13 12 cm² **14** 12 **15** $\dfrac{272}{5}$ cm²

16 60 cm² **17** 4 **18** $\dfrac{220}{21}$

01 점 D를 지나고 $\overline{AC}$에 평행한 직선과 $\overline{BC}$의 연장선의 교점을 H, 직선 FG와 $\overline{DH}$의 교점을 I라 하자.

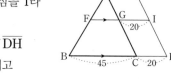

$\overline{AD}/\!/\overline{GI}/\!/\overline{CH}$, $\overline{AC}/\!/\overline{DH}$

이므로 $\overline{GI}=\overline{CH}=20$이고

$\overline{DI}:\overline{IH}=3:2$이다.

△DFI∽△DBH(AA 닮음)이고 닮음비는 3 : 5이므로

$(\overline{FG}+20):(45+20)=3:5$ $\therefore \overline{FG}=19$

02 $\overline{PH}/\!/\overline{DC}$이므로 △PBH∽△DBC(AA 닮음)

$\overline{BP}:\overline{BD}=\overline{PH}:\overline{DC}=3:7$

또한 $\overline{AB}/\!/\overline{CD}$이므로 △ABP∽△CDP(AA 닮음)

$\therefore \overline{AB}:\overline{CD}=\overline{BP}:\overline{PD}=\overline{BP}:(\overline{BD}-\overline{BP})$

$\therefore \overline{AB}:7=3:(7-3)$

$\therefore \overline{AB}=\dfrac{21}{4}$

03 $\overline{DE}=5x$, $\overline{EF}=3x$라 하면

△FBE∽△ABC(AA 닮음)

이므로 $\overline{BE}=4x$

또한 △AGD∽△ABC

(AA 닮음)이므로 $\overline{AD}=\dfrac{9}{4}x$

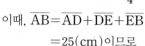

이때, $\overline{AB}=\overline{AD}+\overline{DE}+\overline{EB}$

$=25$(cm)이므로

$\dfrac{9}{4}x+5x+4x=25$ $\therefore x=\dfrac{20}{9}$

$\therefore \overline{FG}=5\times\dfrac{20}{9}=\dfrac{100}{9}$(cm)

04 정사각형은 모두 닮음이므로 정사각형 안에 그린 사분원은 모두 닮음이다.

사분원의 호의 길이의 비는 사분원의 반지름의 길이이 비와

같고, 사분원의 첫 번째부터 10번째까지의 반지름의 길이는
각각 다음과 같다.

1, 1, 2, 3, 5, 8, 13, 21, 34, 55

따라서 5번째와 10번째의 사분원의 호의 길이의 비는

$5 : 55 = 1 : 11$

05 오른쪽 그림의 $\triangle ABG$와
$\triangle EBG$에서

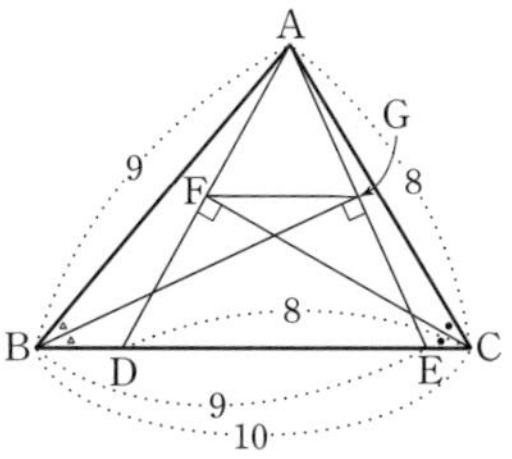

$\angle ABG = \angle EBG$,

$\angle AGB = \angle EGB = 90°$,

$\overline{BG}$는 공통이므로

$\triangle ABG \equiv \triangle EBG$

(ASA 합동)

$\therefore \overline{AG} = \overline{EG}$, $\overline{AB} = \overline{EB} = 9$

같은 방법으로 $\triangle ACF \equiv \triangle DCF$(ASA 합동)이므로

$\overline{AF} = \overline{DF}$, $\overline{AC} = \overline{DC} = 8$

이때 $\overline{BD} = \overline{BC} - \overline{CD} = 10 - 8 = 2$이므로

$\overline{DE} = \overline{BE} - \overline{BD} = 9 - 2 = 7$

한편 $\triangle ADE$에서 $\overline{AF} = \overline{DF}$, $\overline{AG} = \overline{EG}$이므로

$\overline{FG} = \dfrac{1}{2}\overline{DE} = \dfrac{7}{2}$

06 $\angle BAC = \angle PCQ = \angle QPR$,

$\angle ACP = \angle CPQ = \angle PQR = \angle ABC$

$\triangle ACP \circ \triangle ABC$(AA닮음)이므로

$\overline{PC} : \overline{CB} = \overline{AC} : \overline{AB}$

$\overline{PC} : 15 = 8 : 17$ $\therefore \overline{PC} = \dfrac{8 \times 15}{17}$

$\triangle CPQ \circ \triangle ABC$(AA 닮음)이므로 $\overline{PC} : \overline{BA} = \overline{PQ} : \overline{BC}$

$\dfrac{8 \times 15}{17} : 17 = \overline{PQ} : 15$ $\therefore \overline{PQ} = \dfrac{8 \times 15^2}{17^2}$

$\triangle PQR \circ \triangle ABC$(AA 닮음)이므로 $\overline{PQ} : \overline{AB} = \overline{QR} : \overline{BC}$

$\dfrac{8 \times 15^2}{17^2} : 17 = \overline{QR} : 15$ $\therefore \overline{QR} = \dfrac{8 \times 15^3}{17^3}$

따라서 $\overline{QR} : \overline{PC} = \dfrac{8 \times 15^3}{17^3} : \dfrac{8 \times 15}{17} = 15^2 : 17^2$이므로

$m = 15$, $n = 17$ $\therefore m + n = 32$

07 $\angle EDF = \angle BAD + \angle ABD$

$= \angle BAD + \angle CAF = \angle BAC$이고

$\angle DEF = \angle EBC + \angle BCE$

$= \angle EBC + \angle ABD = \angle ABC$이다.

$\therefore \triangle ABC \circ \triangle DEF$(AA 닮음)

또한 $\overline{AB} : \overline{DE} = \overline{BC} : \overline{EF} = \overline{AC} : \overline{DF} = 16 : 8 = 2 : 1$

이므로

$\overline{DE} = 5\,\text{cm}$, $\overline{EF} = 7\,\text{cm}$이다.

따라서 $\triangle DEF$의 둘레의 길이는 $8 + 5 + 7 = 20\,(\text{cm})$

08 $\angle CGD = \angle CFB$(동위각),

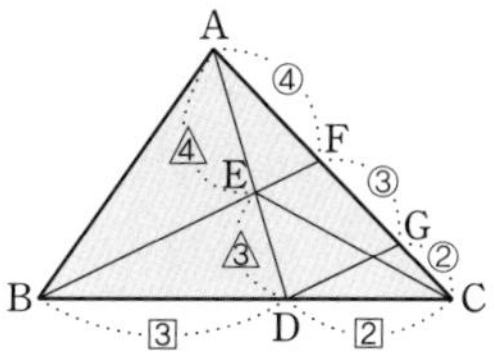

$\angle GDC = \angle FBC$(동위각)

이므로

$\triangle CGD \circ \triangle CFB$(AA 닮음)

이고

$\overline{FG} : \overline{GC} = \overline{BD} : \overline{CD} = 3 : 2$

$\angle AFE = \angle AGD$(동위각), $\angle AEF = \angle ADG$(동위각)

이므로 $\triangle AEF \circ \triangle ADG$(AA 닮음)이고

$\overline{AE} : \overline{ED} = \overline{AF} : \overline{FG} = 4 : 3$

$\therefore \overline{AF} : \overline{FG} : \overline{GC} = 4 : 3 : 2$

또 $\overline{AF} : \overline{AC} = 4 : 9$, $\overline{AE} : \overline{AD} = 4 : 7$, $\overline{DC} : \overline{BC} = 2 : 5$

이므로

$\triangle AEF = \dfrac{4}{9}\triangle AEC = \dfrac{4}{9} \times \dfrac{4}{7}\triangle ADC$

$= \dfrac{16}{63} \times \dfrac{2}{5}\triangle ABC = \dfrac{32}{315}\triangle ABC$

$\therefore \triangle AEF : \triangle ABC = 32 : 315$

09 $\overline{AD}$의 중점 H와 점 F를 이은
$\overline{HF}$와 $\overline{ED}$와 교점을 I라 하자. 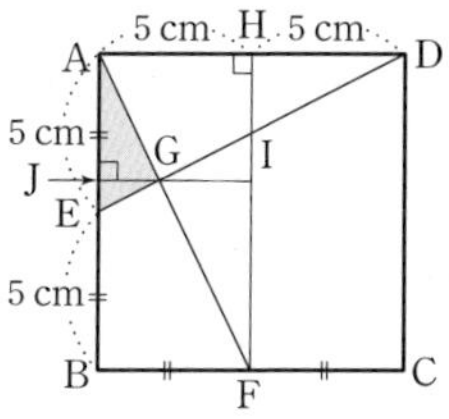
$\triangle DAE \circ \triangle DHI$(AA 닮음)
이므로

$\overline{HI} = \dfrac{1}{2} \times 5 = \dfrac{5}{2}\,(\text{cm})$이고,

$\overline{IF} = 10 - \dfrac{5}{2} = \dfrac{15}{2}\,(\text{cm})$이다.

$\angle EAG = \angle IFG$(엇각), $\angle AEG = \angle FIG$(엇각)이므로

$\triangle AEG \circ \triangle FIG$(AA 닮음)이고 닮음비는 $5 : \dfrac{15}{2} = 2 : 3$

점 G를 지나면서 $\overline{AH}$와 평행한 직선과 $\overline{AB}$의 교점을 J라 하면

$\overline{JG} = 5 \times \dfrac{2}{5} = 2\,(\text{cm})$이므로 $\triangle AEG$의 넓이는

$\dfrac{1}{2} \times 5 \times 2 = 5\,(\text{cm}^2)$

10 오른쪽 그림에서 색칠한 3개의 삼
각형은 모두 $\triangle ABC$와 닮음인 도
형이다.
그러므로 세 삼각형의 넓이의 비가

$9 : 25 : 81$이므로

세 삼각형의 닮음비는 $3 : 5 : 9$이다.

따라서 색칠한 삼각형 중 가장 큰 삼각형과 $\triangle ABC$의 닮음

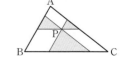

비는 $9:(3+5+9)=9:17$이므로

넓이의 비는 $9^2:17^2$이다.

그러므로 $\triangle ABC$의 넓이는 $17\times17=289$이다.

11 오른쪽 그림과 같이

$\overline{AD}=a$, $\overline{AB}=b$

라고 하면 다음이 성립한다.

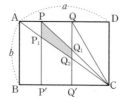

$\overline{AP}=\dfrac{1}{4}a$, $\overline{PQ}=\dfrac{1}{3}a$, $\overline{PP_1}=\dfrac{1}{4}b$

$\overline{PQ}:\overline{QD}=\dfrac{1}{3}:\left(1-\dfrac{1}{4}-\dfrac{1}{3}\right)=4:5$

이므로

$\triangle PQQ_1\infty\triangle PDC$(AA 닮음)이고

닮음비는 $4:9$이므로 $\overline{QQ_1}=\dfrac{4}{9}b$이고

$\triangle AQQ_2\infty\triangle ADC$(AA 닮음)이고

닮음비는 $7:12$이므로 $\overline{QQ_2}=\dfrac{7}{12}b$

$\therefore \overline{Q_1Q_2}=\dfrac{7}{12}b-\dfrac{4}{9}b=\dfrac{5}{36}b$

그런데 색칠한 사각형의 넓이가 1이므로

$1=\dfrac{1}{2}\times\left(\dfrac{1}{4}b+\dfrac{5}{36}b\right)\times\dfrac{1}{3}a=\dfrac{7}{108}ab$ $\therefore ab=\dfrac{108}{7}$

따라서 구하는 직사각형의 넓이는 $\dfrac{108}{7}$이다.

12 오른쪽 그림과 같이 꺾이지 않은 담벼락에 생긴 그림자의 길이를 $\overline{DC}$라 하면

$\overline{DC}=1+2=3$(m)이고, 전봇대에서 담벼락까지의 거리를 $\overline{BC}$라 하면 $\overline{BC}=5+1=6$(m)

$\overline{AD}$와 $\overline{BC}$의 연장선이 만나는 점을 E라 하면 담벼락이 없을 때 그림자의 길이와 같다.

$\triangle ABE\infty\triangle DCE$(AA 닮음)이므로 $\overline{CE}=x$ m라 하면

$\overline{AB}:\overline{DC}=\overline{BE}:\overline{CE}$에서 $8:3=(6+x):x$

$\therefore x=\dfrac{18}{5}$(m)

$3:\dfrac{18}{5}=1.5:y$ $\therefore y=\dfrac{9}{5}$(m)

13

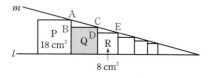

정사각형 P, Q, R의 한 변의 길이를 각각 p, q, r라고 하면

$\overline{AB}=p-q$, $\overline{CD}=q-r$이고 $\triangle ABC\infty\triangle CDE$이므로

$\overline{AB}:\overline{CD}=\overline{BC}:\overline{DE}$

$(p-q):(q-r)=q:r$

$r(p-q)=q(q-r)$, $q^2=pr$

또한 정사각형 P, R의 넓이는 각각 $18\,\mathrm{cm^2}$, $8\,\mathrm{cm^2}$이므로

$p^2=18$, $r^2=8$

$\therefore (q^2)^2=p^2\times r^2=18\times8=144$이므로 $q^2=12$

따라서 정사각형 Q의 넓이는 $12\,\mathrm{cm^2}$이다.

14 $\overline{EF}$의 연장선과 $\overline{CB}$의 연장선의 교점을 H라 하면

$\triangle AEF\equiv\triangle BEH$(ASA 합동)이고

$\triangle AGF\infty\triangle CGH$(AA 닮음)이므로

$\overline{BH}=\overline{AF}=\dfrac{1}{4}\overline{AD}$이다.

$\therefore \dfrac{\overline{AG}}{\overline{GC}}=\dfrac{\overline{AF}}{\overline{CH}}=\dfrac{\overline{AF}}{\overline{CB}+\overline{BH}}=\dfrac{\dfrac{1}{4}\overline{AD}}{\overline{AD}+\dfrac{1}{4}\overline{AD}}=\dfrac{1}{5}$

따라서 $\overline{AC}=6\cdot\overline{AG}=6\times2=12$

15 $\triangle BCK\infty\triangle BIH$(AA 닮음)이므로 $\overline{BC}:\overline{BI}=\overline{CK}:\overline{IH}$

$2:20=\overline{CK}:8$ $\therefore \overline{CK}=\dfrac{4}{5}$(cm)

또한 $\triangle BCK\infty\triangle BJL$(AA 닮음)이므로

$\overline{BC}:\overline{BJ}=\overline{CK}:\overline{JL}$

$2:12=\dfrac{4}{5}:\overline{JL}$ $\therefore \overline{JL}=\dfrac{24}{5}$(cm)

따라서 색칠한 부분의 넓이는

$(\square ABCD+\square GJIH)-(\triangle BCK+\triangle GLH)$

$(4+64)-\left(\dfrac{4}{5}+\dfrac{64}{5}\right)=\dfrac{272}{5}$(cm^2)

16 $\triangle DQP=12$(cm^2),

$\triangle QCP=4$(cm^2)이므로

$\overline{DQ}:\overline{QC}=3:1$

$\triangle AQD\infty\triangle PQC$(AA 닮음)이므로

$\triangle AQD=9\triangle PQC=36$(cm^2)

점 A와 점 C를 연결하는 대각선을 그으면

$\triangle ACQ=\dfrac{1}{3}\triangle AQD=12$(cm^2)이다.

$\triangle ACD=\triangle ACQ+\triangle AQD$

$\qquad=12+36=48$(cm^2)

$\therefore \triangle ABC=\triangle ACD=48$(cm^2)

따라서 $\square ABCQ=\triangle ABC+\triangle ACQ$

$\qquad=48+12=60$(cm^2)

17 오른쪽 △ABC에서 $\overline{BC}$, $\overline{AC}$의 중점을 P, Q라 하면
△CPQ∽△CBA(SAS 닮음)이므로
$\overline{PQ} /\!/ \overline{BA}$(동위각 같음),
$\overline{PQ}=\dfrac{1}{2}\overline{BA}$

따라서 △EPQ∽△EAB
(AA 닮음)이고 닮음비는
$\overline{PQ} : \overline{AB}=1 : 2$이므로
$\overline{AE} : \overline{EP}=2 : 1$이다.
△PEF∽△PAD(SAS 닮음)
이므로 $\overline{EF} : \overline{AD}=1 : 3$
또한 정사면체의 모든 모서리의 길이는 같으므로
새로 만든 정사면체와 정사면체 A−BCD의 닮음비는 1 : 3
이다.
따라서 부피의 비는 $1^3 : 3^3=1 : 27$이므로
새로 만든 정사면체의 부피는 $108\times\dfrac{1}{27}=4$이다.

18 □ABCD가 직사각형이므로 $\overline{AG} /\!/ \overline{HC}$이고
□AFCE가 직사각형이므로 $\overline{AH} /\!/ \overline{GC}$이다.
따라서 □AHCG는 평행사변형이므로 $\overline{AG}=\overline{HC}$
△ABH와 △CFH에서 ∠ABH=∠CFH=90°,
∠AHB=∠CHF(맞꼭지각)
따라서 △ABH∽△CFH(AA 닮음)이고 닮음비는
$\overline{AB} : \overline{CF}=4 : 10=2 : 5$
$\overline{CH}=x$, $\overline{FH}=y$라고 하면
$\overline{BH} : \overline{FH}=(12-x) : y=2 : 5$에서
$5(12-x)=2y$　∴ $5x+2y=60 \cdots ㉠$
$\overline{AH} : \overline{CH}=(8-y) : x=2 : 5$에서 $5(8-y)=2x$
∴ $2x+5y=40 \cdots ㉡$
㉠, ㉡을 연립하여 풀면 $x=\dfrac{220}{21}$, $y=\dfrac{80}{21}$
따라서 $\overline{AG}=\overline{HC}=\dfrac{220}{21}$

---

01 정육각형의 한 내각의 크기는 $\dfrac{180°\times(6-2)}{6}=120°$
∠IAH=30°, ∠AHI=90°, ∠AIH=60°
따라서 △AIH는 세 내각의 크기가 30°, 60°, 90°인 직각삼각
형이다.
△AJS와 같이 2개의 도형으로 이루어진 삼각형 :
$4\times6=24$(개)
△ABK와 같이 3개의 도형으로 이루어진 삼각형 :
$2\times6=12$(개)
△ACN과 같이 6개의 도형으로 이루어진 삼각형 :
$2\times6=12$(개)
△ACD와 같이 8개의 도형으로 이루어진 삼각형 :
$2\times6=12$(개)
따라서 △AIH와 합동이 아닌 닮음인 삼각형의 개수는
$24+3\times12=60$(개)이다.

02 삼각형 ABC는 직각삼각형이므로 새로 만든 모든 직각삼각
형은 닮음이고 밑변과 높이의 비는 40 : 30=4 : 3이다.
밑변의 길이와 높이가 자연수인 가장 작은 삼각형은 밑변이
4 cm이고 높이는 3 cm이다.
직각삼각형의 밑변은 차례로 4 cm, 8 cm, 12 cm, 16 cm,
…, 36 cm로 9개이고
높이는 차례로 3 cm, 6 cm, 9 cm, …, 27 cm로 9개이다.
따라서 새로운 직각삼각형들의 넓이의 합은
$\dfrac{1}{2}\times4\times3+\dfrac{1}{2}\times8\times6+\cdots+\dfrac{1}{2}\times36\times27$
$=\dfrac{1}{2}\times4\times3\times(1^2+2^2+3^2+\cdots+9^2)=1710\,(\text{cm}^2)$

03 $\overline{EF}$의 연장선이 $\overline{AD}$의 연장선,
$\overline{BC}$의 연장선과 만나는 점을 각
각 H, I라 하면
△HFD∽△IFC이므로
$\overline{HD} : \overline{IC}=\overline{DF} : \overline{CF}=5 : 3$
에서 $\overline{HD}=5a$, $\overline{IC}=3a$
△HEA∽△IEB이므로
$\overline{HA} : \overline{IB}=\overline{AE} : \overline{BE}=2 : 7$에서 $\overline{HA}=2b$, $\overline{IB}=7b$
$\overline{AD}=\overline{HD}-\overline{HA}=5a-2b$, $\overline{BC}=\overline{BI}-\overline{CI}=7b-3a$
$\overline{AD} : \overline{BC}=2 : 5$이므로

$(5a-2b):(7b-3a)=2:5$ $\therefore a=\dfrac{24}{31}b$

또한 $\triangle$HGD$\backsim\triangle$IGB에서

$\overline{DG}:\overline{BG}=\overline{HD}:\overline{IB}=5a:7b$

$\qquad =\left(5\times\dfrac{24}{31}b\right):7b=120:217$

$x:\overline{BG}=120:217$ $\therefore\overline{BG}=\dfrac{217}{120}x$

04 $\overline{AD}$의 연장선과 $\overline{BE}$의 연장선의
교점을 F라 하면 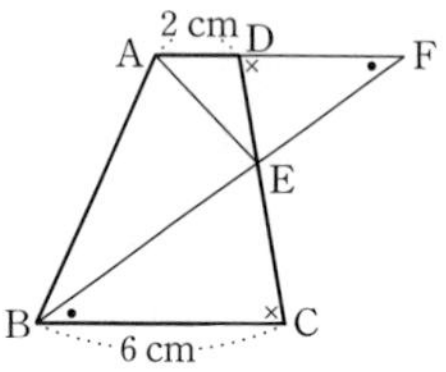
$\triangle$DEF$\backsim\triangle$CEB(AA 닮음)
이므로

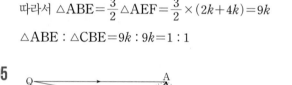

$\overline{DF}:\overline{CB}=\overline{DE}:\overline{CE}=2:3$

에서 $\overline{DF}=\dfrac{2}{3}\overline{CB}=4$(cm)

또 $\triangle$EFD$:\triangle$EBC$=2^2:3^2=4:9$이므로

$\triangle$EFD$=4k$(cm^2)라 하면

$\triangle$EBC$=9k$(cm^2)이고, $\triangle$AED$=2k$ cm^{2}이다.

따라서 $\triangle$ABE$=\dfrac{3}{2}\triangle$AEF$=\dfrac{3}{2}\times(2k+4k)=9k$

$\triangle$ABE$:\triangle$CBE$=9k:9k=1:1$

05

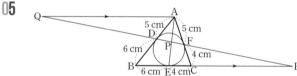

$\overline{AD}=\overline{AF}$, $\overline{FC}=\overline{EC}$, $\overline{DB}=\overline{EB}$이므로

$\overline{AD}=\overline{AF}=5$ cm, $\overline{FC}=\overline{EC}=4$ cm, $\overline{DB}=\overline{EB}=6$ cm

위의 그림과 같이 두 점 Q, R를 정하자.

$\angle$AQF$=\angle$CRF, $\angle$AFQ$=\angle$CFR

$\therefore\triangle$QFA$\backsim\triangle$RFC(AA 닮음)

즉 $\overline{AQ}:\overline{CR}=\overline{AF}:\overline{CF}=5:4$이므로

$\overline{CR}=4k$, $\overline{AQ}=5k(k>0)$라 하자.

또한 $\angle$DQA$=\angle$DRB, $\angle$ADQ$=\angle$BDR

$\therefore\triangle$QDA$\backsim\triangle$RDB(AA 닮음)

즉 $\overline{AQ}:\overline{BR}=\overline{AD}:\overline{BD}=5:6$에서

$5k:(10+4k)=5:6$ $\therefore k=5$

$\therefore\overline{AQ}=25$ cm, $\overline{CR}=20$ cm

이때, $\angle$AQP$=\angle$ERP, $\angle$APQ$=\angle$EPR이므로

$\triangle$APQ$\backsim\triangle$EPR(AA 닮음)이고

$\overline{AP}:\overline{EP}=\overline{AQ}:\overline{ER}=25:(4+20)=25:24$

06 $\triangle$ACD$\backsim\triangle$BCF
(AA 닮음)이므로

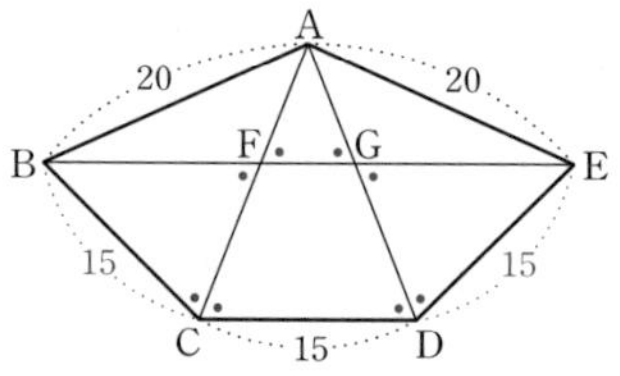

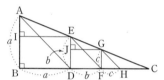

$\overline{AC}:\overline{BC}=\overline{CD}:\overline{CF}$,

$20:15=15:\overline{CF}$,

$20\overline{CF}=225$

$\therefore\overline{CF}=\dfrac{45}{4}$ $\therefore\overline{AF}=20-\dfrac{45}{4}=\dfrac{35}{4}$

$\triangle$ACD$\backsim\triangle$AFG(AA 닮음)이므로

$\overline{AC}:\overline{AF}=\overline{CD}:\overline{FG}$, $20:\dfrac{35}{4}=15:\overline{FG}$,

$20\overline{FG}=15\times\dfrac{35}{4}$ $\therefore\overline{FG}=\dfrac{105}{16}$

그런데 $\triangle$BCF와 $\triangle$EGD가 합동인 이등변삼각형이므로

$\overline{BC}=\overline{BF}=\overline{GE}=15$ $\therefore\overline{BE}=15+\dfrac{105}{16}+15=\dfrac{585}{16}$

07 점 E에서 $\overline{AB}$에 내린 수
선의 발을 I라 하고 점 G
에서 $\overline{ED}$에 내린 수선의
발을 J라 하고,
$\overline{AB}=\overline{BD}=a$, $\overline{ED}=\overline{DF}=b$,
$\overline{GF}=\overline{FH}=c$라 하자.

$\triangle$AIE$\backsim\triangle$EJG(AA 닮음)이므로

$\overline{AI}:\overline{EJ}=\overline{IE}:\overline{JG}$, $(a-b):(b-c)=a:b$

$ab-b^2=ab-ac$ $\therefore b^2=ac$

$\triangle$ABD의 넓이가 81이므로 $\dfrac{1}{2}a^2=81$

$\therefore a^2=162$ …… ㉠

$\triangle$GFH의 넓이가 9이므로 $\dfrac{1}{2}c^2=9$ $\therefore c^2=18$ …… ㉡

㉠, ㉡을 변끼리 곱하면 $a^2c^2=162\times18=2916$

$\therefore ac=54(\because ac>0)$

$\therefore\triangle$EDF$=\dfrac{1}{2}b^2=\dfrac{1}{2}ac=\dfrac{54}{2}=27$

08 삼각형 EBC의 넓이와 직사각형
ABCD의 넓이가 같으므로
오른쪽 그림에서

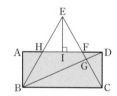

$\overline{AH}=\overline{FD}=\dfrac{1}{2}\overline{HF}$이다.

$\triangle$FGD$\backsim\triangle$CGB(AA 닮음)이고

$\overline{FG}:\overline{CG}=\overline{DG}:\overline{BG}=\overline{FD}:\overline{CB}=1:4$

($\triangle$GCD의 넓이)

$=4\times\triangle$FGD$=4\times3=12$(cm^2)

($\triangle$GBC의 넓이)

$=4\times\triangle$GCD$=4\times12=48$(cm^2)

(□ABCD의 넓이)
$$=2\times\triangle BCD$$
$$=2\times(12+48)=120\,(cm^2)$$

09 $\overline{AB}=\overline{AD}=a$라 하자.

$\angle BAC=\angle DAC=45°$이고,

$\triangle ABE$와 $\triangle AHF$에서

$\angle ABE=\angle AHF=90°$

$\angle BAE=45°-\angle EAG$

$\qquad =\angle HAF$이므로

$\triangle ABE\backsim\triangle AHF$ (AA 닮음)

$\therefore \overline{AE}:\overline{AF}=\overline{AB}:\overline{AH}=a:9 \cdots$ ㉠

$\triangle AEG$와 $\triangle AFD$에서

$\angle AGE=\angle ADF=90°$, $\angle EAG=\angle FAD$이므로

$\triangle AEG\backsim\triangle AFD$ (AA 닮음)

$\therefore \overline{AE}:\overline{AF}=\overline{AG}:\overline{AD}=7:a \cdots$ ㉡

㉠, ㉡에 의해 $a:9=7:a$ $\qquad\therefore a^2=63$

$\therefore \square ABCD=a^2=63$

10 오른쪽 그림과 같이 $\overline{DE}$의 연장선과 $\overline{BC}$의 연장선의 교점을 R라 하면

$\triangle AED$와 $\triangle BER$에서

$\overline{EA}=\overline{EB}=\dfrac{1}{2}\times6=3$

$\angle EAD=\angle EBR=90°$,

$\angle AED=\angle BER$ (맞꼭지각)이므로

$\triangle AED\equiv\triangle BER$ (ASA 합동)

$\therefore \overline{BR}=\overline{AD}=4$, $\overline{ER}=\overline{ED}=5$

이때 $\triangle IQD\backsim\triangle FQR$ (AA 닮음)이므로

$\overline{DQ}$의 길이를 x라 하면 $\overline{ID}:\overline{FR}=\overline{DQ}:\overline{RQ}$에서

$1:6=x:(10-x)$ $\qquad\therefore x=\dfrac{10}{7}$

$\triangle HPD\backsim\triangle FPR$ (AA 닮음)이므로 $\overline{HD}:\overline{FR}=\overline{DP}:\overline{RP}$

$\overline{RP}$의 길이를 y라 하면 $3:6=(10-y):y$ $\qquad\therefore y=\dfrac{20}{3}$

$\therefore \overline{PQ}=10-\left(\dfrac{10}{7}+\dfrac{20}{3}\right)=\dfrac{40}{21}$

11 점 F가 $\triangle ABC$의 내심이므로 $\angle DAF=\angle EAF$이고

$\angle AFD=\angle AFE=90°$이므로

$\triangle ADF\equiv\triangle AEF$ (ASA 합동)

$\therefore \angle ADF=\angle AEF$, $\angle BDF=\angle CEF$, $\overline{DF}=\overline{EF}=10$

또한 $\angle BFC=180°-\dfrac{1}{2}\angle B-\dfrac{1}{2}\angle C$이므로

$\angle BFD+\angle CFE+180°-\dfrac{1}{2}\angle B-\dfrac{1}{2}\angle C=180°$

$\therefore \angle BFD+\angle CFE=\dfrac{1}{2}\angle B+\dfrac{1}{2}\angle C \cdots$ ①

한편 $\triangle ABF$와 $\triangle ACF$에서

$\dfrac{1}{2}\angle A+\dfrac{1}{2}\angle B+90°+\angle BFD=180° \cdots$ ②

$\dfrac{1}{2}\angle A+\dfrac{1}{2}\angle C+90°+\angle CFE=180° \cdots$ ③

②-③에서 $\dfrac{1}{2}\angle B=\dfrac{1}{2}\angle C+\angle CFE-\angle BFD \cdots$ ④

④를 ①에 대입하면

$\angle BFD+\angle CFE=\angle C+\angle CFE-\angle BFD$

$\therefore \angle BFD=\dfrac{1}{2}\angle C$, $\angle CFE=\dfrac{1}{2}\angle B$

따라서 $\triangle DBF\backsim\triangle EFC$ (AA 닮음)이므로

$\overline{DB}:\overline{EF}=\overline{DF}:\overline{EC}$

$\overline{DB}\times\overline{EC}=\overline{EF}\times\overline{DF}=10\times10=100$

12 $\angle CDA=a°$, $\angle BDC=b°$라 하면

$\triangle ADB$는 정삼각형이므로 $a°+b°=60°$

$\triangle ADC$는 $\overline{AD}=\overline{AC}$인 이등변삼각형이므로 $\angle DCA=a°$

주어진 도형은 직선 AS에 대하여 대칭이므로

$\angle ABE=\angle DCA=a°$, $\angle CEP=b°$

(i) $\triangle DBP$에서 $180°=\angle PDB+\angle DBP+\angle BPD$

$\qquad\qquad\qquad =b°+(60°+a°)+\angle BPD$이므로

$\qquad \angle BPD=60°$

(ii) $\triangle ERC$에서 $\angle CER=b°$, $\angle RCE=60°$이므로

$\qquad \angle ERC=60°+a°$

(iii) $\triangle ARP$에서 $\angle PRA=60°+a°$ (맞꼭지각)이다.

$\qquad \angle BPQ+\angle QPA+\angle APR=180°$이고

$\qquad \angle BPQ=60°$, $\angle QPA=\angle APR$이므로 $\angle APR=60°$

(i)~(iii)에 의해 $\triangle DBP\backsim\triangle ERC\backsim\triangle ARP$

$\dfrac{\overline{DB}}{\overline{BP}}=\dfrac{\overline{ER}}{\overline{RC}}=\dfrac{\overline{AR}}{\overline{RP}}=\dfrac{3}{2}$

따라서 $2\left(\dfrac{\overline{DB}}{\overline{BP}}+\dfrac{\overline{ER}}{\overline{RC}}+\dfrac{\overline{AR}}{\overline{RP}}\right)=2\times\dfrac{9}{2}=9$

13 $\triangle AEB$와 $\triangle ADC$에서

$\overline{AB}=\overline{AC}$,

$\angle EAB=\angle DAC=60°$

$\overline{AE}=\overline{AD}$이므로

$\triangle AEB\equiv\triangle ADC$ (SAS 합동)

$\therefore \angle ABE=\angle ACD$

또한, $\triangle ADC$와 $\triangle FDB$에서 $\angle ADC=\angle FDB$ (맞꼭지각)

$\therefore \triangle ADC\backsim\triangle FDB$ (AA 닮음)

$\overline{AD} : \overline{DB} = 5 : 2$이므로 $\overline{AD} = 5k$, $\overline{DB} = 2k$라 하면

$\overline{AB} = \overline{AC} = 5k + 2k = 7k$이고

$\overline{AC} : \overline{AD} = \overline{BF} : \overline{FD} = 7k : 5k = 7 : 5$

$\therefore \dfrac{\overline{FD}}{\overline{BF}} = \dfrac{5}{7}$

14 오른쪽 그림과 같이 $\overline{AC}$ 위에 $\overline{BD} /\!/ \overline{EP}$가 되도록 점 E를 잡으면

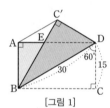

△COD에서

$\overline{CP} : \overline{CD} = \overline{CE} : \overline{CO} = \overline{EP} : \overline{OD} = 2 : 5$

$\therefore \overline{EP} = \dfrac{2}{5}\overline{OD}$

또, $\overline{AO} : \overline{AE} = \overline{OQ} : \overline{EP} = 5 : 8$이므로

$\overline{OQ} = \dfrac{5}{8} \times \overline{EP} = \dfrac{5}{8} \times \dfrac{2}{5}\overline{OD} = \dfrac{1}{4}\overline{OD}$

$\therefore \triangle AOQ = \dfrac{1}{4}\triangle AOD = \dfrac{1}{4} \times \dfrac{1}{4}\square ABCD$

$= \dfrac{1}{16} \times 120 = \dfrac{15}{2}$

15

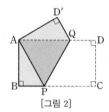

[그림 1]에서 종이를 접었으므로 $\overline{AB} = \overline{C'D} = 15$

$\square ABCD$는 직사각형이고 $\angle BDC = 60°$이므로

$\angle ADB = \angle DBC = 30°$(엇각)

종이를 접었으므로 $\angle DBC' = \angle DBC = 30°$,

$\angle BDC' = \angle BDC = 60°$이다.

△EBD는 $\angle BED = 120°$이고 $\overline{EB} = \overline{ED}$인 이등변삼각형이다.

$\overline{AC'}$를 그으면 △EC'A는

$\angle C'EA = \angle BED = 120°$(맞꼭지각)이고

$\overline{EC'} = \overline{EA}$인 이등변삼각형이므로

△EBD∽△EC'A이고 닮음비는 2 : 1이다.

$\overline{BC} = a$라 하면

$S = \overline{AB} + \overline{BD} + \overline{DC'} + \overline{C'E} + \overline{AE}$

$= 15 + 30 + 15 + \dfrac{1}{3}a + \dfrac{1}{3}a = 60 + \dfrac{2}{3}a$

[그림 2]에서 $\angle BAP = 90° - \angle PAQ$,

$\angle QAD' = 90° - \angle PAQ$이므로 $\angle BAP = \angle QAD'$

$\overline{AB} = \overline{AD'} = 15$이므로

△ABP≡△AD'Q(ASA 합동)이다.

$\overline{BC} = a$라 하면

$a = \overline{AQ} + \overline{QD} = \overline{AP} + \overline{QD'} = 2\overline{D'Q} + \overline{D'Q} = 3\overline{D'Q}$이므로

$\overline{D'Q} = \dfrac{1}{3}a$

$T = \overline{AB} + \overline{BP} + \overline{PQ} + \overline{QD'} + \overline{D'A}$

$= 15 + \dfrac{1}{3}a + \dfrac{2}{3}a + \dfrac{1}{3}a + 15 = 30 + \dfrac{4}{3}a$

사각형 ABCD의 둘레의 길이는 $30 + 2a$이므로 $S + T$와의 차는 $(90 + 2a) - (30 + 2a) = 60$이다.

16

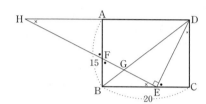

$\overline{BE} = 20 \times \dfrac{5}{8} = \dfrac{25}{2}$, $\overline{EC} = 20 \times \dfrac{3}{8} = \dfrac{15}{2}$이고

△BEF∽△CDE(AA 닮음)이므로

$\overline{BF} = \dfrac{25}{4}$, $\overline{AF} = \dfrac{35}{4}$

또한 $\overline{EF}$의 연장선과 $\overline{DA}$의 연장선의 교점을 H라 하면

△EBF∽△HAF(AA 닮음)이고

$\overline{AH} : \overline{BE} = \overline{AF} : \overline{BF}$에서 $\overline{AH} = \dfrac{\dfrac{25}{2} \times \dfrac{35}{4}}{\dfrac{25}{4}} = \dfrac{35}{2}$

따라서 △EBG∽△HDG(AA 닮음)이므로

$\overline{BG} : \overline{DG} = \overline{BE} : \overline{DH} = \dfrac{25}{2} : \left(20 + \dfrac{35}{2}\right) = 1 : 3$

17 오른쪽 그림에서 $\overline{AB} = 2a$라 하고, $\overline{BC}$의 연장선과 $\overline{AM}$의 연장선 및 $\overline{EM}$의 연장선의 교점을 각각 G, F라 하자.

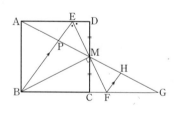

△EDM≡△FCM(ASA 합동)이고,

△BEF는 이등변삼각형이다.

점 M은 이등변삼각형의 밑변의 중점이므로

$\angle EMB = \angle FMB = 90°$

△BMF에서 $\overline{MC}^2 = \overline{BC} \cdot \overline{CF}$이므로

$a^2 = 2a \times \overline{CF}$ $\therefore \overline{CF} = \dfrac{a}{2}$

△ADM≡△GCM(ASA 합동)이므로

$\overline{CG} = \overline{AD} = 2a$ $\therefore \overline{FG} = 2a - \dfrac{a}{2} = \dfrac{3}{2}a$

점 F에서 $\overline{BE}$와 평행한 선을 긋고, $\overline{AG}$와의 교점을 H라 하

면 $\triangle GFH \circ \triangle GBP$ (AA 닮음)

$\overline{FH} : \overline{BP} = \overline{GF} : \overline{GB} = \dfrac{3}{2}a : 4a = 3 : 8$

$\triangle MEP \equiv \triangle MFH$에서 $\overline{FH} = \overline{PE}$이므로

$\overline{PE} : \overline{PB} = 3 : 8$, $12 : \overline{PB} = 3 : 8$

$\therefore \overline{PB} = \dfrac{12 \times 8}{3} = 32$

18 오른쪽 그림과 같이 두 점 A, B에서 직선 FC에 내린 수선의 발을 각각 N, M이라 하면

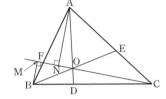

$\triangle AOC = \dfrac{1}{2}\overline{OC} \times \overline{AN}$,

$\triangle BOC = \dfrac{1}{2}\overline{OC} \times \overline{BM}$이고,

$\triangle AFN \circ \triangle BFM$ (AA 닮음)이다.

따라서 $\dfrac{\triangle AOC}{\triangle BOC} = \dfrac{\overline{AN}}{\overline{BM}} = \dfrac{\overline{AF}}{\overline{BF}} = \dfrac{5}{2}$

같은 방법으로 $\dfrac{\triangle AOB}{\triangle BOC} = \dfrac{\overline{AE}}{\overline{EC}} = \dfrac{4}{3}$

$\dfrac{\triangle AOB}{\triangle BOD} = \dfrac{\overline{AO}}{\overline{DO}} = \dfrac{\triangle AOC}{\triangle COD} = \dfrac{\triangle AOB + \triangle AOC}{\triangle BOD + \triangle COD}$

$\quad = \dfrac{\triangle AOB + \triangle AOC}{\triangle BOC} = \dfrac{\triangle AOB}{\triangle BOC} + \dfrac{\triangle AOC}{\triangle BOC}$

$\quad = \dfrac{4}{3} + \dfrac{5}{2} = \dfrac{23}{6}$

$\therefore \overline{AO} : \overline{OD} = 23 : 6$

2 닮음의 활용

핵심 문제 **01**   64쪽

1 $\dfrac{19}{2}$ **2** $x=6$, $y=\dfrac{21}{2}$ **3** 23

4 ②, ⑤   **5** 2 cm

1 $6 : (9-6) = 4 : x$에서 $x=2$

$6 : 9 = 5 : y$에서 $y = \dfrac{15}{2}$

$\therefore x+y = \dfrac{19}{2}$

2 $9 : x = 15 : 10$, $15x = 90$ $\therefore x = 6$

$y : 7 = 15 : 10$, $10y = 105$ $\therefore y = \dfrac{21}{2}$

3 $\overline{BC} /\!/ \overline{GF}$이므로 $\overline{AG} : \overline{AC} = \overline{AF} : \overline{AB}$

$16 : 24 = 21 : x$ $\therefore x = \dfrac{63}{2}$

$\overline{DE} /\!/ \overline{BC}$이므로 $\overline{AE} : \overline{AC} = \overline{DE} : \overline{BC}$

$8 : 24 = y : 40$ $\therefore y = \dfrac{40}{3}$

$\therefore 2x - 3y = 63 - 40 = 23$

4 ① $7.5 : 3 = 10 : 4 = 5 : 2$ ② $2 : 8 = 1 : 4 \neq 3 : 13$

③ $12 : 9 = 8 : 6 = 4 : 3$ ④ $6 : 2 = 9 : 3 = 3 : 1$

⑤ $4 : 2 = 2 : 1 \neq 7 : 4$

5 $\dfrac{\overline{AE}}{\overline{AC}} = \dfrac{\overline{CG}}{\overline{BC}} = \dfrac{\overline{AD}}{\overline{AB}} = \dfrac{\overline{CF}}{\overline{AC}} = \dfrac{4}{9}$이므로

$\overline{AE} = \dfrac{4}{9}\overline{AC} = \dfrac{4}{9} \times 18 = 8\,(\text{cm})$

$\overline{CF} = \dfrac{4}{9}\overline{AC} = \dfrac{4}{9} \times 18 = 8\,(\text{cm})$

$\therefore \overline{EF} = \overline{AC} - (\overline{AE} + \overline{CF})$

$\quad = 18 - (8+8) = 2\,(\text{cm})$

응용 문제 **01**   65쪽

예제 **①** $3a$, $\dfrac{3}{4}$, 1, a, $\dfrac{3}{4}$, $3a$, $3a$, 3, $\dfrac{2}{3}$ / $\dfrac{2}{3}$

1 8 cm   **2** 10 cm   **3** $\dfrac{32}{3}$ cm   **4** $\dfrac{50}{3}$ cm

1 점 D를 지나 $\overline{BC}$에 평행한 직선을 그어 $\overline{AC}$와 만나는 점을 H라 하면

$\triangle DGH \equiv \triangle EGC$(ASA 합동)

$\therefore \overline{DH} = \overline{EC}, \overline{GH} = \overline{GC}$

$\triangle ABC$에서 $\overline{AD} = \overline{BD}$, $\overline{DH} // \overline{BC}$이므로

$\overline{AH} = \overline{HC} = 2\overline{GH}$ $\therefore \overline{AH} : \overline{AG} = 2 : 3$

따라서 $\triangle AFG$에서 $\overline{DH} : \overline{FG} = \overline{AH} : \overline{AG}$

$\overline{DH} : 12 = 2 : 3$

$\overline{DH} = 8$이므로 $\overline{CE} = 8$(cm)

2 $\overline{DE} : \overline{DG} = 2 : 5$이므로

$\overline{DE} = 2a$ cm라 하면 $\overline{DG} = 5a$ cm

$\overline{DG} // \overline{BC}$이므로

$\overline{DI} : \overline{BH} = \overline{AI} : \overline{AH}$, $\overline{IG} : \overline{HC} = \overline{AI} : \overline{AH}$

$\overline{DG} : \overline{BC} = \overline{AI} : \overline{AH}$이므로

$5a : 15 = (12 - 2a) : 12$, $90a = 180$ $\therefore a = 2$

$\therefore \overline{DG} = 5a = 5 \times 2 = 10$(cm)

3 $\overline{EA} // \overline{FB}$이므로 $\triangle EAH \backsim \triangle FBH$(AA 닮음)

$\overline{EA} : \overline{FB} = \overline{AH} : \overline{BH}$이고 $\overline{EA} = \overline{AB}$이므로

$12 : \overline{FB} = 36 : (36 - 12)$ $\therefore \overline{FB} = 8$(cm)

$\overline{EA} // \overline{GC}$이므로 $\triangle EAH \backsim \triangle GCH$(AA 닮음)

$\overline{EA} : \overline{GC} = \overline{AH} : \overline{CH}$이고 $\overline{FB} = \overline{BC}$이므로

$12 : \overline{GC} = 36 : (36 - 12 - 8)$ $\therefore \overline{GC} = \dfrac{16}{3}$(cm)

이때 $\triangle GCD$에서 $\overline{CD} = \overline{GC}$이므로

$\overline{DH} = 16 - \dfrac{16}{3} = \dfrac{32}{3}$(cm)

4 꼭짓점 A를 지나고 $\overline{BD}$에 평행한 직선을 그어 $\overline{BC}$의 연장선과 만나는 점을 E라 하면

$\angle ABE$

$= 180° - (65° + 50°) = 65°$

이때 $\angle EAB = \angle DBA = 65°$(엇각)이므로

$\angle EAB = \angle EBA$

$\therefore \overline{EA} = \overline{EB}$

$\triangle CAE$에서 $\overline{AE} // \overline{DB}$이므로 $\overline{DB} : \overline{AE} = \overline{CD} : \overline{CA}$,

$10 : \overline{AE} = 2 : (2 + 3)$, $\overline{AE} = 25$(cm)

$\therefore \overline{EB} = \overline{AE} = 25$(cm)

$\overline{CB} : \overline{BE} = \overline{CD} : \overline{DA}$이므로 $\overline{CB} : 25 = 2 : 3$, $3\overline{CB} = 50$

$\therefore \overline{CB} = \dfrac{50}{3}$(cm)

---

1 12   **2** ③   **3** 28   **4** 1 : 3

1 $24 : 32 = 3 : 4$

$3 : 4 = x : (28 - x)$

$4x = 84 - 3x$

$7x = 84$

$\therefore x = 12$

2 ① $\triangle ACE$는 이등변삼각형이므로 $\overline{AC} = \overline{AE} = 12$(cm)

② $\overline{AC} = 12$(cm)이므로 $8 : 12 = 6 : \overline{CD}$에서 $\overline{CD} = 9$(cm)

③ $\overline{AB} : \overline{AE} = \overline{AB} : \overline{AC} = \overline{BD} : \overline{CD} \neq \overline{AD} : \overline{CE}$

④ $\overline{BD} : \overline{CD} = \overline{AB} : \overline{AC} = 2 : 3$

⑤ $\angle BAD = \angle CAD$, $\angle ACE = \angle CAD$(엇각)이므로
　$\angle BAD = \angle ACE$이다.

3 $18 : 10 = (16 + x) : x$에서 $x = 20$

$\overline{AD} // \overline{EC}$이므로 $y : 18 = 16 : (16 + 20)$에서 $y = 8$

$\therefore x + y = 28$

4 $\overline{BD} : \overline{CD} = \overline{AB} : \overline{AC} = 4 : 3$이므로

$\overline{BC} : \overline{CD} = 1 : 3$

$\therefore \triangle ABC : \triangle ACD = \overline{BC} : \overline{CD} = 1 : 3$

예제 ② $\dfrac{1}{2}, \dfrac{1}{3}, \dfrac{1}{6}, \dfrac{1}{6}$, 2, 4, 4, 72, 144, 216 / 216 cm²

1 $\dfrac{9}{4}$ cm   **2** 7 : 6   **3** $\dfrac{9}{56}$ **4** 12 cm

1 $\triangle ABC \backsim \triangle BDC$(AA 닮음)이므로

$\overline{AC} : \overline{BC} = \overline{BC} : \overline{DC}$에서

$12 : 9 = 9 : \overline{DC}$ $\therefore \overline{DC} = \dfrac{27}{4}$(cm)

$\therefore \overline{AD} = 12 - \dfrac{27}{4} = \dfrac{21}{4}$(cm)

따라서 $\overline{BA} : \overline{BD} = \overline{AE} : \overline{DE} = 4 : 3$이므로

$\overline{DE} = \dfrac{3}{4 + 3}\overline{AD} = \dfrac{3}{7} \times \dfrac{21}{4} = \dfrac{9}{4}$(cm)

2 점 I는 $\triangle ABC$의 내심이므로 $\overline{AD}$는 $\angle BAC$의 이등분선이다.

이때 $\overline{AB} : \overline{AC} = \overline{BD} : \overline{CD}$이므로

$6 : 8 = \overline{BD} : (12 - \overline{BD})$, $8\overline{BD} = 72 - 6\overline{BD}$,

$\overline{BD} = \dfrac{36}{7}$(cm)

$\overline{BI}$를 그으면 $\overline{BI}$는 ∠ABD의 이

등분선이므로

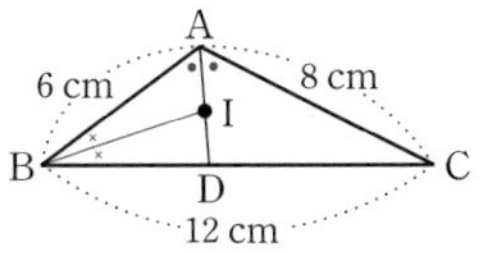

$\overline{AI} : \overline{ID} = \overline{AB} : \overline{BD}$

$\qquad = 6 : \dfrac{36}{7} = 7 : 6$

3 $\overline{AE} : \overline{EC} = 3 : 4$이므로 $\overline{AE} = \dfrac{3}{7} \times 14 = 6$(cm)

$\overline{AD}$가 ∠A의 이등분선이므로

$\overline{BF} : \overline{EF} = \overline{AB} : \overline{AE} = 10 : 6 = 5 : 3$이므로

$\triangle AEF = \dfrac{3}{8} \triangle ABE$

$\triangle ABE : \triangle ABC = 3 : 7$이므로

$\triangle ABE = \dfrac{3}{7} \triangle ABC$

$\therefore \triangle AEF = \dfrac{3}{8} \times \dfrac{3}{7} \triangle ABC$

$\qquad = \dfrac{9}{56} \triangle ABC$

4 $20 : 10 = 8 : \overline{CD}$에서 $\overline{CD} = 4$(cm)

$20 : 10 = \overline{BE} : \overline{CE}$이므로 $20 : 10 = (8 + 4 + \overline{CE}) : \overline{CE}$

$\therefore \overline{CE} = 12$(cm)

핵심 문제 03 68쪽

1 $x = 12$, $y = 12$	**2** 150 m	**3** 14 cm
4 8 cm	**5** 16	

1 $16 : x = 20 : (35 - 20)$에서 $20x = 240$ $\qquad \therefore x = 12$

$20 : (35 - 20) = y : 9$에서 $15y = 180$ $\qquad \therefore y = 12$

2 극장과 지하철역 사이의 거리를 x m라 하면

$80 : 40 = 100 : x$ $\qquad \therefore x = 50$

따라서 마트와 지하철역 사이의 거리는 $100 + 50 = 150$(m)

3 점 A를 지나고 $\overline{CD}$와 평행한 선분을

그으면

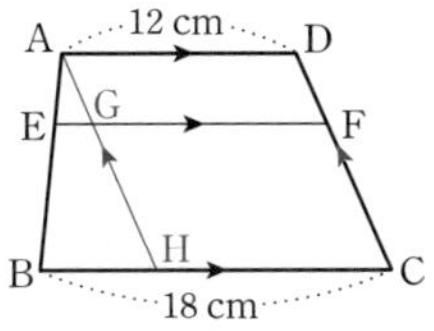

$\overline{AE} : \overline{BE} = 1 : 2$이므로

$1 : (1 + 2) = \overline{EG} : (18 - 12)$,

$3\overline{EG} = 6$

$\overline{EG} = 2$(cm)

따라서 $\overline{GF} = \overline{AD} = 12$(cm)이므로

$\overline{EF} = \overline{EG} + \overline{GF} = 2 + 12 = 14$(cm)

4 보조선 $\overline{AC}$를 긋고 $\overline{AC}$와 $\overline{EF}$의

교점을 G라 하면

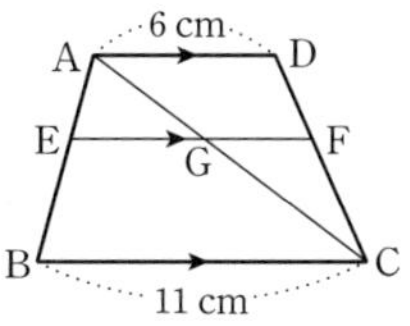

$2 : 5 = \overline{EG} : 11$

$\therefore \overline{EG} = \dfrac{22}{5}$(cm)

$3 : 5 = \overline{GF} : 6$

$\therefore \overline{GF} = \dfrac{18}{5}$(cm)

$\therefore \overline{EF} = \overline{EG} + \overline{GF} = 8$(cm)

5 $\triangle AOB \backsim \triangle COD$(AA 닮음)이므로

$\overline{AB} : \overline{CD} = \overline{AO} : \overline{CO} = \overline{BO} : \overline{DO}$이므로

$\qquad = 24 : 12 = 2 : 1$

$\triangle ABD$에서 $\overline{PO} : \overline{AB} = \overline{DO} : \overline{DB} = 1 : 3$이므로

$\overline{PO} : 24 = 1 : 3$ $\qquad \therefore \overline{PO} = 8$

$\triangle DBC$에서 $\overline{OQ} : \overline{DC} = \overline{BO} : \overline{BD} = 2 : 3$이므로

$\overline{OQ} : 12 = 2 : 3$ $\qquad \therefore \overline{OQ} = 8$

$\therefore \overline{PQ} = \overline{PO} + \overline{OQ} = 8 + 8 = 16$

응용 문제 03 69쪽

예제 ③ $2, 2, 4, 3, \dfrac{1}{3}, \dfrac{1}{3}, 2, 4, 2, \dfrac{8}{3}, 7, 7, 6, 6 \,/$

$\qquad 6 : 1$

1 $45 : 16$	**2** 8 cm	**3** 6 cm	**4** $\dfrac{9}{2}$ cm

1 오른쪽 그림과 같이 점 D를 지나

고 $\overline{EC}$와 평행한 직선을 그어 $\overline{AB}$와

만나는 점을 G라 하자.

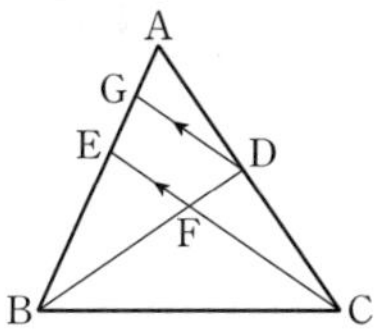

$\overline{AG} : \overline{GE} = 7 : 8$이므로

$\overline{AG} = \dfrac{7}{15} \overline{AE}$, $\overline{GE} = \dfrac{8}{15} \overline{AE}$

또, $\overline{AE} : \overline{EB} = 2 : 3$이므로

$\overline{AE} = \dfrac{2}{5} \overline{AB}$, $\overline{BE} = \dfrac{3}{5} \overline{AB}$

$\therefore \overline{GE} = \dfrac{8}{15} \times \dfrac{2}{5} \overline{AB} = \dfrac{16}{75} \overline{AB}$

따라서 $\overline{EF} /\!/ \overline{GD}$이므로

$\overline{BF} : \overline{FD} = \overline{BE} : \overline{EG} = \dfrac{3}{5} \overline{AB} : \dfrac{16}{75} \overline{AB} = 45 : 16$

2 □AECG는 $\overline{AE} /\!/ \overline{CG}$, $\overline{AE} = \overline{CG}$이므로

□AECG는 평행사변형이다. $\qquad \therefore \overline{PS} /\!/ \overline{QR}$

또한, □BFDH도 평행사변형이므로 $\overline{PQ} /\!/ \overline{SR}$

따라서 □PQRS는 평행사변형이다.

$\overline{EQ}=\dfrac{1}{2}\overline{AP}$ ($\because$ △BEQ∽△BAP)이고

$\overline{AP}=\overline{PS}=\overline{QR}=\overline{RC}$이므로

$\overline{QR}=\dfrac{2}{5}\overline{EC}=\dfrac{2}{5}\overline{AG}=\dfrac{2}{5}\times20=8(cm)$

3 ∠BPQ=∠CQR($\because$ 동위각),

∠BQP=∠CRQ($\because$ 동위각)이므로

△BPQ∽△CQR

$\therefore \dfrac{\overline{BQ}}{\overline{CR}}=\dfrac{\overline{BP}}{\overline{CQ}}$ ⋯ ㉠

또, △APB∽△BQC이므로 $\dfrac{\overline{BP}}{\overline{CQ}}=\dfrac{\overline{AP}}{\overline{BQ}}$ ⋯ ㉡

㉠, ㉡에 의해서 $\dfrac{\overline{BQ}}{\overline{CR}}=\dfrac{\overline{AP}}{\overline{BQ}}$

$\overline{BQ}^2=\overline{AP}\times\overline{CR}=4\times9=36$ $\therefore \overline{BQ}=6(cm)$

4 $\overline{AD}:\overline{BC}=9:18=1:2$이므로

$\overline{AO}:\overline{OC}=1:2$($\because$ △ODA∽△OBC)이고

$\overline{AE}:\overline{EB}=1:2$

$\overline{EO}=\dfrac{2}{3}\overline{AD}=6(cm)$이고

$\overline{EO}:\overline{BC}=\overline{EG}:\overline{GC}=6:18$

          $=1:3$($\because$ △GOE∽△GBC)

$\therefore \overline{CE}:\overline{CG}=\overline{EO}:\overline{GH}=4:3$

$6:\overline{GH}=4:3$ $\therefore \overline{GH}=\dfrac{9}{2}(cm)$

핵심문제 04 〔70쪽〕

1 $\dfrac{9}{2}$ cm   **2** 20 cm   **3** 14   **4** 30 cm²

1 $\overline{AP}:\overline{AB}=\overline{PQ}:\overline{BC}$이므로 $3:4=\overline{PQ}:6$

$\therefore \overline{PQ}=\dfrac{9}{2}(cm)$

2 $\overline{MP}=\dfrac{1}{2}\overline{AD}=\dfrac{1}{2}\times12=6(cm)$

$\therefore \overline{MQ}=\overline{MP}+\overline{PQ}=6+4=10(cm)$

따라서 △ABC에서 $\overline{BC}=2\overline{MQ}=2\times10=20(cm)$

3 대각선 $\overline{AC}$를 그어 $\overline{MN}$과 만나는
점을 P라 하자.
점 M, N은 각각 $\overline{AB}$, $\overline{DC}$의 중
점이므로

△ABC에서 $\overline{MP}=\dfrac{1}{2}\overline{BC}$

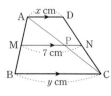

△ACD에서 $\overline{PN}=\dfrac{1}{2}\overline{AD}$

$\therefore \overline{MN}=\overline{MP}+\overline{PN}=\dfrac{1}{2}(\overline{BC}+\overline{AD})$

       $=\dfrac{1}{2}(x+y)=7(cm)$

$\therefore x+y=14$

4 $\overline{PQ}\,/\!/\,\overline{AC}\,/\!/\,\overline{SR}$, $\overline{PS}\,/\!/\,\overline{BD}\,/\!/\,\overline{QR}$이므로
□PQRS는 평행사변형이다.
이때, $\overline{AC}\perp\overline{BD}$이므로 $\overline{PQ}\perp\overline{PS}$이다.
따라서 평행사변형의 한 내각의 크기가 90°이므로
□PQRS는 직사각형이다.

$\overline{PQ}=\dfrac{1}{2}\overline{AC}=5(cm)$, $\overline{QR}=\dfrac{1}{2}\overline{BD}=6(cm)$

$\therefore □PQRS=5\times6=30(cm^2)$

응용문제 04 〔71쪽〕

〔예제 **4**〕$\overline{OC}$, 1, $\overline{CR}$, 15, $\overline{OB}$, 20, 10 / 10

1 $\dfrac{24}{7}$ cm   **2** 40.5 cm   **3** 21°   **4** 9 cm

1 $\overline{AM}=\overline{MD}=\dfrac{1}{2}\overline{AD}=\dfrac{1}{2}\times12=6(cm)$

$\overline{AM}\,/\!/\,\overline{BC}$이므로 $\overline{MP}:\overline{BP}=\overline{AM}:\overline{BC}=6:8=3:4$

$\overline{MD}\,/\!/\,\overline{BC}$이므로 $\overline{MQ}:\overline{CQ}=\overline{MD}:\overline{BC}=6:8=3:4$

따라서 $\overline{MP}:\overline{BP}=\overline{MQ}:\overline{CQ}=3:4$이므로 $\overline{PQ}\,/\!/\,\overline{BC}$

△MBC에서 $\overline{PQ}:\overline{BC}=\overline{MP}:\overline{MB}$이므로

$\overline{PQ}:8=3:7$

$\therefore \overline{PQ}=\dfrac{24}{7}(cm)$

2 사다리의 일부를 그리면
오른쪽 그림과 같다.
대각선 AC를 그어 $\overline{EF}$와 만나는
점을 P라 하자.
점 E, F는 각각 $\overline{AB}$, $\overline{DC}$의 중점이므로

△ABC에서 $\overline{EP}=\dfrac{1}{2}\overline{BC}$, △ACD에서 $\overline{PF}=\dfrac{1}{2}\overline{AD}$

$\therefore \overline{EF}=\overline{EP}+\overline{PF}=\dfrac{1}{2}(\overline{AD}+\overline{BC})$

       $=\dfrac{1}{2}(36+45)=40.5(cm)$

3 △CAB에서 $\overline{PN}\,/\!/\,\overline{AB}$이므로

∠CPN=∠CAB=72°(동위각)

$\therefore \angle APN = 180° - 72° = 108°$

$\triangle ACD$에서 $\overline{PM} /\!/ \overline{CD}$이므로

$\angle APM = \angle ACD = 30°$(동위각)

$\therefore \angle MPN = \angle APM + \angle APN = 30° + 108° = 138°$

또, $\triangle CAB$에서 $\overline{PN} = \dfrac{1}{2}\overline{AB}$이고

$\triangle ACD$에서 $\overline{MP} = \dfrac{1}{2}\overline{DC}$이다.

이때 $\overline{AB} = \overline{DC}$이므로 $\overline{PN} = \overline{MP}$이다.

따라서 $\triangle PMN$은 이등변삼각형이므로

$\angle PMN = \dfrac{1}{2} \times (180° - 138°) = 21°$

4 $\overline{FE}$를 긋고 $\overline{FE} = 2a$라 하면

$\triangle ACD$에서

$\overline{FE} : \overline{AD} = 2a : \overline{AD} = 1 : 2$

$\therefore \overline{AD} = 4a$

$\triangle BEF$에서

$\overline{PD} : \overline{FE} = \overline{PD} : 2a = 1 : 2$ $\therefore \overline{PD} = a$

따라서 $\triangle APQ \backsim \triangle EFQ$(AA 닮음)이므로

$\overline{PQ} : \overline{FQ} = \overline{AP} : \overline{EF} = (4a - a) : 2a = 3 : 2$

이때 $\overline{PF} = \dfrac{1}{2}\overline{BF} = \dfrac{1}{2} \times 30 = 15$(cm)이므로

$\overline{PQ} = \dfrac{3}{3+2}\overline{PF} = \dfrac{3}{5} \times 15 = 9$(cm)

핵심 문제 05

72쪽

1 8 cm   **2** 4 cm   **3** 15 cm   **4** 2 : 3

1 점 D는 $\triangle ABC$의 외심이므로

$\overline{BD} = \overline{AD} = \overline{CD} = \dfrac{1}{2} \times 24 = 12$(cm)

$\therefore \overline{BG} = \dfrac{2}{3}\overline{BD} = \dfrac{2}{3} \times 12 = 8$(cm)

2 $\overline{AE} : \overline{AC} = 1 : 2$이므로 $\overline{EF} : \overline{CD} = 1 : 2$

$\overline{CD} = \dfrac{1}{2}\overline{BC} = \dfrac{1}{2} \times 16 = 8$(cm)이므로

$\overline{EF} : 8 = 1 : 2$, $2\overline{EF} = 8$

$\therefore \overline{EF} = 4$(cm)

3 $\overline{GE} : \overline{AH} = \overline{DG} : \overline{DA}$

$5 : \overline{AH} = 1 : 3$

$\overline{AH} = 15$(cm)

4 $\triangle AEG \backsim \triangle ABD$이고, 점 G가 $\triangle ABC$의 무게중심이므로

$\overline{AG} : \overline{GD} = \overline{AE} : \overline{EB} = 2 : 1$

따라서 $\triangle EGD = \dfrac{1}{3} \times \triangle AED = \dfrac{1}{3} \times \dfrac{2}{3}\triangle ABD$

$= \dfrac{2}{9}\triangle ABD$이고

$\triangle EBD = \dfrac{1}{3}\triangle ABD$이다.

$\therefore \triangle EGD : \triangle EBD = 2 : 3$

응용 문제 05

73쪽

예제 5 5, 15, 9, 15, 3, $\overline{IE}$, 3, 3, 6, 2 / 2 cm

1 $\dfrac{4}{3}$ cm   **2** $G\left(\dfrac{3}{2}, \dfrac{4}{3}\right)$ **3** 17   **4** 108 cm²

1 □ABCD는 직사각형이므로

$\overline{BC} = \overline{AD} = 3$ cm, $\overline{BD} = \overline{AC} = 8$ cm

$\therefore \overline{CE} = \overline{BE} - \overline{BC} = 3$(cm)

$\triangle AHD$와 $\triangle EHC$에서

$\overline{AD} = \overline{EC}$, $\angle ADH = \angle ECH$, $\angle HAD = \angle HEC$이므로

$\triangle AHD \equiv \triangle EHC$(ASA 합동)

$\therefore \overline{DH} = \overline{CH}$

따라서 $\overline{DF}$와 $\overline{AH}$는 $\triangle ACD$의 중선이므로 점 G는

$\triangle ACD$의 무게중심이다.

$\therefore \overline{GF} = \dfrac{1}{3}\overline{DF} = \dfrac{1}{3} \times \dfrac{1}{2}\overline{BD} = \dfrac{1}{6} \times 8 = \dfrac{4}{3}$(cm)

2 $\overline{AB}$, $\overline{BC}$의 중점을 각각 P, Q라고 하면,

무게중심 G는 $\overline{AQ}$와 $\overline{CP}$의 교점이다.

두 점 A$(-2, 4)$, Q$(2, 0)$을 지나는 직선의 방정식은

$y - 0 = \dfrac{0-4}{2-(-2)}(x-2) = -x + 2 \cdots \text{㉠}$

두 점 P$(-2, 2)$, C$(6, 0)$을 지나는 직선의 방정식은

$y - 0 = \dfrac{0-2}{6-(-2)}(x-6) = -\dfrac{1}{4}x + \dfrac{3}{2} \cdots \text{㉡}$

㉠, ㉡을 연립하여 풀면 $x = \dfrac{2}{3}$, $y = \dfrac{4}{3}$ $\therefore G\left(\dfrac{2}{3}, \dfrac{4}{3}\right)$

3 점 P, Q는 각각 $\triangle ABD$, $\triangle BCD$의 무게중심이므로

$\overline{AP} = \dfrac{2}{3} \times 9 = 6$, $\overline{DQ} = \dfrac{2}{3} \times 12 = 8$

이때 $\overline{AP} = \overline{PQ} = \overline{QC}$이므로

$\triangle AQD$에서 $\overline{PM} = \dfrac{1}{2}\overline{DQ} = \dfrac{1}{2} \times 8 = 4$, $\overline{AM} = \dfrac{1}{2} \times 14 = 7$

∴ (△APM의 둘레의 길이)

$$= \overline{AP} + \overline{PM} + \overline{AM} = 6 + 4 + 7 = 17$$

4 $\overline{AG}$를 그으면 $\overline{BE} = \overline{GE}$이므로

$$\triangle AEG = \frac{1}{2}\triangle ABG = \frac{1}{6}\triangle ABC$$

$\overline{GF} = \overline{CF}$이므로

$$\triangle AFG = \frac{1}{2}\triangle ACG = \frac{1}{6}\triangle ABC$$

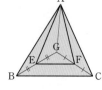

삼각형의 두 변의 중점을 연결한 선분의 성질에 의하여
△GBC에서 $\overline{EF} \parallel \overline{BC}$이다.

△GEF∽△GBC이고, 닮음비는 1 : 2, 넓이의 비는 1 : 4

$$\therefore \triangle GEF = \frac{1}{4}\triangle GBC = \frac{1}{4} \times \frac{1}{3} \times \triangle ABC = \frac{1}{12}\triangle ABC$$

$$\triangle AEF = \triangle AEG + \triangle AFG + \triangle GEF$$

$$= \frac{5}{12}\triangle ABC = 45$$

$$\therefore \triangle ABC = 108 \text{ cm}^2$$

핵심 문제 06 `74쪽`

1 $\overline{AP}$, △XBQ, △YAP, $\overline{AP}$, $\overline{AP}$, $\overline{AP}$, 1   **2** $\frac{3}{4}$

3 $\overline{AF}$, $\overline{AF}$, $\overline{BI}$, $\overline{BD}$, △BOC, $\overline{BO}$, $\overline{CE}$, △BOC, 1

2 $\dfrac{\overline{ZB}}{\overline{AZ}} \cdot \dfrac{\overline{XC}}{\overline{BX}} \cdot \dfrac{\overline{YA}}{\overline{CY}} = 1$, $\dfrac{\overline{ZB}}{\overline{AZ}} \times \dfrac{3}{8} \times \dfrac{4}{2} = 1$

$$\therefore \frac{\overline{AZ}}{\overline{ZB}} = \frac{3}{4}$$

응용 문제 06 `75쪽`

예제 **6** 1, 1, 3, 3, $4c$, 2, 2 / (1) 3 : 1   (2) 2 : 1

1 (1) 2 : 1   (2) 1 : 1   **2** 7 : 3   **3** $\frac{21}{4}$ cm   **4** 8 cm

1 (1) 체바의 정리에 의해

$$\frac{\overline{DB}}{\overline{AD}} \times \frac{\overline{EC}}{\overline{BE}} \times \frac{\overline{FA}}{\overline{CF}} = 1$$

$$\frac{c}{3c} \times \frac{3a}{2a} \times \frac{\overline{FA}}{\overline{CF}} = 1 \quad \therefore \frac{\overline{FA}}{\overline{CF}} = 2$$

$$\therefore \overline{AF} : \overline{FC} = 2 : 1$$

---

(2) $\overline{FC} = d$라 하고,

$$\frac{\overline{EC}}{\overline{BE}} \cdot \frac{\overline{AF}}{\overline{CA}} \cdot \frac{\overline{OB}}{\overline{FO}} = \frac{3a}{2a} \cdot \frac{2d}{3d} \cdot \frac{\overline{OB}}{\overline{FO}} = 1$$에서 $\overline{OB} = \overline{FO}$

$$\therefore \overline{OB} : \overline{FO} = 1 : 1$$

2 체바의 정리에 의하여

$$\frac{\overline{BD}}{\overline{AD}} \cdot \frac{\overline{CE}}{\overline{BE}} \cdot \frac{\overline{AF}}{\overline{CF}} = 1$$

$$\frac{\overline{BD}}{\overline{AD}} \times \frac{8}{4} \times \frac{7}{6} = 1, \frac{\overline{BD}}{\overline{AD}} = \frac{3}{7}$$

$$\overline{AD} : \overline{BD} = 7 : 3$$

3 $\overline{AD} = 2a$, $\overline{DB} = 5a$, $\overline{AE} = 7b$, $\overline{EC} = 3b$라 하자.

세 점 E, F, B가 한 직선 위에 있으므로 메넬라우스 정리에

의해 $\dfrac{\overline{DA}}{\overline{BD}} \times \dfrac{\overline{CE}}{\overline{AC}} \times \dfrac{\overline{FB}}{\overline{EF}} = 1$이 성립하므로

$$\frac{2a}{5a} \times \frac{3b}{10b} \times \frac{\overline{FB}}{\overline{EF}} = 1$$

$$\therefore \frac{\overline{FB}}{\overline{EF}} = \frac{25}{3} \quad \therefore \overline{FB} : \overline{EF} = 25 : 3$$

$$\therefore \overline{FE} = 49 \times \frac{3}{28} = \frac{21}{4}(\text{cm})$$

4 $\overline{AM} = 3a$, $\overline{MO} = 2a$, $\overline{BO} = b$,
$\overline{DO} = b$라 하면

$$\frac{\overline{EB}}{\overline{AE}} \times \frac{\overline{DO}}{\overline{BD}} \times \frac{\overline{MA}}{\overline{OM}} = 1$$

(메넬라우스의 정리)에서

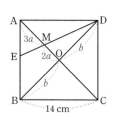

$$\frac{\overline{EB}}{\overline{AE}} \times \frac{b}{2b} \times \frac{3a}{2a} = 1 \quad \therefore \frac{\overline{EB}}{\overline{AE}} = \frac{4}{3}$$

$$\therefore \overline{EB} : \overline{AE} = 4 : 3$$

$$\therefore \overline{BE} = 14 \times \frac{4}{7} = 8(\text{cm})$$

심화 문제 `76~81쪽`

01 35 cm²   **02** 12 cm   **03** 25   **04** 45 cm²

05 98 cm²   **06** 60   **07** 320   **08** 180

09 15   **10** 8 cm   **11** 1   **12** 14배

13 56 cm²   **14** 25°

15 $\overline{CF} = 112$ cm, $\overline{DG} = 175$ cm   **16** 27 cm²

17 9 cm   **18** $y = \frac{2}{5}x + \frac{14}{5}$

---

01 $\overline{BA}$와 $\overline{CD}$의 연장선의 교점을 F라

하면

$\triangle FBE \equiv \triangle CBE$(ASA 합동)

이므로 $\overline{BC}=\overline{BF}$

$\overline{CE}=2\overline{DE}$이므로 $\overline{FD}=\overline{DE}$

$\therefore \overline{FD}:\overline{FC}=1:4$

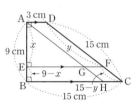

$\triangle FAD \backsim \triangle FBC$(AA 닮음)이므로 두 삼각형의 넓이의 비

는 $1^2:4^2=1:16$이다.

$\triangle BEC=40(cm^2)$이므로 $\triangle FBE=40(cm^2)$

또한 $1:16=\triangle FAD:80$에서 $\triangle FAD=5(cm^2)$

따라서 $\square ABED=\triangle FBE-\triangle FAD=40-5=35(cm^2)$

02 꼭짓점 A를 지나고 $\overline{CD}$와 평

행한 직선이 $\overline{EF}$, $\overline{BC}$와 만나

는 점을 각각 G, H라 하고,

$\overline{AE}=x$, $\overline{DF}=y$라 할 때

$x+y+3+\overline{EF}$

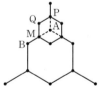

$=(9-x)+(15-y)+15+\overline{EF}$ $\therefore x+y=18\cdots$ ①

또 평행선 사이에 있는 선분의 길이의 비에서

$x:y=(9-x):(15-y)$ $\therefore 5x=3y\cdots$ ②

①, ②를 연립하여 풀면 $x=\dfrac{27}{4}$, $y=\dfrac{45}{4}$

$\overline{AD}=\overline{GF}=\overline{HC}=3\,cm$이므로 $\overline{BH}=15-3=12(cm)$

$\triangle AEG \backsim \triangle ABH$(AA 닮음)이므로

$\overline{AB}:\overline{AE}=\overline{BH}:\overline{EG}$

$9:\dfrac{27}{4}=12:\overline{EG}$ $\therefore \overline{EG}=9$

$\therefore \overline{EF}=9+3=12(cm)$

03 두 정육각형은 서로 닮음이므로

[그림 2]의 정육각형과 [그림 3]의

작은 정육각형은 서로 닮음인 관계

에 있다.

오른쪽 그림에서 점 M을 $\overline{AB}$의

중점이라 하면 $\overline{AB}=2\overline{AM}=2\overline{PQ}$이다.

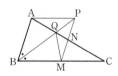

그러므로 $(n-1)$단계의 정육각형과 n단계의 정육각형의 닮

음비는 $2:1$이고 넓이의 비는 $4:1$이다.(단, $n \geq 3$)

[그림 2]의 정육각형의 넓이를 A라 하면 [그림 3]에서 하나의

정육각형의 넓이는 $\dfrac{1}{4}A$이고, 이러한 정육각형은 3개이다.

[그림 4]에서 하나의 정육각형의 넓이는 $\dfrac{1}{4}A \times \dfrac{1}{4}=\dfrac{1}{16}A$이

고, 각 육각형의 구조마다 작은 정육각형이 3개씩 생기므로

정육각형은 모두 $3 \times 3=9$(개)이다.

따라서 [그림 4]에서 만들어지는 모든 정육각형의 넓이의 합

은 $\dfrac{9}{16}A$이다.

$\therefore p+q=9+16=25$

04 점 F는 $\triangle ABC$의 무게중심이다.

$\triangle ADF=240 \times \dfrac{1}{2} \times \dfrac{1}{3}=40(cm^2)$

$\overline{AG}:\overline{GF}=3:1$이므로

$\triangle DFG=\dfrac{1}{4}\triangle ADF=\dfrac{1}{4} \times 40=10(cm^2)$

$\overline{EF}:\overline{FG}=2:1$이므로

$\triangle DFE=2\triangle DFG=20(cm^2)$

$\overline{DF}:\overline{FH}=2:1$이므로

$\triangle FHG=\dfrac{1}{2}\triangle DFG=5(cm^2)$

$\triangle FEH=\dfrac{1}{2}\triangle DEF=10(cm^2)$

$\therefore \square DEHG=\triangle DEG+\triangle EHG$

$=30+15=45(cm^2)$

05 $\overline{AD}/\!/\overline{BC}$이므로 $\triangle AED \backsim \triangle CEB$

닮음비는 $\overline{AD}:\overline{BC}=6:15=2:5$

따라서 넓이의 비는 $2^2:5^2=4:25$이므로

$\triangle CEB$의 넓이는 $50\,cm^2$이다.

또, $\triangle ABE$와 $\triangle AED$는 높이가 같고

$\overline{BE}:\overline{ED}=\overline{BC}:\overline{AD}=5:2$이므로

$\triangle ABE$의 넓이는 $20\,cm^2$이다.

같은 방법으로 $\triangle CDE$의 넓이는 $20\,cm^2$이므로

$\therefore \square ABCD=\triangle AED+\triangle ABE+\triangle CDE+\triangle CEB$

$=8+20+20+50$

$=98(cm^2)$

06 $\triangle ABC$에서 삼각형의 두 변의 중

점을 연결한 선분의 성질에 의하여

$\overline{MN}/\!/\overline{AB}$, $\overline{MN}=\dfrac{1}{2}\overline{AB}$

또, $\angle ABP=\angle PBC$, $\overline{AB}=\overline{BM}$이므로

$\square ABMP$는 마름모이다.

즉, $\overline{AB}=\overline{BM}=\overline{MP}=\overline{PA}$이므로

$\overline{PN}=\overline{NM}$

$\triangle QMP \equiv \triangle QAP$(SAS 합동)이므로

$\triangle QMP=2\triangle PQN=\triangle QAP$

$\therefore \overline{AQ}:\overline{QN}=2:1$

또, $\overline{AN}=\overline{NC}$이므로 $\triangle NMC:\triangle QMN=3:1$

$\therefore \triangle NMC : \triangle PQN = 3 : 1$

$\triangle PQN = 5$이므로 $\triangle NMC = 3 \times 5 = 15$

$\triangle ABC \backsim \triangle NMC$(AA 닮음)이고,

$\overline{AB} : \overline{NM} = 2 : 1$이므로

$\triangle ABC = 4 \triangle NMC$

$\qquad = 4 \times 15$

$\qquad = 60$

07 $\angle DAF = \angle BFA$(엇각)이므로

$\triangle ABF$는 이등변삼각형이다. $\qquad \therefore \overline{BF} = 24$

$\angle ADE = \angle CED$(엇각)이므로

$\triangle DEC$는 이등변삼각형이다. $\qquad \therefore \overline{EC} = 24$

$\therefore \overline{EF} = 24 + 24 - 32 = 16$

$\triangle AGD \backsim \triangle FGE$(AA 닮음)이고 닮음비는

$32 : 16 = 2 : 1$이므로 넓이의 비는 $4 : 1$이다.

따라서 $\triangle AGD : \triangle FGE = 4 : 1$이고,

$\triangle AGD : 80 = 4 : 1$에서 $\triangle AGD$의 넓이는 320이다.

08 $\overline{AG} : \overline{GD} = 2 : 1$이고 $\triangle AGF \backsim \triangle ADC$(AA 닮음)이므로

($\triangle AGF$의 넓이) : ($\triangle ADC$의 넓이)$= 2^2 : 3^2 = 4 : 9$

따라서 $\triangle AGF$의 넓이를 $4a$, $\triangle ADC$의 넓이를 $9a$라 하면

$\triangle ADF = \dfrac{2}{3} \times 9a = 6a$

$\therefore \triangle GDF = 6a - 4a = 2a$

그런데 $\triangle ABC$의 넓이는 $\triangle ADC$의 넓이의 2배이므로

$\triangle ABC$의 넓이는 $9a \times 2 = 18a$

따라서 $\triangle ABC$의 넓이는 $\triangle GDF$의 넓이의 9배이다.

$\therefore$ ($\triangle ABC$의 넓이)$= 20 \times 9 = 180$

09 $\square PQRS$는 $\square ABCD$의 각 변의 중점을 연결하여 만든 사각형이므로 평행사변형이고 넓이는 180이다.

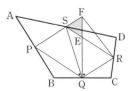

$\overline{PQ} = 3x$, $\overline{QR} = 2x\,(x > 0)$라 하자.

$\overline{PF} /\!/ \overline{QR}$이므로 $\angle PFQ = \angle FQR$이다.

$\angle PFQ = \angle PQF$이므로

$\triangle PQF$는 $\overline{PQ} = \overline{PF}$인 이등변삼각형이고

$\overline{PS} = 2x$이므로 $\overline{SF} = 3x - 2x = x$이다.

$\triangle SEF \backsim \triangle REQ$(AA 닮음)이고 닮음비는 $1 : 2$이다.

$\overline{SQ}$를 그으면

$\triangle QRS = \dfrac{1}{2}\square PQRS = \dfrac{1}{2} \times 180 = 90$,

$\triangle REQ = \dfrac{2}{3}\triangle QRS = \dfrac{2}{3} \times 90 = 60$

$\triangle SEF$와 $\triangle REQ$의 넓이의 비는 $1 : 4$이므로

$\triangle SEF = \dfrac{1}{4}\triangle REQ = \dfrac{1}{4} \times 60 = 15$

10 직선 DG를 그어 $\overline{AB}$와 만나는 점을 E라 하고, 직선 DG$'$을 그어 $\overline{BC}$와 만나는 점을 F라 하면

$\triangle ABD$에서 $\overline{AE} = \overline{EB}$,

$\triangle DBC$에서 $\overline{BF} = \overline{FC}$이므로

$\overline{EF} = \dfrac{1}{2}\overline{AC}$

이때 $\angle ABC = 90°$이므로 $\overline{AC}$는 외접원의 지름이다.

$\therefore \overline{EF} = \dfrac{1}{2}\overline{AC} = \dfrac{1}{2} \times (2 \times 12) = 12\,(\mathrm{cm})$

또한 두 점 G, G$'$은 $\triangle ABD$, $\triangle DBC$의 무게중심이므로

$\overline{DG} : \overline{GE} = 2 : 1$, $\overline{DG'} : \overline{G'F} = 2 : 1$

$\therefore \overline{EF} /\!/ \overline{GG'}$

따라서 $\overline{GG'} : \overline{EF} = \overline{DG} : \overline{DE}$이므로

$\overline{GG'} : 12 = 2 : 3$

$\therefore \overline{GG'} = 8\,(\mathrm{cm})$

11 $\overline{AC}$를 그으면 점 E와 점 F는 각각 $\triangle ABC$, $\triangle CDA$의 무게중심이다.

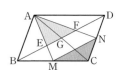

$\overline{AC}$와 $\overline{BD}$의 교점을 G라 하면

$\triangle AEG = \dfrac{1}{6}\triangle ABC = \dfrac{1}{2} \times \dfrac{1}{6}\square ABCD$

$\qquad = \dfrac{1}{12}\square ABCD \qquad \cdots \ \bigcirc$

마찬가지로 $\triangle AFG = \dfrac{1}{12}\square ABCD \qquad \cdots \ \bigcirc$

$\bigcirc$, $\bigcirc$에 의해 $\triangle AEF = \triangle AEG + \triangle AFG = \dfrac{1}{6}\square ABCD$

한편 $\triangle CDB \backsim \triangle CNM$(SAS 닮음)이고 닮음비가 $2 : 1$이므로

$\triangle CNM = \dfrac{1}{4}\triangle CDB = \dfrac{1}{4} \times \dfrac{1}{2}\square ABCD$

$\qquad = \dfrac{1}{8}\square ABCD$

따라서 $\triangle AEF : \triangle CNM = \dfrac{1}{6}\square ABCD : \dfrac{1}{8}\square ABCD$

$\qquad = 4 : 3$

$\therefore a = 4$, $b = 3$이므로 $a - b = 1$

12 $\overline{AE}$가 중선이므로 $\overline{BE}=\overline{EC}$이고,

$\overline{AD}$는 $\angle A$의 이등분선이므로 $\overline{BD}:\overline{DC}=3:4$

$\therefore \overline{BE}=\dfrac{1}{2}\overline{BC}$, $\overline{BD}=\dfrac{3}{7}\overline{BC}$

$\overline{DE}=\overline{BE}-\overline{BD}=\dfrac{1}{2}\overline{BC}-\dfrac{3}{7}\overline{BC}=\dfrac{1}{14}\overline{BC}$

$\triangle ADE=\dfrac{1}{14}\triangle ABC$이므로 $\triangle ABC$의 넓이는 $\triangle ADE$의

넓이의 14배이다.

13 $\overline{EF}=\dfrac{1}{2}\overline{BC}=\dfrac{1}{2}\times 14=7(cm)$

$\overline{EF}/\!/\overline{BC}$이고 $\triangle ABC$는 이등변삼각형이므로

$\overline{AD}\perp\overline{BC}$ $\therefore \overline{AD}\perp\overline{EF}$

또한, $\overline{AG}=\dfrac{2}{3}\overline{AD}=\dfrac{2}{3}\times 24=16(cm)$이고

$\triangle ABG$에서 점 E, H는 $\overline{BA}$, $\overline{BG}$의 중점이므로

$\overline{EH}=\dfrac{1}{2}\overline{AG}=\dfrac{1}{2}\times 16=8(cm)$

$\overline{EH}/\!/\overline{AG}$ $\therefore \overline{EH}\perp\overline{EF}$ ··· ①

마찬가지로 $\overline{FI}=8$ cm, $\overline{FI}\perp\overline{EF}$ ··· ②

①, ②에 의해 $\square EHIF$는 직사각형이므로

$\square EHIF=7\times 8=56(cm^2)$

14 $\overline{GE}$, $\overline{FG}$를 그으면

$\overline{CD}/\!/\overline{GE}$, $\overline{AB}/\!/\overline{FG}$

$\therefore \overline{GE}=\dfrac{1}{2}\overline{CD}=\dfrac{1}{2}\overline{AB}=\overline{FG}$

따라서 $\triangle FGE$는 이등변삼각형이다.

$\angle DGE=180°-\angle BGE$

$\qquad =180°-85°=95°$

$\angle FGE=\angle FGD+\angle DGE$

$\qquad =35°+95°=130°$

$\angle GEF=\angle GFE=\dfrac{1}{2}(180°-130°)=25°$

$\overline{FH}/\!/\overline{BR}$가 되게 $\overline{CQ}$ 위에 점 H를 잡으면,

$\angle EFG=\angle PFH=25°(\because$ 맞꼭지각$)$

$\triangle FQH$에서 $\angle QFH=\angle RPQ=25°(\because$ 동위각$)$

15 오른쪽 정사면체 A-BCD의

전개도의 일부에서

$\overline{EC}=70$ cm

$\triangle BEB'$에서

$\overline{AG}=\dfrac{1}{2}\overline{BE}=\dfrac{1}{2}\times 210=105$

$\therefore \overline{DG}=\overline{AD}-\overline{AG}=280-105=175(cm)$

또한 $\overline{CE}:\overline{AG}=\overline{CF}:\overline{AF}$이므로

$\overline{CF}:\overline{AF}=70:105=2:3$

$\therefore \overline{CF}=\dfrac{2}{2+3}\overline{AC}=\dfrac{2}{5}\times 280=112(cm)$

16 $\triangle ABC$에서 점 D, F는 각각

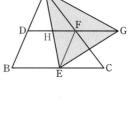

$\overline{AB}$, $\overline{AC}$의 중점이므로 삼각

형의 두 변의 중점을 연결한 선

분의 성질에 의해 $\overline{DF}/\!/\overline{BC}$,

$\overline{AH}=\overline{HE}$

또한 점 E가 $\overline{BC}$의 중점이므로

점 H도 $\overline{DF}$의 중점이다.

$\overline{DF}=\overline{FG}$이므로 $\overline{HF}:\overline{FG}=1:2$

따라서 점 F는 $\triangle AEG$의 무게중심이다.

$\triangle AEF$의 넓이를 S라 하면

$\triangle ABC=4S$, $\triangle AEG=3S$

$\therefore \triangle AEG=\dfrac{3}{4}\triangle ABC=\dfrac{3}{4}\times 36=27(cm^2)$

17 점 I는 $\triangle ABC$의 내심이므로 $\angle ABE=\angle CBE$이고

삼각형의 내각의 이등분선의 정리에 의해

$\overline{BA}:\overline{BC}=\overline{AE}:\overline{CE}$, $12:\overline{BC}=8:10$

$\therefore \overline{BD}=15(cm)$

또, $\angle BAD=\angle CAD$이므로

삼각형의 내각의 이등분선의 정리에 의해

$\overline{AB}:\overline{AC}=\overline{BD}:\overline{DC}$, $12:18=(15-\overline{DC}):\overline{DC}$

$\therefore \overline{DC}=9(cm)$

18 점 M의 좌표를 (a, b)라 하면 점 M은 $\overline{AC}$의 중점이므로

$a=\dfrac{1+5}{2}=3$, $b=\dfrac{8+0}{2}=4$

$\therefore M(3, 4)$

따라서 두 점 $B(-7, 0)$과 $M(3, 4)$를 지나는 직선 l을 그래

프로 하는 일차함수의 식을 $y=cx+d$라 하면

$c=\dfrac{4-0}{3-(-7)}=\dfrac{4}{10}=\dfrac{2}{5}$

$y=\dfrac{2}{5}x+d$에 $x=-7$, $y=0$을 대입하면 $d=\dfrac{14}{5}$

$\therefore y=\dfrac{2}{5}x+\dfrac{14}{5}$

최상위 문제 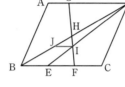 82~87쪽

01 9 : 17 **02** $\dfrac{52}{3}$ **03** $\dfrac{13}{2}$ cm **04** 27

05 10 **06** 12 cm **07** $\dfrac{8}{3}$ cm **08** 7 cm

09 $16ab$ m² **10** $\dfrac{66}{5}$ cm² **11** 12 **12** $\dfrac{32}{3}$ cm²

13 50 **14** 142 **15** $\dfrac{105}{4}$ cm² **16** 625 : 256

17 1/7 : 5 **18** 63π m²

01 $\overline{GD} \parallel \overline{EF}$이므로

$\overline{GI} : \overline{FI} = \overline{GD} : \overline{FE}$

$= \dfrac{3}{4}\overline{AD} : \dfrac{1}{3}\overline{BC}$

$= 9 : 4$

$\overline{FI} = \dfrac{4}{9}\overline{GI}$

점 I를 지나 $\overline{BC}$에 평행한 직선을 그어 $\overline{BD}$와 만나는 점을 J라 하면

$\overline{JI} : \overline{BE} = \overline{DI} : \overline{DE} = 9 : 13$

$\overline{JI} = \dfrac{9}{13}\overline{BE} = \dfrac{9}{13} \times \dfrac{1}{3}\overline{BC} = \dfrac{3}{13}\overline{BC}$

$\overline{GH} : \overline{HI} = \overline{GD} : \overline{IJ} = \dfrac{3}{4}\overline{BC} : \dfrac{3}{13}\overline{BC} = 13 : 4$

$\therefore \overline{GI} : \overline{HI} = 17 : 4$이므로 $\overline{HI} = \dfrac{4}{17}\overline{GI}$

$\therefore \overline{HI} : \overline{IF} = \dfrac{4}{17}\overline{GI} : \dfrac{4}{9}\overline{GI} = 9 : 17$

02 $\triangle AEI = \dfrac{1}{2}\triangle AEC = \dfrac{1}{4}\triangle ABC = \dfrac{1}{8}\square ABCD$

$= \dfrac{1}{8} \times 96 = 12$

또한 점 H는 $\triangle ACD$의 무게중심이고, $\overline{AC} \parallel \overline{JK}$이므로

$\overline{DJ} : \overline{JA} = \overline{DK} : \overline{KC} = \overline{DH} : \overline{HI} = 2 : 1$

$\triangle DIC = \dfrac{1}{4}\square ABCD = 24$, $\triangle DHC = \dfrac{2}{3}\triangle DIC = 16$

$\therefore \triangle HCK = 16 \times \dfrac{1}{3} = \dfrac{16}{3}$

$\therefore \triangle AEI + \triangle HCK = 12 + \dfrac{16}{3} = \dfrac{52}{3}$

03 $\overline{BI}$의 연장선과 $\overline{AC}$의 교점을 G라 하면 점 I가 $\triangle ABC$의 내심이므로

$\angle ABG = \angle CBG$이다.

$\overline{DF} \parallel \overline{BG}$이므로

$\angle DEB = \angle EBG$(엇각),

$\angle EDB = \angle GBC$(동위각)이므로 $\overline{DB} = \overline{EB} = x$ cm라 하면

$\overline{BC} = 13 - x$ (cm)

$\overline{FG} = y$ cm라 하면 $\overline{GC} = 8 - y$ (cm)

$\triangle CDF$에서 $\overline{DF} \parallel \overline{BG}$이므로

$(13 - x) : x = (8 - y) : y$ $\therefore y = \dfrac{8}{13}x$

$\triangle ABG$에서 $\overline{EF} \parallel \overline{BG}$이므로 $\overline{AE} : \overline{EB} = \overline{AF} : \overline{FG}$에서

$\overline{AE} : x = 4 : y$, $\overline{AE} = \dfrac{4x}{y}$

$\therefore \overline{AE} = 4x \times \dfrac{13}{8x} = \dfrac{13}{2}$ (cm)

04 $\overline{ME}$를 긋고 $\overline{PD} = a$라 하면 삼각형의 두 변의 중점을 연결한 선분의 성질에 의하여

$\overline{ME} = 2a$, $\overline{AP} = 3a$

$\triangle APQ \sim \triangle EMQ$

$\overline{AQ} : \overline{EQ} = \overline{AP} : \overline{EM} = 3 : 2$

$\triangle EMQ$의 넓이를 $4S$라 하면

$\triangle APQ = 9S$,

$\triangle AMQ = 6S$,

$\triangle AEC = 2\triangle AEM$

$\quad = 2 \times (\triangle AMQ + \triangle EMQ)$

$\quad = 2 \times (6S + 4S)$

$\quad = 20S$

$\quad = \triangle ABD$

$\therefore 20S = 60$에서 $S = 3$

$\therefore \triangle APQ = 9S = 9 \times 3 = 27$

05 $\overline{CG}$의 연장선과 $\overline{AB}$의 교점을 M, 점 M에서 직선 l에 내린 수선의 발을 N, 점 M을 지나고 $\overline{NF}$와 평행한 직선이 $\overline{CF}$와 만나는 점을 J, $\overline{MJ}$와 $\overline{GH}$의 교점을 I라 하자.

사다리꼴 ADEB에서

$\overline{MN} = \dfrac{1}{2}(\overline{AD} + \overline{BE})$

$\quad = \dfrac{1}{2}(10 + 4) = 7$

점 G는 $\triangle ABC$의 무게중심이므로 $\overline{MG} : \overline{GC} = 1 : 2$이고

$\overline{GI} : \overline{CJ} = 1 : (1 + 2) = 1 : 3$, $\overline{GI} : 9 = 1 : 3$ $\therefore \overline{GI} = 3$

따라서 $\overline{GH} = 3 + 7 = 10$

06 $\overline{BG_1}$의 연장선과 $\overline{AC}$의 교점을 L, $\overline{BG_4}$의 연장선과 $\overline{AD}$의 교점을 M이라 하면

$\triangle ACD$에서 점 L, M은 각각 $\overline{AC}$, $\overline{AD}$의 중점이므로

$\overline{LM} = \dfrac{1}{2}\overline{CD} = 5(\text{cm})$

또, $\triangle BLM$에서 $\overline{BG_1} : \overline{BL} = \overline{G_1G_4} : \overline{LM} = 2 : 3$이므로

$\overline{G_1G_4} = \dfrac{2}{3}\overline{LM} = \dfrac{2}{3} \times \dfrac{1}{2}\overline{CD}$

$\qquad = \dfrac{1}{3}\overline{CD} = \dfrac{10}{3}(\text{cm})$

같은 방법으로

$\overline{G_1G_2} = \dfrac{1}{3}\overline{AD} = 2(\text{cm})$

$\overline{G_2G_3} = \dfrac{1}{3}\overline{AB} = \dfrac{8}{3}(\text{cm})$

$\overline{G_3G_4} = \dfrac{1}{3}\overline{BC} = 4(\text{cm})$

$\therefore$ □$G_1G_2G_3G_4$의 둘레의 길이는

$\dfrac{10}{3} + 2 + \dfrac{8}{3} + 4 = 12(\text{cm})$

07 $\overline{GF} = x \text{ cm}$, $\overline{EG} = a \text{ cm}$라고 하면

$\overline{AC} \, / \! / \, \overline{GF} \, / \! / \, \overline{BD}$이므로

$\triangle EBD$에서

$12 : a = 16 : x$, $4a = 3x \cdots$ ①

$\triangle ABC$에서

$15 : (12-a) = 4 : x$, $15x = 48 - 4a \cdots$ ②

①을 ②에 대입하면

$15x = 48 - 3x$, $18x = 48$ $\qquad \therefore x = \dfrac{8}{3}$

08 점 H를 지나고 $\overline{AB}$에 평행한 직선이 $\overline{DC}$, $\overline{AC}$와 만나는 점을 각각 G, E라고 하면

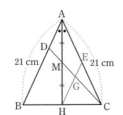

$\overline{EH} = \dfrac{1}{2}\overline{AB}$

$\qquad = \dfrac{1}{2} \times 21 = \dfrac{21}{2}(\text{cm})$

점 E는 $\overline{AC}$의 중점이므로 점 G는 $\triangle AHC$의 무게중심이다.

$\therefore \overline{GH} = \dfrac{2}{3}\overline{EH} = \dfrac{2}{3} \times \dfrac{21}{2} = 7(\text{cm})$

$\triangle MGH$와 $\triangle MDA$에서

$\overline{AM} = \overline{HM}$, $\angle MAD = \angle MHG$

$\angle AMD = \angle HMG$이므로

$\triangle MGH \equiv \triangle MDA$ (ASA 합동)

$\therefore \overline{AD} = \overline{GH} = 7(\text{cm})$

09 ($\triangle BQP$의 넓이)

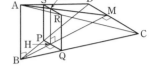

$= \dfrac{1}{2} \times \overline{PQ} \times \overline{BH}$

$= 2ab \cdots$ ㉠

$\overline{BH}$와 $\overline{DC}$의 교점을 M,

$\overline{AM}$과 $\overline{SR}$의 교점을 N이라 하고, $\overline{HM} = l$이라 하면

$\triangle ABM \backsim \triangle NHM$이므로 $\overline{AB} : \overline{NH} = \overline{MB} : \overline{MH}$

$\therefore 6a : 4a = (l+2b) : l$ $\qquad \therefore l = 4b$

그러므로 $\overline{BM} = 6b$, $\overline{BH} : \overline{BM} = 2b : 6b = 1 : 3$이다.

즉, $\triangle BQP \backsim \triangle BCD$이고 그 닮음비는 1 : 3이다.

이때 길이의 닮음비가 1 : 3이므로 넓이의 비는 $1^2 : 3^2$이고 ㉠에 의하여

($\triangle BCD$의 넓이) $= 9 \times \triangle BQP = 18ab$

따라서 □$PQCD = \triangle BCD - \triangle BQP$

$\qquad\qquad\qquad = 18ab - 2ab$

$\qquad\qquad\qquad = 16ab(\text{m}^2)$

10 $\overline{EJ} = \dfrac{1}{2}\overline{AH} = \dfrac{1}{2}\overline{HD}$이고

$\triangle PEJ \backsim \triangle PDH$ (AA 닮음)

$\therefore \overline{JP} : \overline{PH} = 1 : 2$

$\therefore \overline{BJ} : \overline{JP} : \overline{PH} = 3 : 1 : 2$

$\triangle QEN \backsim \triangle QDH$ (AA 닮음)이고

$\overline{EN} : \overline{DH} = \overline{NQ} : \overline{QH} = 3 : 2$

$\therefore \overline{CN} : \overline{NQ} : \overline{QH} = 5 : 3 : 2$

(□$HJFN$의 넓이) = (□$ABCD$의 넓이) $\times \dfrac{1}{4}$

$\qquad\qquad\qquad = 6 \times 12 \times \dfrac{1}{4} = 18(\text{cm}^2)$

($\triangle HPQ$의 넓이) = ($\triangle FLK$의 넓이) $= \dfrac{2}{5}\triangle PHN$

$\qquad = \dfrac{2}{5} \times \dfrac{2}{3}\triangle HJN = \dfrac{2}{5} \times \dfrac{2}{3} \times \dfrac{1}{2}$□$HJFN$

$\qquad = \dfrac{12}{5}(\text{cm}^2)$

$\therefore$ (색칠한 부분의 넓이) $= 18 - 2 \times \dfrac{12}{5} = \dfrac{66}{5}(\text{cm}^2)$

11 오른쪽 그림과 같이 $\triangle ABE$, $\triangle AED$, $\triangle DEC$의 중선 $\overline{AM}$, $\overline{EL}$, $\overline{DN}$을 그리고 $\overline{EL}$과 $\overline{PR}$의 교점을 S라 하자.

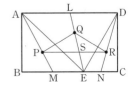

$\overline{AP} : \overline{PM} = \overline{DR} : \overline{RN} = 2 : 1$

$\therefore \overline{PR} /\!/ \overline{BC}$

□AMND에서 $\overline{MN} = \frac{1}{2}\overline{AD}$이므로

$\overline{PR} = \frac{4}{3}\overline{MN} = \frac{4}{3} \times \frac{1}{2}\overline{AD} = \frac{2}{3}\overline{AD}$

또, $\overline{LQ} = \overline{QS} = \overline{SE}$이므로

△PRQ의 높이는 $\frac{1}{3}\overline{AB}$이다.

$\therefore \triangle PRQ = \frac{1}{2} \times \overline{PR} \times \frac{1}{3}\overline{AB} = \frac{1}{2} \times \frac{2}{3}\overline{AD} \times \frac{1}{3}\overline{AB}$

$= \frac{1}{9} \times \overline{AD} \times \overline{AB} = \frac{1}{9} \times \square ABCD$

$= \frac{1}{9} \times 108 = 12$

12 △EDB는 직각이등변삼각형이므로 점 F를 △EDB의 외심이라 하면

$\overline{DF} \perp \overline{EB}$, $\overline{EF} = \overline{BF}$

점 O는 △ABC의 외심이므로

$\overline{OH} \perp \overline{BC}$, $\overline{BH} = \overline{CH}$

또한 점 O, H는 $\overline{DE}$, $\overline{BC}$의 중점이므로 $\overline{CD} /\!/ \overline{HO} /\!/ \overline{BE}$이고 $\angle BCD = \angle CBE = 90°$

$\therefore \triangle BCD = \frac{1}{2}\triangle BDE = \frac{1}{2} \times 32 = 16(\text{cm}^2)$

$\therefore \triangle CAG = \frac{2}{3}\triangle CAD = \frac{2}{3} \times 16 = \frac{32}{3}(\text{cm}^2)$

13 $\overline{EF}$와 $\overline{HO}$의 교점을 M이라 하자.

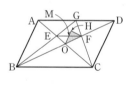

$\triangle GBC = \frac{1}{2}\square ABCD$

$= \frac{1}{2} \times 720 = 360,$

$\triangle OAD = \frac{1}{4}\square ABCD = \frac{1}{4} \times 720 = 180$

(i) △GBC∽△GEF(SAS 닮음)이고 닮음비는 3 : 1이다.
따라서 △GBC와 △GEF의 넓이의 비는 9 : 1이므로

$\triangle GEF = \frac{1}{9} \times 360 = 40$, $\triangle HMF = \frac{1}{6} \times 40 = \frac{20}{3}$

(∵ 점 H는 △GEF의 무게중심)

(ii) △OAD∽△OEF(SAS 닮음)이고 닮음비는 3 : 1, 넓이의 비는 9 : 1이다.
따라서 $\triangle OEF = \frac{1}{9} \times 180 = 20,$

$\triangle OMF = \frac{1}{2} \times 20 = 10 (\because \overline{EM} = \overline{FM})$

$\overline{EF} /\!/ \overline{BC}$이므로 세 점 H, M, O는 한 직선 위에 있다.

(i), (ii)에 의해

$\triangle HOF = \triangle HMF + \triangle OMF = \frac{20}{3} + 10 = \frac{50}{3}$

$\therefore 3S = 3 \times \frac{50}{3} = 50$

14 전구의 위치를 점 L이라 하자.
정육면체의 모서리 AE 위의 점 L에서 빛을 비추면 정사각형인 그림자가 생긴다.
정육면체의 한 밑면을 제외한 그림자의 넓이가 63 m²이므로 정사각형의 넓이는 64 m²이다.
즉, 정사각형 EIJK의 한 변의 길이는 8 m이다.
$\overline{LA} = x$ m이고, △LAB와 △LEI가 닮음이므로
$x : 1 = (x+1) : 8$이다.
따라서 $x = \frac{1}{7}$이고 $1000x$를 초과하지 않는 최대의 정수는 142이다.

15 $\overline{AB}$의 중점을 I라 하고 $\overline{IC}$와 $\overline{BD}$, $\overline{BE}$와의 교점을 J, K, 두 대각선 AC와 BD의 교점을 O라 하면 점 J, G는 각각 △ABC와 △ACD의 무게중심이므로

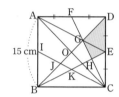

$\overline{BJ} = \overline{JG} = \overline{GD}$

또, △BGE에서 삼각형의 두 변의 중점을 연결한 선분의 성질에 의해 $\overline{GE} = 2\overline{JK}$이고
△DJC에서 $\overline{JC} = 2\overline{GE}$

$\overline{JC} = 2\overline{GE} = 2 \times 2\overline{JK} = 4\overline{JK}$이므로

$\overline{GE} : \overline{CK} = \overline{HG} : \overline{HC} = 2 : 3$

$\therefore \triangle HGE = \frac{2}{5}\triangle CGE = \frac{2}{5} \times \frac{1}{2}\triangle CGD = \frac{1}{5}\triangle CGD$이고

$\triangle DGE = \frac{1}{2}\triangle CGD$

$\therefore \square GHED = \triangle HGE + \triangle DGE$

$= \frac{1}{5}\triangle CGD + \frac{1}{2}\triangle CGD = \frac{7}{10}\triangle CGD$

$= \frac{7}{10} \times \frac{1}{3}\triangle ACD = \frac{7}{30} \times \frac{1}{2}\square ABCD$

$= \frac{7}{60} \times 15 \times 15 = \frac{105}{4}(\text{cm}^2)$

16 △ABC와 △A_1BA의 닮음비를 $m : n (m, n$은 서로소)이라 하면

$\overline{AC} : \overline{A_1A} = m : n$에서 $\overline{AC} = \frac{m}{n}\overline{A_1A}$

$\overline{A_1A} : \overline{B_1A_1} = m : n$에서 $\overline{B_1A_1} = \frac{n}{m}\overline{A_1A}$

즉 $\frac{m}{n}\overline{A_1A} : \frac{n}{m}\overline{A_1A} = 25 : 16$ $\therefore m = 5, n = 4$

$$\therefore \overline{AC} : \overline{A_1A} = \overline{A_1A} : \overline{B_1A_1} = \overline{B_1A_1} : \overline{B_1A_2}$$
$$= \overline{B_1A_2} : \overline{A_2B_2} = \overline{B_2A_2} : \overline{B_2A_3}$$
$$= 5 : 4$$
$$\therefore \overline{AA_1} : \overline{B_2A_3} = 5^4 : 4^4 = 625 : 256$$

17 △ADC에서 $\dfrac{\overline{OD}}{\overline{AD}} = \dfrac{\triangle ODC}{\triangle ADC}$ … ㉠,

△ADB에서 $\dfrac{\overline{OD}}{\overline{AD}} = \dfrac{\triangle ODB}{\triangle ADB}$ … ㉡

㉠, ㉡에서 $\dfrac{\overline{OD}}{\overline{AD}} = \dfrac{\triangle ODC}{\triangle ADC} = \dfrac{\triangle ODB}{\triangle ADB}$ 이므로

$\dfrac{\overline{OD}}{\overline{AD}} = \dfrac{\triangle ODC + \triangle ODB}{\triangle ADC + \triangle ADB} = \dfrac{\triangle OBC}{\triangle ABC}$ … ㉢,

같은 방법으로 $\dfrac{\overline{OE}}{\overline{BE}} = \dfrac{\triangle OCA}{\triangle ABC}$ … ㉣,

$\dfrac{\overline{OF}}{\overline{CF}} = \dfrac{\triangle OAB}{\triangle ABC}$ … ㉤

㉢, ㉣, ㉤의 양변을 각각 더하면

$\dfrac{\overline{OD}}{\overline{AD}} + \dfrac{\overline{OE}}{\overline{BE}} + \dfrac{\overline{OF}}{\overline{CF}} = \dfrac{\triangle OBC + \triangle OCA + \triangle OAB}{\triangle ABC} = 1$

$\overline{AO} : \overline{OD} = 2 : 1$에서 $\overline{OD} : \overline{AD} = 1 : 3$,

$\overline{BO} : \overline{OE} = 3 : 1$에서 $\overline{OE} : \overline{BE} = 1 : 4$

제르곤 정리에 의하여 $\dfrac{\overline{OD}}{\overline{AD}} + \dfrac{\overline{OE}}{\overline{BE}} + \dfrac{\overline{OF}}{\overline{CF}} = 1$이므로

$\dfrac{1}{3} + \dfrac{1}{4} + \dfrac{\overline{OF}}{\overline{CF}} = 1$, $\dfrac{\overline{OF}}{\overline{CF}} = \dfrac{5}{12}$

$\overline{OF} : \overline{CF} = 5 : 12$이므로 $\overline{CO} : \overline{OF} = 7 : 5$

18 $\overline{BD} = x$ m, $\overline{EC} = y$ m라
하면 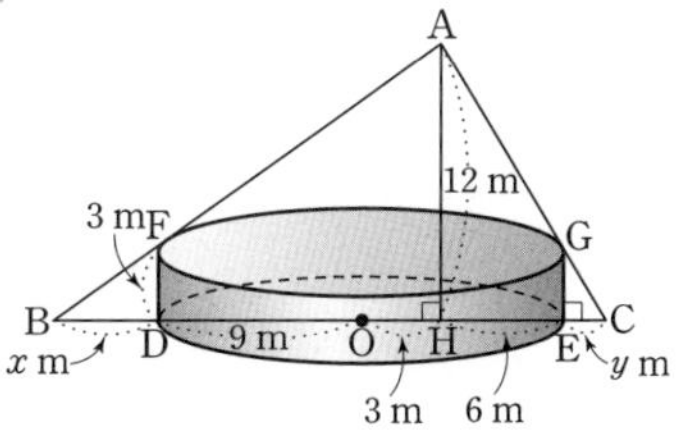
△ABH∽△FBD
(AA 닮음)이므로
$12 : 3 = (x + 9 + 3) : x$,
$12x = 3x + 36$
$9x = 36$ ∴ $x = 4$
△AHC∽△GEC(AA 닮음)이므로
$12 : 3 = (6 + y) : y$, $12y = 18 + 3y$
$9y = 18$ ∴ $y = 2$
이때 $\overline{BC} = 4 + 9 \times 2 + 2 = 24$(m)이므로
$\overline{BC}$를 지름으로 하는 원의 넓이는
$\pi \left(\dfrac{1}{2} \times 24 \right)^2 = 144\pi$ (m²),
서커스 공연장의 넓이는 $\pi \times 9^2 = 81\pi$ (m²)이다.
∴ (벽의 그림자의 넓이) $= 144\pi - 81\pi = 63\pi$ (m²)

특목고 / 경시대회 실전문제 88∼90쪽

01 10 **02** 8 : 9 **03** $\dfrac{170}{37}$

04 31 : 17 : 25 **05** 12 **06** 18 : 5

07 $\dfrac{196}{5}$ **08** 84 : 60 : 45 : 35 : 28 **09** 640 cm

01 오른쪽 그림과 같이 △ABC를
△A′B′C′으로 옮겨 놓으면
구하려는 기울기 m은 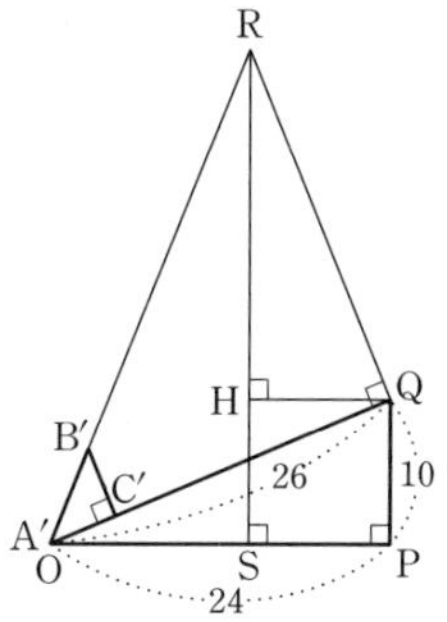
$m = \dfrac{\overline{SR}}{\overline{OS}}$이 된다.
△A′B′C′∽△A′RQ
(AA 닮음)이므로
$\overline{B'C'} : \overline{RQ} = 5 : 26$,
$5 : \overline{RQ} = 5 : 26$ ∴ $\overline{RQ} = 26$
△OPQ≡△RHQ(RHA 합동)이므로 $\overline{HQ} = 10$
따라서 $m = \dfrac{\overline{SR}}{\overline{OS}} = \dfrac{34}{14} = \dfrac{17}{7} = \dfrac{a}{b}$이므로
$a - b = 17 - 7 = 10$

02 (i) $\overline{BC} \parallel \overline{HF} \parallel \overline{DI}$이므로 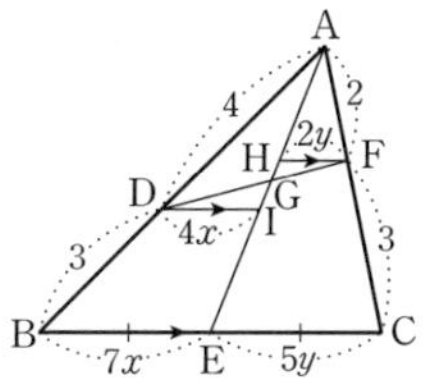
△AHF∽△AEC,
△ADI∽△ABE이고
$\overline{DI} : \overline{BE} = 4x : 7x$,
$\overline{HF} : \overline{EC} = 2y : 5y$
$\overline{BE} = \overline{EC}$이므로 $7x = 5y$
∴ $x = \dfrac{5}{7}y$

또한 △GDI∽△GFH이므로
$\overline{DI} : \overline{FH} = \overline{GI} : \overline{GH} = 4x : 2y = 2x : y$
$= \dfrac{10}{7}y : y = 10 : 7$

(ii) $\overline{AE} = z$라 하면 $\overline{AH} = \dfrac{2}{5}z$, $\overline{AI} = \dfrac{4}{7}z$이므로
$\overline{HI} = \dfrac{4}{7}z - \dfrac{2}{5}z = \dfrac{6}{35}z$ ∴ $\overline{HG} = \dfrac{6}{35}z \times \dfrac{7}{17} = \dfrac{6}{85}z$
따라서 $\overline{AG} = \dfrac{2}{5}z + \dfrac{6}{85}z = \dfrac{8}{17}z$,
$\overline{GE} = z - \dfrac{8}{17}z = \dfrac{9}{17}z$
∴ $\overline{AG} : \overline{GE} = \dfrac{8}{17}z : \dfrac{9}{17}z = 8 : 9$

03 $\overline{DE} = \overline{FG} = \overline{HI} = k$라고 하면 △ABC에서 $\overline{DE} \parallel \overline{AC}$이므로
$\overline{AC} : \overline{DE} = \overline{BC} : \overline{BE}$에서 $9 : k = 10 : \overline{BE}$

$$\therefore \overline{BE}=\frac{10}{9}k$$

이때 $\overline{AC}$ // $\overline{DE}$, $\overline{BC}$ // $\overline{HI}$이므로

□PECI는 평행사변형이다.

$$\therefore \overline{PI}=\overline{EC}=\overline{BC}-\overline{BE}=10-\frac{10}{9}k$$

또 △ABC에서 $\overline{AB}$ // $\overline{FG}$이므로 $\overline{AB}:\overline{FG}=\overline{BC}:\overline{GC}$

$5:k=10:\overline{GC}$ $\therefore \overline{GC}=2k$

이때 $\overline{AB}$ // $\overline{FG}$, $\overline{BC}$ // $\overline{HI}$이므로 □HBGP는 평행사변형이다.

$$\therefore \overline{HP}=\overline{BG}=\overline{BC}-\overline{GC}=10-2k$$

그런데 $\overline{HI}=\overline{HP}+\overline{PI}$이므로

$$k=(10-2k)+10-\frac{10}{9}k,\ \frac{37}{9}k=20 \quad \therefore k=\frac{180}{37}$$

$$\therefore \overline{EC}=\overline{PI}=10-\frac{10}{9}\times\frac{180}{37}=\frac{170}{37}$$

04 $\overline{DE}$ // $\overline{AB}$, $\overline{FG}$ // $\overline{BC}$, $\overline{MN}$ // $\overline{AC}$이므로

$\therefore$ △DPG∽△ABC, △MFP∽△ABC, △PEN∽△ABC

$\overline{DP}=6a$, $\overline{MF}=6b$, $\overline{PE}=6c$라고 놓으면,

$\overline{AB}=6$에서 $a+b+c=1$ ··· ①

△DPG, △MFP, △PEN의 닮음비는 $a:b:c$이고,

$\overline{AB}:\overline{BC}:\overline{CA}=6:7:8$이므로,

$\overline{PG}=7a$, $\overline{FP}=7b$, $\overline{EN}=7c$

$\overline{GD}=8a$, $\overline{PM}=8b$, $\overline{NP}=8c$

$\overline{DE}=\overline{FG}=\overline{MN}$, 즉 $\overline{DP}+\overline{PE}=\overline{FP}+\overline{PG}=\overline{NP}+\overline{PM}$

으로 부터 $6a+6c=7b+7a=8c+8b$ ··· ②

①과 ②에 의해 $a=\frac{31}{73}$, $b=\frac{17}{73}$, $c=\frac{25}{73}$

$\overline{AM}:\overline{MF}:\overline{FB}=\overline{DP}:\overline{MF}:\overline{PE}$

$\qquad\qquad =a:b:c=31:17:25$

05 오른쪽 그림에서

∠APE=∠EPD이므로

$\overline{PA}:\overline{PD}=\overline{AE}:\overline{DE}$

$\qquad\qquad =\overline{AE}:20$

즉 $20\overline{PA}=\overline{PD}\times\overline{AE}$이므로

$\overline{AE}=\frac{20\overline{PA}}{\overline{PD}}$ ··· ㉠

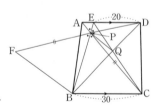

△APE와 △CBP에서 ∠APE=∠CPB(맞꼭지각)

∠AEP=∠CBP(엇각)이므로 △APE∽△CPB(AA 닮음)

즉, $\overline{PA}:\overline{PC}=\overline{AE}:\overline{CB}=\overline{AE}:30$이므로

$30\overline{PA}=\overline{PC}\times\overline{AE}$

$\therefore \overline{AE}=\frac{30\overline{PA}}{\overline{PC}}$ ··· ㉡

㉠, ㉡에서 $\frac{20\overline{PA}}{\overline{PD}}=\frac{30\overline{PA}}{\overline{PC}}$이므로 $3\overline{PD}=2\overline{PC}$

$\therefore \overline{PD}:\overline{PC}=2:3$ ··· ㉢

$\overline{DP}$의 연장선 위에 $\overline{PC}=\overline{PF}$인 점 F를 잡으면

△PFB≡△PCB(SAS 합동) $\therefore \overline{BF}=\overline{BC}=30$

또 $\overline{PF}=\overline{PC}$이므로

㉢에서 $\overline{PD}:\overline{PF}=\overline{PD}:\overline{PC}=2:3$ ··· ㉣

△EDQ∽△CBQ(AA 닮음)이므로

$\overline{DQ}:\overline{BQ}=\overline{ED}:\overline{CB}=20:30=2:3$

또한 $\overline{DP}:\overline{PF}=\overline{DQ}:\overline{QB}=2:3$이므로 $\overline{PQ}$ // $\overline{FB}$

따라서 $\overline{PQ}:\overline{FB}=\overline{DP}:\overline{DF}=2:(2+3)=2:5$이므로

$\overline{PQ}:30=2:5$ $\therefore \overline{PQ}=12$

06 오른쪽 그림과 같이 $\overline{FE}$, $\overline{BE}$의 연장선이 $\overline{CD}$의 연장선과 만나는 점을 각각 G, H라고 하고 $\overline{CE}$를 긋자.

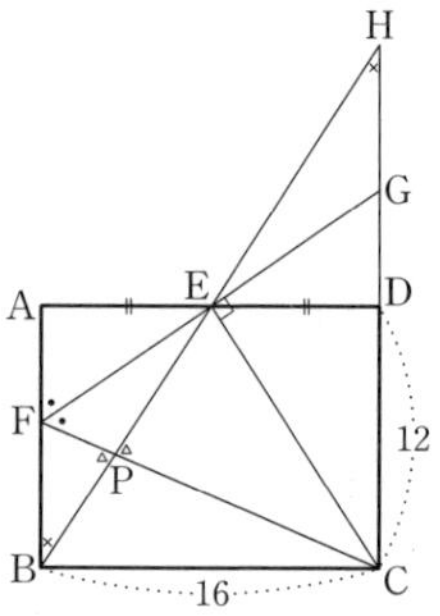

∠EGD=∠EFA(엇각)

이므로 ∠CFE=∠CGE

따라서 △CFG는 $\overline{CF}=\overline{CG}$인 이등변삼각형이다. ··· ㉠

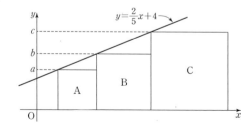

△FAE와 △GDE에서 $\overline{AE}=\overline{DE}$,

∠AEF=∠DEG(맞꼭지각)

따라서 △FAE≡△GDE(ASA 합동)이므로

$\overline{FE}=\overline{GE}$ ··· ㉡

㉠, ㉡에 의해 $\overline{CE}\perp\overline{FG}$

한편 $\overline{ED}=\frac{1}{2}\times16=8$이고

△ECG에서 $\overline{ED}^2=\overline{CD}\times\overline{DG}$이므로

$8^2=12\times\overline{DG}$ $\therefore \overline{DG}=\overline{AF}=\frac{16}{3}$, $\overline{BF}=12-\frac{16}{3}=\frac{20}{3}$

△EAB≡△EDH(ASA 합동)이므로 $\overline{AB}=\overline{DH}=12$

∠FBH=∠GHB(엇각)이고

∠FPB=∠CPH(맞꼭지각)이므로

△CHP∽△FBP(AA 닮음)이고 닮음비는

$(12+12):\frac{20}{3}=18:5$ $\therefore \overline{CP}:\overline{FP}=18:5$

07

주어진 그림과 같이 세 정사각형 A, B, C의 한 변의 길이를
각각 a, b, c라 하자.

$y=\dfrac{2}{5}x+4$에 $y=a$를 대입하면 $a=\dfrac{2}{5}x+4$

$\therefore x=(a-4)\times\dfrac{5}{2}=\dfrac{5}{2}a-10$

따라서 정사각형 A와 그래프가 만나는 점의 x좌표는
$\dfrac{5}{2}a-10$이고, 두 정사각형 B, C와 그래프가 만나는 점의
x좌표는 각각 $\dfrac{5}{2}b-10$, $\dfrac{5}{2}c-10$이다.

이때 $\left(\dfrac{5}{2}b-10\right)-\left(\dfrac{5}{2}a-10\right)=a$이므로

$\dfrac{5}{2}b=\dfrac{7}{2}a$ $\therefore a=\dfrac{5}{7}b$

또 $\left(\dfrac{5}{2}c-10\right)-\left(\dfrac{5}{2}b-10\right)=b$이므로

$\dfrac{5}{2}c=\dfrac{7}{2}b$ $\therefore c=\dfrac{7}{5}b$

즉 세 정사각형 A, B, C의 닮음비는

$a:b:c=\dfrac{5}{7}b:b:\dfrac{7}{5}b=25:35:49$이므로

두 정사각형 A, C의 넓이의 비는 $25^2:49^2$

따라서 $\dfrac{500}{49}$: (정사각형 C의 넓이)$=25^2:49^2$

$\therefore$ (정사각형 C의 넓이)$=\dfrac{\dfrac{500}{49}\times49^2}{25^2}=\dfrac{196}{5}$

08 △CGG′∽△CFF′∽△CEE′
∽△CDD′∽△CBM
(AA 닮음)이고
닮음비는 1 : 2 : 3 : 4 : 5이므로
$\overline{GG'}=a$, $\overline{FF'}=2a$, $\overline{EE'}=3a$,
$\overline{DD'}=4a$, $\overline{BM}=5a$라 하자.

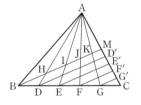

$\overline{KM}:\overline{GG'}=\overline{AM}:\overline{AG'}=5:9$ $\therefore \overline{KM}=\dfrac{5}{9}a$

$\overline{JM}:\overline{FF'}=\overline{AM}:\overline{AF'}=5:8$

$\therefore \overline{JM}=\dfrac{2a\times5}{8}=\dfrac{5}{4}a$ $\therefore \overline{JK}=\dfrac{5}{4}a-\dfrac{5}{9}a=\dfrac{25}{36}a$

$\overline{IM}:\overline{EE'}=5:7$

$\therefore \overline{IM}=\dfrac{3a\times5}{7}=\dfrac{15}{7}a$ $\therefore \overline{IJ}=\dfrac{15}{7}a-\dfrac{5}{4}a=\dfrac{25}{28}a$

$\overline{HM}:\overline{DD'}=5:6$

$\therefore \overline{HM}=\dfrac{4a\times5}{6}=\dfrac{10}{3}a$ $\therefore \overline{HI}=\dfrac{10}{3}a-\dfrac{15}{7}a=\dfrac{25}{21}a$

$\overline{BH}=5a-\dfrac{10}{3}a=\dfrac{5}{3}a$

$\therefore \overline{BH}:\overline{HI}:\overline{IJ}:\overline{JK}:\overline{KM}$

$=\dfrac{5}{3}:\dfrac{25}{21}:\dfrac{25}{28}:\dfrac{25}{36}:\dfrac{5}{9}$

$=84:60:45:35:28$

09 오른쪽 그림과 같이 유승이가
처음 서 있던 지점을 A, 그때
의 막대의 양 끝 지점을 각각
B, C라 하면 $\overline{BC}=80$ cm,
유승이가 두 번째 서 있던 지
점을 D, 그때의 막대의 양 끝
지점을 E, F라 하면

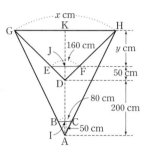

$\overline{EF}=160$ cm, 유승이가 서 있던 A, D 지점에서 팔을 앞으
로 뻗어 막대를 잡은 지점을 각각 I, J라 하면
$\overline{AI}=\overline{DJ}=50$ cm

또 광고판의 가로의 양 끝 지점을 각각 G, H라 하고 광고판
의 중점을 K라 하자.
$\overline{GH}=x$ cm, $\overline{KJ}=y$ cm라 하면
△ABC∽△AGH(AA 닮음)이므로
$\overline{BC}:\overline{GH}=\overline{AI}:\overline{AK}$,
$80:x=50:(250+y)$ $\therefore 5x-8y=2000$ ⋯ ㉠
△DEF∽△DGH(AA 닮음)이므로
$\overline{EF}:\overline{GH}=\overline{DJ}:\overline{DK}$
$160:x=50:(50+y)$ $\therefore 5x-16y=800$ ⋯ ㉡
㉠, ㉡을 연립하여 풀면 $x=640$, $y=150$
따라서 광고판의 가로의 길이는 640 cm이다.

Ⅲ. 피타고라스 정리

1 피타고라스 정리

핵심 문제 01
92쪽

1 90 cm **2** 56 cm **3** 35 cm
4 200 cm² **5** 529 cm² **6** ③

1 (i) x cm인 철사가 빗변이 되는 경우
$x^2=9^2+41^2$을 만족시키는 자연수 x가 없다.
(ii) 41 cm인 철사가 빗변이 되는 경우
$41^2=9^2+x^2$, $x^2=1600$ ∴ $x=40(∵ x>0)$
따라서 구하는 직각삼각형의 둘레의 길이는
$9+40+41=90$(cm)

2 △ACD에서 피타고라스 정리에 의해 $\overline{AD}=24$ cm
△ABD에서 피타고라스 정리에 의해 $\overline{BD}=7$ cm
∴ △ABD의 둘레의 길이는 $25+7+24=56$(cm)

3 (□ABCD의 넓이)$=\overline{AB}^2=49$에서 $\overline{AB}=7$(cm)
(□CEFG의 넓이)$=\overline{CE}^2=441$에서 $\overline{CE}=21$(cm)
∴ $\overline{BE}=7+21=28$(cm)
∴ $\overline{BF}^2=21^2+28^2=35^2$ ∴ $\overline{AE}=35$(cm)($∵ \overline{AE}>0$)

4 △ABE가 직각삼각형이므로
피타고라스 정리에 의해 $\overline{BE}=20$(cm)
△ABC+△AED
$=△FBC+△FED$
$=\dfrac{1}{2}$□BCDE
$=\dfrac{1}{2}×20×20$
$=200$(cm²)

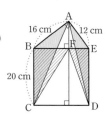

5 □EFGH에서 $\overline{EH}^2=289$이므로 $\overline{EH}=17$(cm)
△AEH에서 피타고라스 정리에 의해 $\overline{AE}=8$(cm)이고,
△AEH≡△DHG이므로 $\overline{DH}=8$(cm)이다.
∴ (□ABCD의 넓이)$=\overline{AD}^2=23^2=529$(cm²)

6 ③ □CFGH$=c^2-\dfrac{1}{2}×a×b×4=c^2-2ab$,
△ABC$=\dfrac{1}{2}ab$
⑤ $a=16$이므로 $\overline{CF}=a-b=16-12=4$

응용 문제 01
93쪽

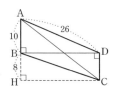

예제 ① 25, 25, 12, $\overline{BC}$, 16, 9, 4, 36, 3, 7 / 7 cm
1 30 **2** $\dfrac{48}{5}$ cm **3** $\dfrac{240}{17}$ **4** 32 cm

1 오른쪽 그림과 같이 점 C에서 $\overline{AB}$
의 연장선에 수선을 그어 그 수선
의 발을 H라 하자.
△ABD에서 피타고라스 정리에
의해 $\overline{BD}=24$
△AHC에서 $\overline{HC}=24$, $\overline{AH}=18$이므로
피타고라스 정리에 의해 $\overline{AC}=30$

2 구의 반지름의 길이를 r cm라 하면
△AEC에서 피타고라스 정리에 의해
$\overline{AE}=15$(cm)이므로 $\overline{AO}=15-r$
△AOD∽△ACE(AA 닮음)이므로
$r:8=(15-r):17$
$25r=120$ ∴ $r=\dfrac{24}{5}$
따라서 구의 지름의 길이는 $\dfrac{48}{5}$(cm)

3 일차함수 $y=-\dfrac{8}{15}x+16$의 그래프
와 x축, y축과의 교점을 각각 A, B라
하면 A(30, 0), B(0, 16)이다.
$\overline{AB}$의 길이는 피타고라스 정리에 의해 34이다.
직각삼각형 OAB에서
$\dfrac{1}{2}×16×30=\dfrac{1}{2}×34×\overline{OH}$ ∴ $\overline{OH}=\dfrac{240}{17}$

4 $\overline{A'D}=\overline{CD}$, $\angle EA'D=\angle FCD=90°$,
$\angle A'DE=90°-\angle EDF=\angle CDF$이므로
△A'ED≡△CFD(ASA 합동)이다.
∴ $\overline{A'E}=\overline{CF}=7(∵ \overline{A'E}=\overline{AE})$
△CFD에서 피타고라스 정리에 의해 $\overline{DF}=25$
따라서 $\overline{BF}=\overline{DF}=25$이므로
$\overline{BC}=\overline{BF}+\overline{FC}=25+7=32$(cm)

핵심 문제 02
94쪽

1 ④ **2** 3개 **3** 250 **4** 10
5 c^2, a^2, 제곱, c, a, a^2, a^2

1 ④ $a^2<b^2+c^2$이면 $\angle A<90°$이다. 여기서 a가 가장 긴 변의 길이가 아닐 때, $\angle A$는 예각이지만 다른 두 각 중 한 각은 둔각일 수도 있다.

2 (i) $\overline{AC}$는 가장 긴 변이므로 삼각형의 결정 조건에 의하여
$10<a<15$
(ii) $\angle B>90°$이므로 $a^2>5^2+10^2$, $a^2>125$
$\therefore a\geq12(\because a$는 자연수$)$
(i), (ii)에 의하여 $12\leq a<15$
따라서 a의 값이 될 수 있는 자연수의 개수는
12, 13, 14의 3개이다.

3 $\triangle AOD\backsim\triangle COB$이고 닮음비가 $1:3$이므로
$\overline{BC}=3\times5=15$
$\overline{AB}^2+\overline{CD}^2=\overline{AD}^2+\overline{BC}^2=5^2+15^2=250$

4 $\overline{DE}$를 그으면 $\triangle ADE\backsim\triangle ABC$
(SAS 닮음)이므로
$\overline{DE}:\overline{BC}=\overline{AD}:\overline{AB}=1:2$
$\overline{DE}=a(a>0)$이면 $\overline{BC}=2a$이다.
$\overline{DE}^2+\overline{BC}^2=\overline{BE}^2+\overline{CD}^2$이므로 $a^2+(2a)^2=125$,
$5a^2=125$, $a^2=25$ $\therefore a=5$ $\therefore \overline{BC}=2a=10$

응용 문제 02   95쪽

예제 **2** 15, 10, 15, 15, <, 10, <, =, 1, 2, 4, 2 / 2

1 15분   **2** 11   **3** 48 cm²   **4** 13π cm

1 $63^2+16^2=60^2+\overline{CE}^2$
$\overline{CE}^2=625$ $\therefore \overline{CE}=25$(km)
따라서 E 지점에서 출발하여 시속 100 km로 차를 타고 C 지점까지 이동하는 데 걸리는 시간은 $\dfrac{25}{100}$(시간)$=15$(분)

2 오른쪽 그림과 같이
$\triangle ABP$를 $\triangle DCP'$으로 이동
시키면 $\square DQCP'$은 대각선이
서로 수직인 사각형이 되므로
$\overline{DQ}^2+\overline{CP'}^2=\overline{DP'}^2+\overline{CQ}^2$이
성립한다.
$\overline{DQ}^2-\overline{CQ}^2=\overline{DP'}^2-\overline{CP'}^2=10^2-9^2=11$

3 $\overline{AB}=2a$라 하면
(반원의 넓이)$=\dfrac{1}{2}\times\pi\times a^2=26\pi$에서 $a^2=52$

$\triangle ABC$에서
$\overline{AC}^2=\overline{AB}^2-\overline{BC}^2$
$=(2a)^2-8^2=4a^2-64$
$=208-64=144$
$\therefore \overline{AC}=12$(cm)
$\therefore S_1+S_2=\triangle ABC=\dfrac{1}{2}\times8\times12=48$(cm²)

4 밑면의 둘레의 길이는
$2\pi\times3=6\pi$(cm)
구하는 최단 거리는 오른쪽 그림에서
$\overline{AB''}$의 길이와 같으므로
$\overline{AB''}^2=(6\pi+6\pi)^2+(5\pi)^2=169\pi^2$
$\overline{AB''}=13\pi$(cm)

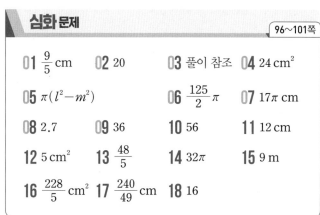

심화 문제   96~101쪽

01 $\dfrac{9}{5}$ cm	**02** 20	**03** 풀이 참조	**04** 24 cm²
05 $\pi(l^2-m^2)$	**06** $\dfrac{125}{2}\pi$	**07** 17π cm	
08 2.7	**09** 36	**10** 56	**11** 12 cm
12 5 cm²	**13** $\dfrac{48}{5}$	**14** 32π	**15** 9 m
16 $\dfrac{228}{5}$ cm²	**17** $\dfrac{240}{49}$ cm	**18** 16	

01 $\triangle ADE$에서
$\overline{AE}^2=\overline{AD}^2-\overline{DE}^2=5^2-4^2=9$ $\therefore \overline{AE}=3$
$\square ABGF$의 넓이는 $\overline{AE}$를 한 변으로 하는 정사각형의 넓이와 같으므로
$\square ABGF=\overline{AF}\times5=3^2$ $\therefore \overline{AF}=\dfrac{9}{5}$(cm)

02 $\overline{AE}$, $\overline{CD}$는 $\triangle ABC$의 중선이므로 $\overline{AE}$와 $\overline{CD}$의 교점 F는 $\triangle ABC$의 무게중심이다.
따라서 $\overline{AF}=2a$, $\overline{FE}=a$,
$\overline{CF}=2b$, $\overline{FD}=b$이므로
$\triangle ADF$에서 피타고라스 정리에 의하여 $(2a)^2+b^2=16$ … ㉠
$\triangle FEC$에서 피타고라스 정리에 의하여 $a^2+(2b)^2=9$ … ㉡
㉠, ㉡을 변끼리 더하면 $5a^2+5b^2=25$ $\therefore a^2+b^2=5$
$\triangle AFC$에서 피타고라스 정리에 의하여

$$\overline{\text{AC}}^2=(2a)^2+(2b)^2=4(a^2+b^2)=20$$

03 $\overline{\text{BC}}^2=\overline{\text{AB}}^2+\overline{\text{AC}}^2$ … ①

$\overline{\text{CM}}^2=\overline{\text{AM}}^2+\overline{\text{AC}}^2$ … ②

①−②를 하면

$$\begin{aligned}\overline{\text{BC}}^2-\overline{\text{CM}}^2&=\overline{\text{AB}}^2-\overline{\text{AM}}^2\\&=(2\overline{\text{AM}})^2-\overline{\text{AM}}^2\\&=3\overline{\text{AM}}^2\end{aligned}$$

04 △ABE에서

$\overline{\text{AE}}^2=30^2-24^2=324$ ∴ $\overline{\text{AE}}=18(\text{cm})$

$\overline{\text{AB}}/\!/\overline{\text{CD}}$이므로 ∠BAE=∠DCE=90°,

∠AEB=∠CED이므로

△ABE∽△CDE(AA 닮음)

$\overline{\text{AE}}:\overline{\text{EC}}=\overline{\text{AB}}:\overline{\text{CD}}$, $18:6=24:\overline{\text{CD}}$

∴ $\overline{\text{CD}}=8(\text{cm})$

따라서 △ECD$=\dfrac{1}{2}\times6\times8=24(\text{cm}^2)$

05 큰 원과 작은 원의 반지름의 길이를

각각 R, r라 하고 원의 중심에서 현까

지의 거리를 x라 하면

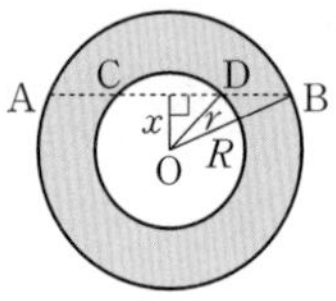

피타고라스 정리에 의하여

$R^2-x^2=l^2$, $r^2-x^2=m^2$

위 두 식을 정리하면 $R^2-r^2=l^2-m^2$

따라서 구하는 두 원의 넓이 차는 다음과 같다.

$\pi R^2-\pi r^2=\pi(R^2-r^2)=\pi(l^2-m^2)$

06 피타고라스 정리에 의해 △ABC에서 $\overline{\text{AC}}=25$

(색칠한 부분의 넓이)

$=\{(\triangle\text{ABC})+(\text{부채꼴 ACA}'\text{의 넓이})\}-(\triangle\text{ABC})$

$=(\text{부채꼴 ACA}'\text{의 넓이})$

$=\pi\times25^2\times\dfrac{36°}{360°}$

$=\dfrac{125}{2}\pi$

07 오른쪽 그림과 같은 원기둥의

전개도에서

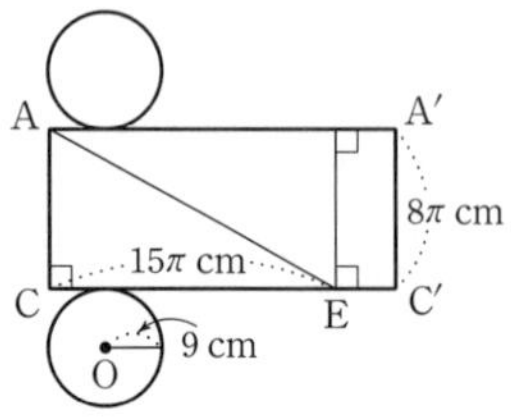

$\overline{\text{CE}}=2\pi\times9\times\dfrac{300°}{360°}$

$=15\pi(\text{cm})$

△ACE에서

$\overline{\text{AE}}^2=(15\pi)^2+(8\pi)^2=289\pi^2$

∴ $\overline{\text{AE}}=17\pi(\text{cm})$

08 $\overline{\text{BC}}=\overline{\text{BQ}}$이므로 △ABQ에서

$\overline{\text{AQ}}^2=15^2-12^2=81$ ∴ $\overline{\text{AQ}}=9$

$\overline{\text{DQ}}=15-9=6$

△ABQ∽△DQP(AA 닮음)이므로

$\overline{\text{AB}}:\overline{\text{DQ}}=\overline{\text{AQ}}:\overline{\text{DP}}$

$12:6=9:\overline{\text{DP}}$ ∴ $\overline{\text{DP}}=\dfrac{9}{2}$

△DQP에서 피타고라스 정리에 의해 $\overline{\text{PQ}}=\dfrac{15}{2}$

$\overline{\text{DP}}^2=\overline{\text{PQ}}\cdot\overline{\text{PH}}$이므로

$\left(\dfrac{9}{2}\right)^2=\dfrac{15}{2}\times\overline{\text{PH}}$ ∴ $\overline{\text{PH}}=\dfrac{27}{10}$

09 $\overline{\text{BN}}/\!/\overline{\text{AD}}$이므로 ∠ANC=∠DAN=∠MAN

△AMN은 이등변삼각형이고, △ABM에서

$\overline{\text{AM}}^2=\overline{\text{AB}}^2+\overline{\text{BM}}^2=8^2+6^2=100$ ∴ $\overline{\text{AM}}=10$

$\overline{\text{AM}}=\overline{\text{MN}}=10$, $\overline{\text{MC}}=6$ ∴ $\overline{\text{NC}}=4$

△AED∽△NEC이고,

$\overline{\text{ED}}:\overline{\text{EC}}=\overline{\text{AD}}:\overline{\text{NC}}=12:4=3:1$이므로

$\overline{\text{EC}}=8\times\dfrac{1}{4}=2$ ∴ △CNE$=\dfrac{1}{2}\times4\times2=4$

∴ □AMCE$=\triangle\text{AMN}-\triangle\text{CNE}$

$=\dfrac{1}{2}\times(6+4)\times8-4$

$=40-4=36$

10 오른쪽 그림과 같이 $\overline{\text{BC}}=a$,

$\overline{\text{AC}}=b$, ∠ACB=90°라 하면

$a^2+b^2=25^2=625$ … ㉠

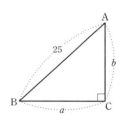

직각삼각형의 넓이는 $\dfrac{1}{2}ab=84$

∴ $ab=168$ … ㉡

㉠과 ㉡에 의하여

$\begin{aligned}(a+b)^2&=a^2+2ab+b^2\\&=625+2\times168\\&=961=31^2\end{aligned}$

∴ $a+b=31$

따라서 세 변의 길이의 합은 $a+b+25=56$

11 △APE의 넓이가 50 cm²이면

$\dfrac{1}{2}\times\overline{\text{AE}}\times\overline{\text{EP}}=\dfrac{1}{2}\times10\times\overline{\text{EP}}=50$ ∴ $\overline{\text{EP}}=10(\text{cm})$

△EFP에서 $\overline{\text{FP}}^2=\overline{\text{EP}}^2-\overline{\text{EF}}^2=10^2-8^2=36$

∴ $\overline{\text{FP}}=6(\text{cm})$

점 P의 위치가 $\overline{\text{FP}}=6$ cm인 지점부터 꼭짓점 H까지가 조건

을 만족시키는 범위이다. 즉,

$\overline{PG}=10-6=4(\text{cm})$, $\overline{HG}=8(\text{cm})$

따라서 조건을 만족시키는 점 P의 이동거리는

$4+8=12(\text{cm})$이다.

12 $\overline{AP}=\overline{CP}=x$라 하면 $\overline{BP}=4-x$

△ABP는 직각삼각형이므로

$2^2+(4-x)^2=x^2$, $4+16-8x+x^2=x^2$ ∴ $x=\dfrac{5}{2}$

따라서 마름모 APCQ의 넓이는 $2\times\dfrac{5}{2}=5(\text{cm}^2)$

13 △ABC에서

$\overline{AC}^2=\overline{AB}^2-\overline{BC}^2=20^2-12^2=256$ ∴ $\overline{AC}=16$

$\overline{DM}=x$라 하면 $\overline{DE}=2x$, $\overline{BE}=12-x$

△DBE∽△ABC(AA 닮음)에서

$\overline{DE}:\overline{AC}=\overline{BE}:\overline{BC}$

$2x:16=(12-x):12$, $x=\dfrac{24}{5}$

따라서 정사각형 DEFG의 한 변의 길이는 $\dfrac{24}{5}\times2=\dfrac{48}{5}$

14 오른쪽 그림에서 $\overline{OQ}$는

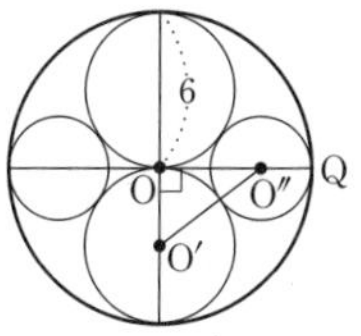

원 O''의 접선이므로

$\angle O'OO''=90°$

즉, 원 O''의 반지름의 길이를 r이라

하면 $\overline{O'O''}=3+r$,

$\overline{OO''}=\overline{OQ}-r=6-r$이므로

직각삼각형 $O'OO''$에서

$(6-r)^2+3^2=(3+r)^2$, $36-12r+r^2+9=9+6r+r^2$

∴ $r=2$

즉, 원 O, O′, O″의 반지름의 길이는 각각 6, 3, 2이다.

∴ (5개의 원의 둘레의 길이의 합)

$=2\pi\times6+2(2\pi\times3)+2(2\pi\times2)=32\pi$

15 점 O에서 $\overline{AB}$에 내린 수선의

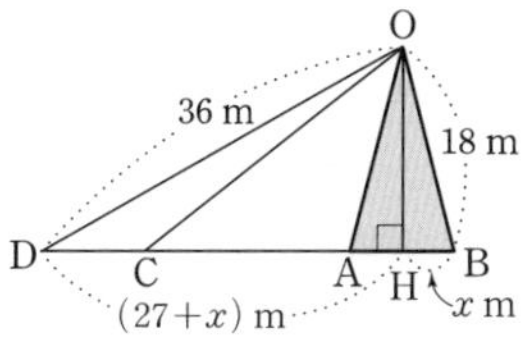

발을 H라 하고, $\overline{BH}=x$라

하면 피타고라스 정리에 의해

$\overline{OH}^2=18^2-x^2$

△AOB에서

$\angle B=2\angle OCA$, $\angle A=\angle OCA+\angle COA$이므로

$\angle OCA=\angle COA$

따라서 △AOC는 이등변삼각형이다.

∴ $\overline{OA}=\overline{AC}=18(\text{m})$

△ODH에서 $36^2=(27+x)^2+18^2-x^2$, $x=\dfrac{9}{2}$

∴ $\overline{AB}=2x=9(\text{m})$

16 △BCE에서 $\overline{CE}^2=10^2-8^2=36$

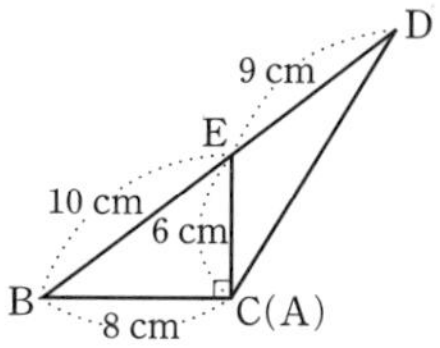

∴ $\overline{CE}=6(\text{cm})(∵\overline{CE}>0)$

$\angle AED+\angle BEC$

$=360°-90°-90°=180°$이고,

$\overline{AE}=\overline{CE}$이므로

$\overline{AE}$와 $\overline{CE}$가 맞붙도록 △AED를 움직이면 오른쪽 그림과 같다.

$\triangle EBC=\dfrac{1}{2}\times8\times6=24(\text{cm}^2)$

∴ $\triangle DBC=\dfrac{19}{10}\triangle EBC=\dfrac{19}{10}\times24=\dfrac{228}{5}(\text{cm}^2)$

따라서 색칠한 부분의 넓이는 $\dfrac{228}{5}$ cm²

17 꼭짓점 A에서 $\overline{BC}$에 내린 수선의

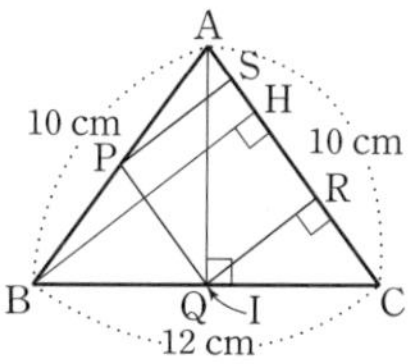

발을 I라 하면

$\overline{BI}=\overline{CI}=6(\text{cm})$이고 피타고라

스정리에 의해 $\overline{AI}=8(\text{cm})$

꼭짓점 B에서 $\overline{AC}$에 내린 수선의

발을 H라 하면 △ABC의 넓이에서

$\dfrac{1}{2}\times\overline{BC}\times\overline{AI}=\dfrac{1}{2}\times\overline{AC}\times\overline{BH}$

$\dfrac{1}{2}\times12\times8=\dfrac{1}{2}\times10\times\overline{BH}$, $\overline{BH}=\dfrac{48}{5}(\text{cm})$

□PQRS의 한 변의 길이를 x라고 하면

△QCR∽△BCH이므로 $\overline{QC}:\overline{BC}=\overline{QR}:\overline{BH}$

$\overline{QC}:12=x:\dfrac{48}{5}$, $\overline{QC}=\dfrac{5}{4}x$

또한, $\angle B$는 공통, $\angle ACB=\angle PQB(∵\overline{AC}/\!/\overline{PQ})$이므로

△ABC∽△PBQ(AA 닮음)이다.

$\overline{BC}:\overline{BQ}=\overline{AC}:\overline{PQ}$에서

$12:\left(12-\dfrac{5}{4}x\right)=10:x$, $x=\dfrac{240}{49}(\text{cm})$

18 오른쪽 그림과 같이 화살표를 따라

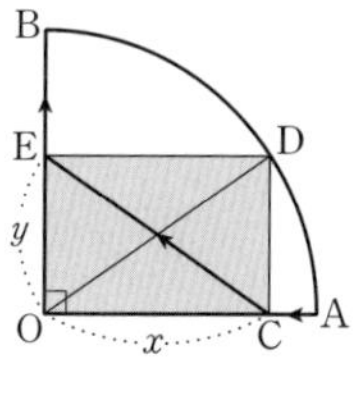

이동하는 거리가 최단거리이다.

$\overline{OC}=x$, $\overline{OE}=y$로 놓으면

$\overline{OD}=\overline{CE}=10$

(∵ □OCDE는 직사각형)

∴ $x^2+y^2=\overline{CE}^2=\overline{OD}^2=100$

또, 직사각형 OCDE의 넓이가 48이므로 $xy=48$

$(x+y)^2=x^2+y^2+2xy=100+2\times48=196$에서

$x+y=14(∵x+y>0)$

∴ $\overline{AC}+\overline{CE}+\overline{EB}=(10-x)+10+(10-y)$

$=30-(x+y)$

$=30-14$

$=16$

최상위 문제
[102~107쪽]

01 50 **02** 2 **03** 풀이 참조 **04** $8 < x < 20$

05 16개 **06** 4.8 **07** 72 **08** $\dfrac{45}{4}$ cm

09 $\dfrac{700}{3}\pi$ cm² **10** (1, 2) **11** $\dfrac{900}{109}$

12 48 **13** 4 cm **14** 18 **15** $\dfrac{81}{10}$

16 $\dfrac{5}{3}$ cm **17** 25 : 36 **18** 420

01 밑변의 길이를 l, 높이를 h라 하면 피타고라스 정리에 의하여 다음이 성립한다.

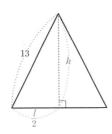

$$\left(\dfrac{l}{2}\right)^2 + h^2 = 13^2 = 169$$

만약 l이 홀수이면 $\left(\dfrac{l}{2}\right)^2$은 정수

가 아니므로 모순이다. 그러므로 l은 짝수이다.
이때 $l = 2k$라 하면 피타고라스 정리에 의해 $k^2 + h^2 = 169$
따라서 $(k, h) = (5, 12)$ 또는 $(12, 5)$
(i) $(k, h) = (5, 12)$인 경우 둘레의 길이는 $2(13 + k) = 36$
(ii) $(k, h) = (12, 5)$인 경우 둘레의 길이는 $2(13 + k) = 50$
(i)과 (ii)에서 구하는 최댓값은 50

02 △ABC는 직각삼각형이고 점 G는 무게중심, 점 M은 외심이므로
$\overline{AM} = \overline{BM} = \overline{CM}$
$\overline{BC}^2 = 6^2 + 8^2 = 100$

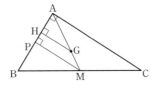

$\therefore \overline{BC} = 10$, $\overline{AM} = 5$, $\overline{AG} = \dfrac{2}{3}\overline{AM} = \dfrac{10}{3}$

점 M에서 $\overline{AB}$에 내린 수선의 발을 P라 하면
△MAB는 이등변삼각형($\because \overline{AM} = \overline{BM}$)이므로
$\therefore \overline{AP} = 3$, $\overline{AH} = \dfrac{2}{3}\overline{AP} = 2$

03

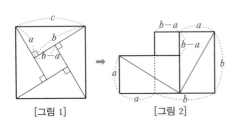

[그림 1]과 같이 변의 길이를 각각 a, b, c라 하자.
[그림 1]은 합동인 직각삼각형 4개와 작은 정사각형 1개로 넓이가 c^2인 하나의 큰 정사각형을 이루고 있다. 또, 직각삼각형

과 작은 정사각형을 [그림 2]와 같이 짜 맞추면 넓이가 a^2, b^2인 두 정사각형으로 이루어져 있음을 알 수 있다.

[그림 1]과 [그림 2]의 도형의 넓이가 같으므로 $c^2 = a^2 + b^2$
즉, 피타고라스 정리가 증명된다.

04 오른쪽 그림과 같이 점 A를 중심으로 반지름의 길이가 7인 원을 그린다.

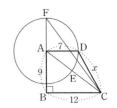

□ABCD가 볼록다각형이 되려면 점 D가 $\overparen{EF}$ 위에 있어야 한다.
(단, 점 E와 F는 제외)
또, 점 D가 점 E로 가까이 가면 x는 $\overline{CE}$에 가까워지고,
점 D가 점 F로 가까이 가면 x는 $\overline{CF}$에 가까워지므로
$\overline{CE} < x < \overline{CF}$
$\overline{AC}^2 = 9^2 + 12^2 = 225$, $\overline{AC} = 15$
$\therefore \overline{CE} = \overline{AC} - \overline{AE} = 15 - 7 = 8$
$\overline{CF}^2 = (9 + 7)^2 + 12^2 = 400$ $\therefore \overline{CF} = 20$
$\therefore 8 < x < 20$

05 $\overline{OA}$, $\overline{OB}$, $\overline{OC}$, ⋯, $\overline{OJ}$의 길이를 각각 a, b, c, ⋯, j라 하면
$a^2 = 2$, $b^2 = 3$, $c^2 = 4$, ⋯, $j^2 = 11$
(i) $\overline{OA}$가 가장 짧은 변일 때
$2 + 3 = 5$에서 (a, b, d), $2 + 4 = 6$에서 (a, c, e),
$2 + 5 = 7$에서 (a, d, f), $2 + 6 = 8$에서 (a, e, g),
$2 + 7 = 9$에서 (a, f, h), $2 + 8 = 10$에서 (a, g, i),
$2 + 9 = 11$에서 (a, h, j)
(ii) $\overline{OB}$가 가장 짧은 변일 때
$3 + 4 = 7$에서 (b, c, f), $3 + 5 = 8$에서 (b, d, g),
$3 + 6 = 9$에서 (b, e, h), $3 + 7 = 10$에서 (b, f, i),
$3 + 8 = 11$에서 (b, g, j)
(iii) $\overline{OC}$가 가장 짧은 변일 때
$4 + 5 = 9$에서 (c, d, h), $4 + 6 = 10$에서 (c, e, i),
$4 + 7 = 11$에서 (c, f, j)
(iv) $\overline{OD}$가 가장 짧은 변일 때
$5 + 6 = 11$에서 (d, e, j)
따라서 (i)~(iv)에서 구하는 직각삼각형은
$7 + 5 + 3 + 1 = 16$(개)

06 오른쪽 그림과 같이 점 A에서 $\overline{BD}$에 내린 수선의 발을 점 G라 하자.
이때 이등변삼각형 AOD의 변 AO, DO 또는 그 연장선에 내린 수선의 길이 합인 $\overline{PE} + \overline{PF}$의 값은 $\overline{AG}$로 일정하다.

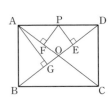

따라서 피타고라스 정리에 의하여

$\overline{BD}^2 = 6^2 + 8^2 = 100$

$\therefore \overline{BD} = 10$

그러므로 다음이 성립한다.

$\triangle ABD = \dfrac{1}{2}\overline{AG} \times \overline{BD} = \dfrac{1}{2}\overline{AB} \times \overline{AD}$

$\therefore \overline{AG} = \overline{AB} \times \overline{AD} \div \overline{BD} = 6 \times 8 \div 10 = 4.8$

따라서 구하는 $\overline{PE} + \overline{PF} = \overline{AG} = 4.8$

참고 $\overline{OP}$를 그으면

$\triangle OAD = \triangle AOP + \triangle DOP$

$= \dfrac{1}{2} \times 5 \times \overline{PF} + \dfrac{1}{2} \times 5 + \overline{PE}$

$= \dfrac{1}{2} \times 5 \times (\overline{PF} + \overline{PE})$

또, $\triangle OAD = \dfrac{1}{2}\overline{OD} \times \overline{AG} = \dfrac{5}{2} \times \overline{AG}$

즉 $\overline{PF} + \overline{PE}$의 길이는 높이 $\overline{AG}$의 길이와 같다.

07 □ABCD에서 $\overline{AD} = a$,
$\overline{CD} = b(a > b)$라 하면
$\overline{BD}^2 = a^2 + 3^2 = b^2 + 9^2$
$a^2 - b^2 = (a+b)(a-b) = 72$
$a+b$, $a-b$도 자연수이므로 위의 식을 만족시키는 $a+b$, $a-b$의 값을 표로 나타내면 다음과 같다.

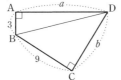

$a+b$	72	36	24	18	12	9
$a-b$	1	2	3	4	6	8

따라서 a, b의 값은 다음과 같다.

a	$\dfrac{73}{2}$	19	$\dfrac{27}{2}$	11	9	$\dfrac{17}{2}$
b	$\dfrac{71}{2}$	17	$\dfrac{21}{2}$	7	3	$\dfrac{1}{2}$

그런데 a, b가 자연수이므로 □ABCD의 둘레의 길이는
$a = 19$, $b = 17$일 때 최대이고 $a = 9$, $b = 3$일 때 최소이다.
따라서 □ABCD의 둘레의 길이의
최댓값은 $3 + 9 + 19 + 17 = 48$이고
최솟값은 $3 + 9 + 9 + 3 = 24$이므로
구하는 값은 $48 + 24 = 72$

08 $\overline{MN}$을 오른쪽 그림과 같이
평행이동시키면 $\overline{MN} = \overline{DF}$

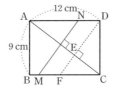

$\triangle ABC$에서
$\overline{AC}^2 = \overline{AB}^2 + \overline{BC}^2 = 9^2 + 12^2 = 225$

$\therefore \overline{AC} = 15\,(\text{cm})$

$\triangle ACD$에서 $\overline{AC} \cdot \overline{DE} = \overline{AD} \cdot \overline{DC}$

$15 \times \overline{DE} = 12 \times 9 \qquad \therefore \overline{DE} = \dfrac{36}{5}\,(\text{cm})$

$\triangle FCD \backsim \triangle CED$ (AA 닮음)이므로 $\overline{DC} : \overline{DE} = \overline{DF} : \overline{DC}$

$\overline{DC}^2 = \overline{DE} \times \overline{DF}$, $9^2 = \dfrac{36}{5} \times \overline{DF} \qquad \therefore \overline{DF} = \dfrac{45}{4}\,(\text{cm})$

$\therefore \overline{MN} = \overline{DF} = \dfrac{45}{4}\,(\text{cm})$

09 원뿔대의 단면을 평면으로 나타
내어 보면 오른쪽 그림과 같다.
점 O는 작은 원과 큰 원의 중심
이다.

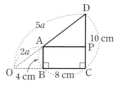

점 A에서 $\overline{OC}$에 평행한 선분을
그어 $\overline{CD}$와 만나는 점을 P라 하면
$\angle ABO = \angle DCO = 90°$, $\angle O$는 공통이므로
$\triangle AOB \backsim \triangle DOC$ (AA 닮음)

$\overline{CD} : \overline{BA} = 10 : 4 = 5 : 2$이므로 $\overline{OD} : \overline{OA} = 5 : 2$

$\therefore \overline{AD} : \overline{OA} = 3 : 2$

작은 원의 반지름을 $2a$라 하면, 큰 원의 반지름은 $5a$가 된다.

또, $\overline{DP} = \overline{CD} - \overline{PC} = 10 - 4 = 6\,(\text{cm})$

이때, $\angle P = 90°$이므로 $\overline{AP}^2 + \overline{PD}^2 = \overline{AD}^2$

$8^2 + 6^2 = (3a)^2$, $9a^2 = 100 \qquad \therefore a^2 = \dfrac{100}{9}$

따라서 구하는 부분의 넓이는

(큰 원의 넓이) $-$ (작은 원의 넓이)

$= (5a)^2\pi - (2a)^2\pi = (25 - 4)a^2\pi$

$= 21 \cdot \dfrac{100}{9}\pi$

$= \dfrac{700}{3}\pi\,(\text{cm}^2)$

10 외심의 좌표를 $P(x, y)$
라 하면 외심의 정의에
의하여 다음이 성립한다.

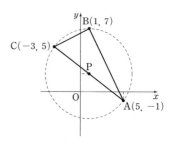

$\overline{PA} = \overline{PB} = \overline{PC}$

$\overline{PA}$, $\overline{PB}$를 각각 빗변으
로 갖는 직각삼각형을 그
리면
즉, $\overline{PA}^2 = \overline{PB}^2$이므로 다음이 성립한다.

$(x-5)^2 + (y+1)^2 = (x-1)^2 + (y-7)^2$

$\therefore x - 2y = -3 \cdots \text{㉠}$

또한 $\overline{PA}^2 = \overline{PC}^2$이므로 다음이 성립한다.

$(x-5)^2 + (y+1)^2 = (x+3)^2 + (y-5)^2$

$\therefore 4x - 3y = -2 \cdots \text{㉡}$

따라서 ㉠, ㉡를 연립하여 풀면 $x = 1$, $y = 2$이다.

11 정사각형 ABCD의 한 변의 길이를 $2x$라 하고 $\overarc{PQ}$의 이등분점 M에 대하여 $\overline{OM}$이 $\overline{AB}$, $\overline{PQ}$, $\overline{DC}$와 만나는 점을 각각 E, F, G라 하자.

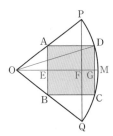

이때 피타고라스 정리에 의하여
$$\overline{OG}^2=\overline{OD}^2-\overline{GD}^2=25-x^2 \cdots ㉠$$
한편 $\overline{PF}=3$, $\overline{OP}=5$에서 $\overline{OF}=4$이고
$△OAE∽△OPF$이므로 $\overline{OE}=\dfrac{4}{3}\overline{AE}=\dfrac{4}{3}x$
$$\overline{OG}=\overline{OE}+\overline{EG}=\dfrac{4}{3}x+2x=\dfrac{10}{3}x \cdots ㉡$$
㉠과 ㉡에 의하여 $\left(\dfrac{10}{3}x\right)^2=25-x^2$, $x^2=25\times\dfrac{9}{109}$
따라서 $\square ABCD=4x^2=\dfrac{900}{109}$

12 $\angle EAF+\angle FAC=90°$, $\angle FAC+\angle CAB=90°$
$\therefore \angle EAF=\angle CAB$
$\angle FEA=\angle BCA=90°$, $\overline{AC}=\overline{AE}$
$\therefore △ABC\equiv△AFE$(ASA 합동)
$\overline{AB}=\overline{AF}$이므로
$△ABF=\dfrac{1}{2}\times\overline{AB}\times\overline{AF}=\dfrac{1}{2}\times\overline{AB}^2=\dfrac{1}{2}c^2=200$
$\therefore c=20$
정사각형의 넓이가 256이므로
$b^2=256$ $\therefore b=16$
$c^2=a^2+b^2$이므로 $20^2=16^2+a^2$
$\therefore a=12$
$\therefore a+b+c=12+16+20=48$

13 주어진 원뿔을 전개하면 오른쪽 그림과 같은 부채꼴이다. 원뿔대의 윗면과 밑면의 반지름의 길이의 비가 $5:10=1:2$이므로 부채꼴 OBB'과 부채꼴 OAA'의 닮음비는 $1:2$이다.

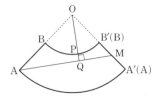

$\therefore \overline{OB}=\overline{AB}=20(cm)$, $\overline{B'M}=\overline{A'M}=10(cm)$
윗면의 반지름의 길이가 5 cm이므로
$\overarc{BB'}=2\pi\times5=10\pi(cm)$
중심이 O이고 반지름이 $\overline{BO}$인 원의 둘레의 길이는 40π cm이므로 $\angle BOB'=\dfrac{10\pi}{40\pi}\times360°=90°$

따라서 $△AOM$은 직각삼각형이므로
$$\overline{AM}^2=40^2+30^2=2500 \quad \therefore \overline{AM}=50(cm)$$
$△AOM$의 넓이에서 $\overline{AO}\cdot\overline{OM}=\overline{AM}\cdot\overline{OQ}$이므로
$40\times30=50\times\overline{OQ}$ $\therefore \overline{OQ}=24(cm)$
그러므로 구하는 최단거리는
$\overline{PQ}=\overline{OQ}-\overline{OP}=\overline{OQ}-\overline{OB}=24-20=4(cm)$

14 (P의 넓이)+(Q의 넓이)=(R의 넓이)이므로
(R의 넓이)$=16+9=25$
즉 정사각형 P, Q, R의 넓이가 각각 16, 9, 25이므로 한 변의 길이는 각각 4, 3, 5이다.
이때 $△HCG=\dfrac{1}{2}\times4\times3=6$
오른쪽 그림과 같이 두 점 I, F에서 $\overline{DA}$의 연장선, $\overline{EB}$의 연장선에 내린 수선의 발을 각각 K, J라 하면
$△ABC∽△AIK$(AA 닮음),
$\overline{AB}:\overline{AI}=\overline{BC}:\overline{IK}$,

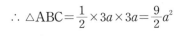

즉 $5:4=3:\overline{IK}$ $\therefore \overline{IK}=\dfrac{12}{5}$
$\therefore △IAD=\dfrac{1}{2}\times\overline{AD}\times\overline{IK}=\dfrac{1}{2}\times5\times\dfrac{12}{5}=6$
$△ABC∽△FBJ$(AA 닮음), $\overline{AB}:\overline{FB}=\overline{AC}:\overline{FJ}$,
즉 $5:3=4:\overline{FJ}$ $\therefore \overline{FJ}=\dfrac{12}{5}$
$\therefore △FBE=\dfrac{1}{2}\times\overline{BE}\times\overline{FJ}=\dfrac{1}{2}\times5\times\dfrac{12}{5}=6$
$\therefore$ (색칠한 부분의 넓이)$=△HCG+△IAD+△FBE=18$

15 $\overline{AP}=a$라 하면
$\overline{AP}=\overline{PQ}=\overline{QC}=\overline{CR}=\overline{RS}=\overline{SB}=a$이다.
$△NSC$에서
$\overline{NC}^2=(2a)^2+a^2=5a^2$이므로
$5a^2=9$ $\therefore a^2=\dfrac{9}{5}$

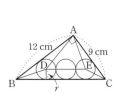

$\therefore △ABC=\dfrac{1}{2}\times3a\times3a=\dfrac{9}{2}a^2$
$=\dfrac{9}{2}\times\dfrac{9}{5}=\dfrac{81}{10}$

16 점 D, E는 각각 작은 원의 중심이고, 원의 반지름을 r라 하면
($△ABD$의 넓이)$=6r$,
($△AEC$의 넓이)$=\dfrac{9}{2}r$

피타고라스 정리에 의해 $\overline{BC}=15$ cm

($\square$BCED의 넓이)$=\dfrac{1}{2}r(4r+15)$

$\triangle$ADE의 점 A에서 변 BC까지의 높이를 h라 하면

$\overline{AB}\times\overline{AC}=\overline{BC}\times h$　　$\therefore h=\dfrac{36}{5}$(cm)

($\triangle$ADE의 넓이)$=\dfrac{1}{2}\left(\dfrac{36}{5}-r\right)\times 4r=2r\left(\dfrac{36}{5}-r\right)$

($\triangle$ABD$+\triangle$AEC$+\square$BCED$+\triangle$ADE의 넓이)
$=$($\triangle$ABC의 넓이)이므로

$6r+\dfrac{9}{2}r+\dfrac{1}{2}r(4r+15)+2r\left(\dfrac{36}{5}-r\right)=54$

$\therefore r=\dfrac{5}{3}$(cm)

17 오른쪽 그림과 같이 기호를 붙이
고 $\overline{BM}=\overline{MC}=a$, $\overline{BQ}=b$라고
하면 $\overline{QM}=\overline{QA}=2a-b$
$\triangle$BMQ에서 피타고라스 정리에
의하여 $(2a-b)^2=a^2+b^2$
$\therefore b=\dfrac{3}{4}a \cdots$ ㉠

$\triangle$BMQ$\backsim\triangle$CNM에서

$\overline{CN}=\dfrac{\overline{BM}}{\overline{BQ}}\cdot\overline{CM}=\dfrac{a}{b}\times a=\dfrac{4}{3}a(\because㉠)$

$\overline{PE}=\overline{PD}=c$라고 하면 $\overline{PN}=2a-\overline{CN}-c=\dfrac{2}{3}a-c$

$\triangle$ENP$\backsim\triangle$BMQ에서 $\overline{PN}\cdot\overline{QB}=\overline{PE}\cdot\overline{QM}$, 즉

$\left(\dfrac{2}{3}a-c\right)\times\dfrac{3}{4}a=c\times\left(2a-\dfrac{3}{4}a\right)$　　$\therefore c=\dfrac{a}{4}$

(연보라색 부분의 넓이)
$=\triangle$BMQ$+\triangle$CNM$=\dfrac{1}{2}a\times\dfrac{3}{4}a+\dfrac{1}{2}a\times\dfrac{4}{3}a=\dfrac{25}{24}a^2$

(흰색 부분의 넓이)
$=$(사다리꼴 EPQM)$=\dfrac{1}{2}\left(\dfrac{1}{4}a+\dfrac{5}{4}a\right)\times 2a=\dfrac{3}{2}a^2$

따라서 구하는 넓이의 비는 $\dfrac{25}{24}a^2:\dfrac{3}{2}a^2=25:36$

18 직각삼각형의 세 변의 길이를 a, b, c라 하고 피타고라스 정
리를 만족시키는 세 자연수 a, b, c의 순서쌍을 나열하면
$(3, 4, 5)$, $(5, 12, 13)$, $(6, 8, 10)$, $(7, 24, 25)$,
$(8, 15, 17)$, $(9, 40, 41)$, $(10, 24, 26)$, $\cdots$
이때 세 직각삼각형의 빗변이 아닌 한 변의 길이가 24이므로
가장 큰 수를 제외한 두 수 중 하나가 24이어야 한다. 즉, 직
각삼각형의 세 변의 길이는 $(7, 24, 25)$, $(10, 24, 26)$,
$(18, 24, 30)$, $(24, 32, 40)$, $(24, 45, 51)$, $\cdots$ 중 세 직각삼

각형의 넓이의 합이 최소가 되어야 하므로 $(7, 24, 25)$,
$(10, 24, 26)$, $(18, 24, 30)$이다.
따라서 구하는 넓이는

$\dfrac{1}{2}\times 7\times 24+\dfrac{1}{2}\times 10\times 24+\dfrac{1}{2}\times 18\times 24=420$

특목고 / 경시대회 실전문제　108~110쪽

01 56　　**02** 115 cm　　**03** $(2+4\pi)a^2$

04 8　　**05** 72　　**06** 500 cm　　**07** 100

08 $\dfrac{8}{17}$　　**09** 118

01 세 변의 길이를 $a>b>c$라 하면

$14=a+b+c<3a$　　$\therefore a>\dfrac{14}{3} \cdots$ ①

$a<b+c=(a+b+c)-a=14-a$

$\therefore a<7 \cdots$ ②

①, ②에서 $\dfrac{14}{3}<a<7$　　$\therefore a=5$ 또는 $a=6$

(i) $a=5$일 때, $b+c=9$가 되어야 하므로
$a>b>c$(a, b, c는 자연수)의 조건에 부적합

(ii) $a=6$일 때, $b+c=8$이 되어야 하므로
$b=5$, $c=3$($\because a>b>c$)

따라서 오른쪽 그림과 같이 세
변의 길이가 6, 5, 3인
$\triangle$ABC의 넓이를 구하면 된다.
$\triangle$ABC에서 $\overline{AD}\perp\overline{BC}$,
$\overline{BD}=x$라 하면

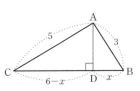

$\triangle$ACD에서 $\overline{AD}^2=5^2-(6-x)^2$,
$\triangle$ABD에서 $\overline{AD}^2=3^2-x^2$

$5^2-(6-x)^2=3^2-x^2$, $x=\dfrac{5}{3}$, $\overline{AD}^2=\dfrac{56}{9}$

$\therefore S^2=\left(\dfrac{1}{2}\times 6\times\overline{AD}\right)^2=9\times\overline{AD}^2=9\times\dfrac{56}{9}=56$

02

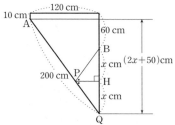

위 그림과 같이 $\overline{PH} \perp \overline{QB}$, $\overline{HB}=\overline{HQ}$가 되도록 점 P, Q, H를 정하면 $\triangle PBH \equiv \triangle PQH$

피타고라스 정리에서 $(2x+50)^2+120^2=200^2$,

$(2x+50)^2=200^2-120^2=25600$,

$2x+50=160(\because 2x+50>0)$

$\therefore x=55\,(\text{cm})$

따라서 천정에서 추까지의 거리는 $(60+x)\,\text{cm}$이므로

$60+55=115\,(\text{cm})$

03 $\overline{AP}^2+\overline{BP}^2<\overline{AB}^2$에서 삼각형 ABP는 $\angle P$가 둔각인 둔각삼각형이다. 즉, 점 P는 $\overline{AB}$를 지름으로 하는 원의 내부의 점들이다. 따라서 오른쪽 그림에서 색칠한 부분이 바로 점이 나타내는 궤적에 해당한다. 따라서 그 넓이는

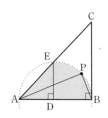

$(\triangle\text{ADE의 넓이})+(\text{사분원 EDB})=\dfrac{1}{2}\cdot(2a)^2+\pi\cdot(2a)^2$

따라서 구하는 부분의 넓이는 $(2+4\pi)a^2$이다.

04 직선 l_1의 기울기는 직선 l_2의 기울기의 10배이다. 그리고 직선 $y=nx$는 직선 $y=mx=10nx$와 x축이 이루는 각의 이등분선이 된다.

오른쪽 그림에서 삼각형의 내각의 이등분선의 성질을 이용하면

$\overline{OA}:\overline{OB}=\overline{AC}:\overline{CB}=1:9$

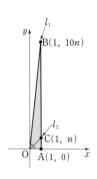

이때 세 점 $O(0,0)$, $A(1,0)$, $B(1,10n)$을 꼭짓점으로 하는 직각삼각형에 대하여 피타고라스 정리를 이용하면

$\overline{OB}^2=\overline{OA}^2+\overline{AB}^2 \quad \therefore 9^2=1^2+(10n)^2$

$\therefore n^2=\dfrac{4}{5}$

따라서 구하는 $mn=10n^2=10\times\dfrac{4}{5}=8$이다.

05 오른쪽 그림과 같이 중점 E를 지나 변 BC와 평행한 직선이 변 AB와 만나는 점을 F라고 하자.

두 선분 EF와 AD의 교점을 M이라 하면, 점 E가 변 AC의 중점이므로 $\overline{AM}=\overline{MD}$이다.

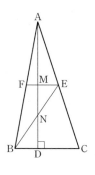

한편, 두 선분 BE와 AD의 교점을 N이라 하면, 조건에 의해 $\overline{BN}=\overline{NE}$이고 $\angle NEM=\angle NBD$(엇각)이므로 $\triangle NEM \equiv \triangle NBD$이다.

그러므로 $\overline{MN}=\overline{ND}$이고 $\overline{BD}=\overline{ME}$이다.

그리고 $\triangle AME$와 $\triangle ADC$는 닮음비가 $1:2$이므로 $\overline{DC}=2\overline{ME}=2\overline{BD}$이다.

그러므로 $\overline{BD}=\dfrac{1}{3}\overline{DC}=3$이고 $\overline{DC}=6$이다.

직각삼각형 NBD에서 $\overline{BN}=5$이고 $\overline{BD}=3$이므로 피타고라스 정리에 의해 $\overline{ND}=4$

$\therefore \overline{AD}=4\overline{ND}=16$

그러므로 $\triangle ABC$의 넓이는 $\dfrac{1}{2}\times9\times16=72$

06

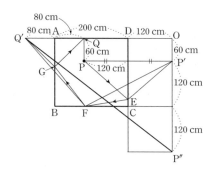

위 그림에서 로봇청소기가 움직인 거리는

$\overline{PE}+\overline{EF}+\overline{FG}+\overline{GQ}=\overline{P'E}+\overline{EF}+\overline{FG}+\overline{GQ'}$

$\geq\overline{P'F}+\overline{FQ'}=\overline{P''F}+\overline{FQ'}$

$\geq\overline{P''Q'}$

직각삼각형 $Q'P''O$에서 $\overline{P''Q'}^2=400^2+300^2=250000$

$\therefore \overline{P''Q'}=500\,(\text{cm}) \ (\because \overline{P''Q'}>0)$

따라서 로봇청소기가 움직인 최단 거리는 $500\,\text{cm}$이다.

07 오른쪽 그림과 같이 각 영역의 넓이를 정해 두면, 구하고자 하는 것은 $(S_1+S_2+S_3)$이다.

$\triangle ABC$에서 $\overline{AB}=c$, $\overline{BC}=a$, $\overline{CA}=b$라고 정하면 $\triangle ABC$가 직각삼각형이므로 피타고라스의 정리에 의하여

$b^2+c^2=a^2$이다.

이 식의 양변에 $\dfrac{\pi}{8}$를 곱하면, 다음 식을 얻게 된다.

$$\dfrac{\pi}{8}b^2+\dfrac{\pi}{8}c^2=\dfrac{\pi}{8}a^2$$

(지름이 $\overline{BC}$인 반원의 넓이)
$=$(지름이 $\overline{AB}$인 반원의 넓이)$+$(지름이 $\overline{AC}$인 반원의 넓이)
이때 $36+S_4+S_1+S_5+64$
$\qquad=(S_1+S_4+S_2)+(S_1+S_5+S_3)$
따라서 구하는 넓이는 $S_1+S_2+S_3=36+64=100$이다.

08 구의 중심을 O'이라 하면
$\overline{OO'}=6$, $\overline{O'C}=10$이므로
$\overline{OC}^2=10^2-6^2=64$
$\therefore \overline{OC}=8\,(\because \overline{OC}>0)$
$\overline{BC}$는 원 O의 지름이므로
$\overline{BC}=2\overline{OC}=16$
점 O는 $\triangle ABC$의 외심이므로
$\angle BAC=90°$이고 $\overline{AB}=\overline{AC}$이므로
$\overline{AB}^2+\overline{AC}^2=16^2$ $\therefore \overline{AC}^2=128$
$\overline{OC}=\overline{OB}$이므로 $\overline{BD}\,/\!/\,\overline{OO'}$, $\overline{CO'}=\overline{O'D}$이므로
세 점 C, O', D는 일직선 상에 있다.
$\triangle COO' \backsim \triangle CBD\,(AA\ 닮음)$이므로 $\overline{DB}=2\overline{OO'}=12$
$\triangle DBA$에서 $\overline{AD}^2=\overline{AB}^2+\overline{BD}^2=128+144=272$
$\therefore \dfrac{\overline{AC}^2}{\overline{AD}^2}=\dfrac{128}{272}=\dfrac{8}{17}$

09

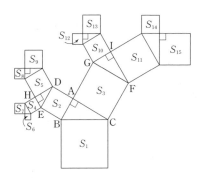

(i) 각 정사각형의 넓이를 S_1, S_2, S_3, $\cdots$, S_{15}이라고 하면
$\quad S_1=S_2+S_3$, $S_2=S_4+S_5$
$\quad S_4=S_6+S_7$, $S_5=S_8+S_9$
$\quad S_3=S_{10}+S_{11}$, $S_{10}=S_{12}+S_{13}$
$\quad S_{11}=S_{14}+S_{15}$
$\quad \therefore S=S_1+(S_2+S_3)+(S_4+S_5)+(S_6+S_7)$
$\qquad\qquad +(S_8+S_9)+(S_{10}+S_{11})+(S_{12}+S_{13})$
$\qquad\qquad +(S_{14}+S_{15})$
$\qquad\quad =S_1+S_1+S_2+(S_4+S_5)+S_3+(S_{10}+S_{11})$

$\qquad\quad =S_1+S_1+S_2+S_2+S_3+S_3$
$\qquad\quad =2S_1+2S_2+2S_3=2S_1+2S_1$
$\qquad\quad =4S_1=4\times25=100$

(ii) 직각삼각형 ABC의 넓이는 $\dfrac{1}{2}\times3\times4=6$이다.

직각삼각형 ABC와 직각삼각형 HED, 직각삼각형 IGF의 닮음비는 각각 $5:3$, $5:4$이므로 직각삼각형 HED와 직각삼각형 IGF의 넓이의 합은
$\left(\dfrac{1}{2}\times3\times4\right)\times\left(\dfrac{3}{5}\right)^2+\left(\dfrac{1}{2}\times3\times4\right)\times\left(\dfrac{4}{5}\right)^2=6$이다.

마찬가지 방법으로 나머지 4개의 직각삼각형의 넓이의 합은 다음과 같다.

$6\times\left(\dfrac{3}{5}\right)^4+6\times\left(\dfrac{3}{5}\right)^2\times\left(\dfrac{4}{5}\right)^2+6\times\left(\dfrac{4}{5}\right)^2\times\left(\dfrac{3}{5}\right)^2+6\times\left(\dfrac{4}{5}\right)^4$

$=6\times\left(\dfrac{3}{5}\right)^2\times\left(\dfrac{3^2}{5^2}+\dfrac{4^2}{5^2}\right)+6\times\left(\dfrac{3^2}{5^2}+\dfrac{4^2}{5^2}\right)\times\left(\dfrac{4}{5}\right)^2$

$=6\times\left(\dfrac{3}{5}\right)^2+6\times\left(\dfrac{4}{5}\right)^2=6$

따라서 구하는 모든 직각삼각형의 넓이의 합은
$T=6+6+6=18$
(i)과 (ii)에서 구하는 값은 $S+T=100+18=118$이다.

Ⅳ. 확률

1 경우의 수

핵심문제 01
112쪽

1 악 　　　　 **2** 9가지 　　　　 **3** 20
4 30종류 　　 **5** 48 　　　　　 **6** 120

1

간 강곤 공 낙 낭녹 농 악 안옥 온
따라서 9번째에 올 글자는 '악'이다.

2 $\dfrac{3}{1}$, $\dfrac{5}{1}$, $\dfrac{7}{1}$, $\dfrac{9}{1}$, $\dfrac{5}{3}$, $\dfrac{7}{3}$, $\dfrac{7}{5}$, $\dfrac{9}{5}$, $\dfrac{9}{7}$ 로 모두 9가지이다.

3 공에 적힌 공의 수가 3의 배수인 경우는 16가지
공에 적힌 공의 수가 7의 배수인 경우는 6가지
공에 적힌 공의 수가 21의 배수인 경우는 2가지
따라서 구하는 경우의 수는 $16+6-2=20$(가지)

4 $6 \times 5 = 30$(종류)

5 한 면이 색칠된 쌓기나무는 큰 정육면체의 각 면에 4개씩 있으므로 $4 \times 6 = 24$(개)
두 면이 색칠된 쌓기나무는 큰 정육면체의 각 모서리에 2개씩 있으므로 $2 \times 12 = 24$(개)
따라서 구하는 경우의 수는 $24+24=48$

6 A → B → C → D 순으로 색을 칠할 때
A에 칠할 수 있는 색의 가짓수는 5,
이어서 B에 칠할 수 있는 색의 가짓수는 4,
C, D에 칠할 수 있는 가짓수는 각각 3, 2이므로
$5 \times 4 \times 3 \times 2 = 120$

응용문제 01
113쪽

예제 **1** 12, 8, 10, 4, 1, 2, 1, 0, 6 / 6

1 9가지 　　　 **2** 10 　　　 **3** 18
4 3740가지 　 **5** 36가지

1 가위바위보게임에서 가람, 나영, 다솔이 낸 경우를 순서쌍 (가람, 나영, 다솔)로 나타내자.
가람이만 이긴 경우는 (가위, 보, 보), (바위, 가위, 가위), (보, 바위, 바위)의 3가지
가람이와 나영이가 이긴 경우와 가람이과 다솔이가 이긴 경우도 각각 3가지씩이다.
따라서 구하는 경우의 수는 $3+3+3=9$(가지)이다.

2 합이 3인 경우 : (1, 1, 1)
합이 4인 경우 : (1, 1, 2), (1, 2, 1), (2, 1, 1)
합이 5인 경우 : (1, 1, 3), (1, 3, 1), (3, 1, 1), (2, 1, 2), (2, 2, 1), (1, 2, 2)
이므로 구하는 경우의 수는 $1+3+6=10$이다.

3 $(a-2)x=b$이므로 $x=\dfrac{b}{a-2}$
$a=1$일 때, $b=1, 2, 3, 4, 5, 6$이므로 경우의 수는 6
$a=3$일 때, $b=1, 2, 3, 4, 5, 6$이므로 경우의 수는 6
$a=4$일 때, $b=2, 4, 6$이므로 경우의 수는 3
$a=5$일 때, $b=3, 6$이므로 경우의 수는 2
$a=6$일 때, $b=4$이므로 경우의 수는 1
따라서 구하는 경우의 수는 $6+6+3+2+1=18$

4 비밀번호가 네 자리 수인 경우의 수는
$5 \times 5 \times 5 \times 5 = 625$
비밀번호가 다섯 자리 수인 경우의 수는
$5 \times 5 \times 5 \times 5 \times 5 = 3125$
모든 자리의 숫자가 같은 네 자리 수 비밀번호 가짓수는
0000, 3333, 5555, 7777, 9999의 5가지
모든 자리의 숫자가 같은 다섯 자리 수 비밀번호 가짓수는
00000, 33333, 55555, 77777, 99999의 5가지
따라서 구하는 가짓수는 $625+3125-10=3740$(가지)

5 A에서 P까지 최단 거리로 가려면 C, D를 지나야 한다.
즉, A ➡ C ➡ D ➡ P까지
최단 거리로 가는 경우의 수는
$2 \times 1 \times 3 = 6$(가지)
P ➡ B까지 최단 거리로 가는
경우의 수는 6가지
∴ $6 \times 6 = 36$(가지)

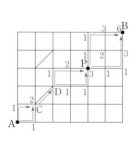

1 120	**2** 144	**3** 88개
4 7반	**5** 73	**6** 10개

1 □□□A□□인 경우이므로 구하는 경우의 수는
$5 \times 4 \times 3 \times 2 \times 1 = 120$

2 $(4 \times 3 \times 2 \times 1) \times (3 \times 2 \times 1) = 144$

3 1□□□□, 2□□□□, 3□□□□일 때는 각각
$4 \times 3 \times 2 \times 1 = 24$(개)
40□□□, 41□□□일 때는 각각 $3 \times 2 \times 1 = 6$(개),
420□□, 421□□일 때는 각각 2(개)
이므로 구하려는 자연수의 개수는
$24 \times 3 + 6 \times 2 + 2 \times 2 = 88$(개)

4 반장이 모두 n명이라 하면 $\dfrac{n(n-1)}{2} = 21$
$n(n-1) = 42$에서 $7 \times 6 = 42$이므로 $n = 7$
따라서 2학년은 모두 7반이다.

5 ㄱ. $2^4 = 16$ ㄴ. $3 \times 3 \times 3 = 27$
ㄷ. $5 \times \dfrac{4 \times 3}{2} = 30$
$\therefore 16 + 27 + 30 = 73$

6 6개의 점 중 2개를 연결하여 만들 수 있는 직선은
$\dfrac{6 \times 5}{2} = 15$(개)
네 점 A, F, E, D가 한 직선 위에 있으므로 이들 4개의 점으로 만든 직선은 결국 동일하다.
따라서 동일한 직선의 개수는 $\dfrac{4 \times 3}{2} = 6$(개)
그러므로 구하는 직선의 개수는 $15 - 6 + 1 = 10$(개)

예제 **2** 2, 64, 6, 6, 15, 64, 6, 15, 42 / 42

1 12	**2** 252개	**3** 10
4 24	**5** 10	**6** 18개

1 (i) a, b, c를 두 번째, 네 번째, 여섯 번째 자리에 놓는
경우의 수는 $3 \times 2 \times 1 = 6$

(ii) d와 f가 첫 번째 또는 세 번째 자리에 있는 경우는 (i)에서 정해진 경우마다 2가지씩이다.
따라서 구하는 경우의 수는 $6 \times 2 = 12$

2 만들 수 있는 모든 네 자리의 자연수의 개수는
$5 \times 5 \times 4 \times 3 = 300$(개)
백의 자리의 숫자가 2인 경우의 수는 $4 \times 4 \times 3 = 48$(개)
따라서 구하는 개수는 $300 - 48 = 252$(개)

3 개가 나오는 경우는 4개의 윷가락 중 배가 나오는 2개를 고르는 경우의 수와 같으므로 $\dfrac{4 \times 3}{2} = 6$
걸이 나오는 경우는 등이 1개 나오는 경우이므로 4
따라서 구하는 경우의 수는 $6 + 4 = 10$

4 A, B가 먼저 마주 보도록 앉은 다음, 나머지 4명이 앉으면
되므로 $4 \times 3 \times 2 \times 1 = 24$

5 앞면이 3번, 뒷면이 2번 나오면 되므로
'앞, 앞, 앞, 뒷, 뒷'을 나열하는 방법의 수와 같다.
$\dfrac{5 \times 4}{2} = 10$

6 가로 방향, 세로 방향에서 각각 2개씩 직선을 선택하는 경우의 수와 같으므로
$\dfrac{3 \times 2}{2} \times \dfrac{4 \times 3}{2} = 18$(개)

01 42개	**02** 324	**03** 128가지	**04** 19가지
05 170개	**06** 20160	**07** 100	**08** 15가지
09 24가지	**10** 126	**11** 24가지	**12** 252
13 15가지	**14** 20가지	**15** 36가지	**16** 14
17 9가지	**18** 3회		

01 각 자리의 숫자의 합이 9의 배수가 되는 순서쌍은
$(0, 1, 3, 5)$, $(1, 3, 6, 8)$
(i) $(0, 1, 3, 5)$로 만들 수 있는 네 자리의 정수의 개수는
$3 \times 3 \times 2 \times 1 = 18$(개)
(ii) $(1, 3, 6, 8)$로 만들 수 있는 네 자리의 정수의 개수는
$4 \times 3 \times 2 \times 1 = 24$(개)
따라서 만들 수 있는 정수 중 9의 배수의 개수는
$18 + 24 = 42$(개)이다.

02 네 자리 자연수를 $abcd$라 할 때 4의 배수가 되려면 끝 두 자리 수 cd가 4의 배수이어야 한다.

cd ➡ 12, 16, 24, 32, 36, 44, 52, 56, 64(9가지)

또한 a와 b는 1부터 6까지의 숫자를 선택할 수 있으므로 구하고자 하는 네 자리 수는 $6 \times 6 \times 9 = 324$

03 A에서 시작하고, a, b의 순서로 그릴 때, 시계 방향 또는 시계 반대 방향으로 그릴 수 있는 경우의 수는

$2 \times 2 = 4$(가지)

또, (a, b), (b, a)를 선택할 수 있으므로 2가지

A → B의 경우는 $(4 \times 2) \times (4 \times 2) = 64$(가지)

B에서 시작하여 그리는 경우도 있으므로

$64 \times 2 = 128$(가지)

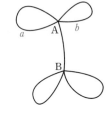

04 홀수의 합이 3인 경우는 주사위의 눈이 1, 1, 1이 나오는 경우와 3이 나오는 경우이다.

짝수의 합이 4인 경우는 주사위의 눈이 2, 2가 나오는 경우와 4가 나오는 경우이다.

구하는 경우의 수는 $(1, 1, 1, 2, 2)$, $(1, 1, 1, 4)$, $(3, 2, 2)$, $(3, 4)$

(ⅰ) $(1, 1, 1, 2, 2)$ ➡ $\dfrac{5!}{3!2!} = 10$

(ⅱ) $(1, 1, 1, 4)$ ➡ $\dfrac{4!}{3!} = 4$

(ⅲ) $(3, 2, 2)$ ➡ $\dfrac{3!}{2!} = 3$

(ⅳ) $(3, 4)$ ➡ 2

$\therefore 10 + 4 + 3 + 2 = 19$(가지)

05 사각형의 모든 개수는 $\left(\dfrac{6 \times 5}{2}\right) \times \left(\dfrac{6 \times 5}{2}\right) = 225$

이 중에서 정사각형의 개수는 $1 + 4 + 9 + 16 + 25 = 55$

그러므로 정사각형이 아닌 직사각형의 개수는

$225 - 55 = 170$(개)

06 8명이 원탁에 앉는 경우의 수는 $(8-1)!$이다.

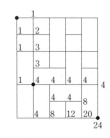

위의 그림에서 4가지 경우의 앉는 방법은 다르므로 모든 배열은 각각 4가지씩의 서로 다른 앉는 방법이 존재하므로 구하는 경우의 수는 $(8-1)! \times 4 = 7! \times 4 = 20160$

07 (1) 20000 이상의 다섯 자리의 수가 되려면 만의 자리 숫자는 2 또는 3이어야 한다.

(ⅰ) 만의 자리에 2가 놓일 때 0, 1, 1, 2, 3으로 네 자리 수를 만드는 방법 수

$\dfrac{5 \times 4 \times 3 \times 2}{2!} = 60$

(ⅱ) 만의 자리에 3이 놓일 때 0, 1, 1, 2, 2로 네 자리 수를 만드는 방법 수

$\dfrac{5 \times 4 \times 3 \times 2}{2!2!} = 30$

$\therefore A = 60 + 30 = 90$

(2) 3의 배수인 세 자리의 수를 만드는 방법

숫자 $(0, 1, 2)$를 택할 때 : 120, 102, 210, 201(4개)

숫자 $(1, 2, 3)$을 택할 때 : $3 \times 2 \times 1 = 6$(개)

$\therefore B = 4 + 6 = 10$

$\therefore A + B = 90 + 10 = 100$

08 정체 구역을 피해서 P 지역에서 Q 지역까지 최단 거리로 이동하는 방법은 A 지역을 지나고 가는 방법 이외에는 없다.

따라서 구하는 방법을 아래 그림과 같이 생각하면 15가지이다.

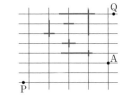

09 가능한 경우의 수를 조사해 보면 오른쪽 그림과 같이 24(가지)이다.

10 구하는 경우의 수는 A 지점에서 B′ 지점까지 최단 거리로 가는 경우의 수와 같다.

→ 5번, ↓ 4번 이동하므로

$\dfrac{(5+4)!}{5!4!} = \dfrac{9 \times 8 \times 7 \times 6}{4 \times 3 \times 2 \times 1}$

$= 126$

11 1계단 오르는 방법 : (1) ➡ 1가지

2계단 오르는 방법 : (1, 1), (2) ➡ 2가지

3계단 오르는 방법 : (1, 1, 1), (1, 2), (2, 1), (3)

➡ 4가지

4계단 오르는 방법 : $(1, 1, 1, 1)$, $(1, 1, 2)$, $(1, 2, 1)$,
$(2, 1, 1)$, $(2, 2)$, $(1, 3)$, $(3, 1)$
➡ 7가지

즉 4계단을 오르는 방법은

1계단 오른 후 3계단 오르는 방법 4가지 ┐
2계단 오른 후 2계단 오르는 방법 2가지 ├ 7가지
3계단 오른 후 1계단 오르는 방법 1가지 ┘

5계단 오르는 방법 :

(2계단 오르는 방법)+(3계단 오르는 방법)

+(4계단 오르는 방법)

$=2+4+7=13$(가지)

∴ 6계단 오르는 방법 :

(3계단 오르는 방법)+(4계단 오르는 방법)

+(5계단 오르는 방법)

$=4+7+13=24$(가지)

12 서로 다른 3개의 주사위를 동시에 던져서 나올 수 있는 모든 경우의 수는 $6 \times 6 \times 6 = 216$이므로 $a=216$이다.

그런데 세 개의 주사위를 던져서 나온 3개의 눈의 합이 6의 배수가 되는 것은 6, 12, 18의 세 가지이다.

(i) 눈의 합이 6일 때 :

$6=1+1+4 : 3$가지 $6=1+2+3 : 6$가지

$6=2+2+2 : 1$가지

(ii) 눈의 합이 12일 때 :

$12=1+5+6 : 6$가지 $12=2+4+6 : 6$가지

$12=2+5+5 : 3$가지 $12=3+3+6 : 3$가지

$12=3+4+5 : 6$가지 $12=4+4+4 : 1$가지

(iii) 눈의 합이 18일 때 :

$18=6+6+6 : 1$가지

(i)~(iii)에서 3개의 눈의 합이 6의 배수가 되는 경우의 수는

$(3+6+1)+(6+6+3+3+6+1)+1=36$이므로

$b=36$이다.

∴ $a+b=216+36=252$

13 삼각형이 만들어지려면 두 변의 길이의 합은 다른 한 변의 길이보다 커야 한다. 만들 수 있는 삼각형의 세 변의 길이를 (a, b, c)로 나타내면 다음과 같다.

$(3, 3, 5)$, $(5, 5, 3)$, $(5, 5, 6)$, $(5, 5, 8)$, $(6, 6, 3)$,

$(6, 6, 5)$, $(6, 6, 8)$, $(6, 6, 10)$, $(3, 5, 6)$, $(3, 6, 8)$,

$(3, 8, 10)$, $(5, 6, 8)$, $(5, 6, 10)$, $(5, 8, 10)$, $(6, 8, 10)$

으로 15가지가 나온다.

14 인형 2개, 3개, 4개가 들어갈 칸의 번호를 각각 a, b, c라 하면 주어진 조건에 의하여

$a<b<c$이고 a, c는 짝수, b는 홀수이다.

(1) $b=3$일 때, $\begin{cases} a=2 \\ c=4, 6, 8, 10 \end{cases}$ ➡ $1 \times 4 = 4$(가지)

(2) $b=5$일 때, $\begin{cases} a=2, 4 \\ c=6, 8, 10 \end{cases}$ ➡ $2 \times 3 = 6$(가지)

(3) $b=7$일 때, $\begin{cases} a=2, 4, 6 \\ c=8, 10 \end{cases}$ ➡ $3 \times 2 = 6$(가지)

(4) $b=9$일 때, $\begin{cases} a=2, 4, 6, 8 \\ c=10 \end{cases}$ ➡ $4 \times 1 = 4$(가지)

따라서 구하는 방법의 수는 $4+6+6+4=20$(가지)

15 먼저 10개의 닭다리를 다음과 같이 무더기로 나누어 보자.

(1개, 1개, 8개), (1개, 2개, 7개), (1개, 3개, 6개),

(1개, 4개, 5개), (2개, 2개, 6개), (2개, 3개, 5개),

(2개, 4개, 4개), (3개, 3개, 4개)

각 무더기를 어머니, 아버지, 유승이네 세 사람에게 나누어 주는 방법은 각각 3가지, 6가지, 6가지, 6가지, 3가지, 6가지, 3가지, 3가지이므로 구하는 방법은

$3+6+6+6+3+6+3+3=36$(가지)이다.

16 꺼낸 바둑돌의 개수는 차례로 x, x, $2x$, $4x$, $8x$, $\cdots$이고, 마지막에 꺼낸 바둑돌의 개수는 $x \times 2^{y-2}$(단, $n \ge 2$)이다.

$x+x+2x+4x+\cdots+x \times 2^{y-2}$

$=x(1+1+2+2^2+2^3+\cdots+2^{y-2})$

$=x \times 2^{y-1}$

왜냐하면 $S=1+2+2^2+2^3+\cdots+2^{y-2}$이라 하면

$2S=2+2^2+2^3+2^4+\cdots+2^{y-2}+2^{y-1}$

$2S-S=2^{y-1}-1$

∴ $S=2^{y-1}-1$

$x \times 2^{y-1}=448$에서

$448=1 \times 448=2 \times 224=2^2 \times 112=2^3 \times 56=2^4 \times 28$

$=2^5 \times 14=2^6 \times 7$

$x+y$의 값이 최소가 되려면 $x \times 2^{y-1}=7 \times 2^6$일 때,

$x=7, y=7$

∴ $x+y=7+7=14$

17 6번만에 게임이 끝나려면 2번은 이기고 4번은 져야 하고 마지막 6번째는 반드시 져야 한다.

따라서 5번째까지는 (승, 승, 패, 패, 패)를 일렬로 나열하는 경우의 수를 구해야 한다.

(승, 승, 패, 패, 패)를 나열하는 경우의 수는 아래와 같이 모두 10가지가 있다.

(승, 승, 패, 패, 패), (승, 승, 승, 패, 패)

(승, 패, 패, 승, 패), (승, 패, 패, 패, 승)

(패, 승, 승, 패, 패), (패, 승, 패, 승, 패)

(패, 승, 패, 패, 승), (패, 패, 승, 승, 패)

(패, 패, 승, 패, 승), (패, 패, 패, 승, 승)

이때 (패, 패, 패, 승, 승)은 3회만에 게임이 끝나게 되므로 제외해야 한다.

따라서 구하는 경우의 수는 9가지이다.

18 각자 최대 6회까지 악수를 할 수 있으므로 A를 제외한 7명이 모임 장소에 도착했을 때 악수한 횟수는 0, 1, 2, 3, 4, 5, 6이어야 한다.

한편, 모든 사람은 자기 반 학생을 뺀 나머지와 모두 악수하므로 전체적으로 $\frac{6 \times 8}{2} = 24$(번)의 악수가 있다.

그러므로 A가 악수한 횟수는

$24 - (0+1+2+3+4+5+6) = 3$(회)

최상위 문제

122~127쪽

01 38	**02** 41개	**03** 3	**04** 256개
05 315	**06** 31가지	**07** 36가지	**08** 40
09 20	**10** 39가지	**11** 448	**12** 48
13 90가지	**14** 105	**15** 11	**16** 240
17 45	**18** 90가지		

01 3끼리는 이웃하면 안되므로 6, 9는 3 사이와 맨 앞 또는 맨 뒤에만 올 수 있다. ➡ □3□3□3□

두 번째와 세 번째의 □에는 반드시 6, 9가 와야 하므로 다음의 경우로 나누어 생각한다.

(ⅰ) 네 개의 □에 모두 쓰일 경우 6, 6, 9, 9를 배열하는 경우이므로 $\frac{4!}{2!2!} = 6$(가지)

(ⅱ) 앞의 3개의 □에 쓰일 경우 6, 9, (6, 9)가 세 군데에 들어가므로 $3! \times 2 = 12$(가지)(곱하기 2는 (6, 9), (9, 6)인 경우)

(ⅲ) 뒤의 3개의 □에 쓰일 경우는 (ⅱ)에서 앞부분을 뒤로 보내는 경우이므로 12가지

(ⅳ) 가운데 2개의 □에 쓰일 경우는 (6, 9), (6, 9)가 두 군데에 들어갈 경우 $2 \times 2 = 4$(가지)(곱하기 2는 각각 6과 9가 자리를 바꿀 때)

(6, 9, 6), (9)가 두 군데에 들어갈 경우 2가지,

(9, 6, 9), (6)이 두 군데에 들어갈 경우 2가지

따라서 구하는 경우의 수는 $6+12+12+4+2+2 = 38$

02 $a=1$일 때, 111

$a=2$일 때, 222, 213, 231

$a=3$일 때, 333, 315, 351, 324, 342

$a=4$일 때, 444, 417, 471, 426, 462, 435, 453

$a=5$일 때, 555, 519, 591, 528, 582, 537, 573, 546, 564

$a=6$일 때, 666, 639, 693, 648, 684, 657, 675

$a=7$일 때, 777, 759, 795, 768, 786

$a=8$일 때, 888, 879, 897

$a=9$일 때, 999

모두 $(1+3+5+7) \times 2 + 9 = 41$(개)이다.

03 $1000 = 2^3 \times 5^3$

$1000 = a + (a+1) + (a+2) + \cdots + (a+n)$

$\qquad = (n+1)a + \frac{n(n+1)}{2}$

(ⅰ) n이 홀수인 경우

$1000 = \frac{n+1}{2}(2a+n)$이고 $\frac{n+1}{2}$은 짝수,

$2a+n$은 홀수이므로

$\left(\frac{n+1}{2}, 2a+n\right) = (200, 5), (40, 25), (8, 125)$이고

위의 식을 풀면 자연수가 되는 것은 $(a, n) = (55, 15)$로 1개이다.

(ⅱ) n이 짝수인 경우

$1000 = (n+1)\left(a + \frac{n}{2}\right)$이고, $n+1$이 홀수,

$a + \frac{n}{2}$은 짝수이므로

$\left(n+1, a + \frac{n}{2}\right) = (5, 200), (25, 40), (125, 8)$이고

식을 풀어 자연수가 되는 것은

$(a, n) = (198, 4), (28, 24)$로 2개이다.

따라서 구하는 경우의 수는 $1+2 = 3$이다.

04 $m+n$을 3으로 나눈 나머지가 2이고 mn을 3으로 나눈 나머지가 1이므로 m과 n을 각각 3으로 나눈 나머지가 모두 1이어야 한다.

(예 〈4+7=11, 4×7=28〉, 〈10+16=26, 10×16=160〉)

따라서 1 이상 50 이하의 정수 중 3으로 나눈 나머지가 1인 수는 모두 16개이므로 구하는 순서쌍의 개수는 $16^2 = 256$(개)

05 (i) A, B, C, D, E, F, G의 7명과 수험표를 a, b, c, d, e, f, g라 하고, A, B, C만 자신의 수험표를 받는 경우의 수형도는 다음과 같다.

$$
\begin{array}{l}
\text{A B C D E F G} \\
a-b-c-e\left<\begin{array}{l} d-g-f \\ f-g-d \\ g-d-f \end{array}\right. \\
\qquad\quad f\left<\begin{array}{l} d-g-e \\ g-d-e \\ \quad\, e-d \end{array}\right. \\
\qquad\quad g\left<\begin{array}{l} d-e-f \\ f-d-e \\ \quad\, e-d \end{array}\right.
\end{array}
$$

∴ (A, B, C) 3명만이 자기 수험표를 받는 경우의 수는 9

(ii) 또, 7명 중 3명이 자기 수험표를 받는 경우의 수는

$$\frac{7\times6\times5}{3\times2\times1}=35$$

∴ (i), (ii)에 의해 모든 경우의 수는 $9\times35=315$

06 $1+1+1+1+1+1=6$에서 좌변의 5개의 $+$ 기호 중에서 적어도 1개 이상을 선택하여 그대로 두고 나머지 $+$기호는 더하는 것과 같다.

예를 들면 $3+2+1=1\oplus1\oplus1+1\oplus1+1$은 $+$기호를 2개 선택하여 그대로 두고 나머지 3개의 $+$기호는 더한 것이다.

따라서 5개의 기호 중에서 적어도 1개를 택하는 경우는 $2^5-1=31$(가지)이다.

07 $3025=5^2\times11^2$이므로

(i) $a\times b\times c$(a, b, c는 모두 다른 자연수) 꼴일 때
$(a,b,c)=(1, 5, 5\times11^2)$, $(1, 5^2, 11^2)$,
$\qquad\qquad (1, 11, 5^2\times11)$, $(5, 11, 5\times11)$

각각의 경우에 순서를 고려하면 $3\times2\times1=6$(가지)씩이므로 $6\times4=24$(가지)

(ii) $a\times a\times b$($a\neq b$) 꼴일 때
$(a,b,c)=(1, 1, 5^2\times11^2)$, $(5, 5, 11^2)$, $(11, 11, 5^2)$,
$\qquad\qquad (5\times11, 5\times11, 1)$

각각의 경우에 순서를 고려하면 3가지씩이므로
$3\times4=12$(가지)

따라서 (i), (ii)에 의해 구하는 경우의 수는 $24+12=36$이다.

08 5가지 색 중 한 가지 색을 택하여 한 밑면에 칠하는 경우의 수는 5가지이고, 반대면을 칠하는 경우의 수는 4가지이다.

이때, 주어진 삼각기둥이 회전하므로 옆면을 칠하는 경우의

수는 남은 3가지의 색을 원형으로 나열하는 것과 같다.

즉, 옆면에 빨강 − 주황 − 노랑, 노랑 − 빨강 − 주황,
주황 − 노랑 − 빨강을 칠하는 방법은 모두 같은 방법이다.

따라서 옆면을 칠하는 서로 다른 경우는 아래 그림과 같이

$$\frac{3\times2\times1}{3}=2(가지)$$

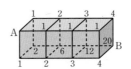

따라서 구하는 경우의 수는 $5\times4\times2=40$

09 꼭짓점 A를 출발하여 각 정육면체의 모서리를 따라 최단 거리로 각 꼭짓점에 이르는 경우의 수는 다음 그림과 같다.

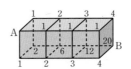

그러므로 구하는 경우의 수는 20이다.

10 (i) O를 첫 번째로 지난 경우의 수
① A → O → (B, C, D, F, G, H) → E
또는 A → O → E : 7가지

(ii) O를 두 번째로 지나는 경우의 수
① A → H → O → (B, C, D, F, G) → E
또는 A → H → O → E : 6가지
② A → B → O → (C, D, F, G, H) → E
또는 A → B → O → E : 6가지

(iii) O를 세 번째로 지나는 경우의 수
① A → H → G → O → (B, C, D, F) → E
또는 A → H → G → O → E : 5가지
② A → B → C → O → (D, F, G, H) → E
또는 A → B → C → O → E : 5가지

(iv) O를 네 번째로 지나는 경우의 수
① A → H → G → F → O → (B, C, D) → E
또는 A → H → G → F → O → E : 4가지
② A → B → C → D → O → (F, G, H) → E
또는 A → B → C → D → O → E : 4가지

(v) O를 지나지 않는 경우의 수
A → H → G → F → E
또는 A → B → C → D → E : 2가지

따라서 A에서 E까지 가는 방법은
$7+2(6+5+4)+2=39$(가지)이다.

11 위, 아래, 왼쪽, 오른쪽을 각각 ↑, ↓, ←, →이라 하자.
총 8번 중에서 6칸을 가야 하므로 (↑, ↓) 또는 (→, ←)이 꼭 한 쌍이 있어야 한다.
(i) (↑, ↓)일 경우 : ↑↑↑↓→→→→을 배열하는
경우의 수는 $\dfrac{8!}{4!\,3!}=280$
(ii) (→, ←)일 경우 : ↑↑→→→→→←을 배열하는
경우의 수는 $\dfrac{8!}{5!\,2!}=168$
∴ 구하는 경우의 수는 $280+168=448$

12 (i) 1번 화면에 선택할 수 있는 경우의 수는 3가지, 2번 화면에 선택할 수 있는 경우의 수는 2가지, 3번 화면에 선택할 수 있는 경우의 수는 1가지이므로 1, 2, 3번 화면에 서로 다른 화면이 나타나는 경우의 수는 $3\times2\times1=6$(가지)
(ii) 1, 2, 3번 화면에 각각 K−tv, M−tv, S−tv의 프로그램이 방영되는 경우에 4번 화면에 서로 다른 프로그램을 선택할 수 있는 경우의 수는 2가지, 5번 화면과 6번 화면에도 각각 2가지씩이므로 $2\times2\times2=8$(가지)
따라서 구하는 경우의 수는 $6\times8=48$이다.

13 1행에 2개의 바둑돌을 놓는 방법은 $\dfrac{4\times3}{2}=6$(가지)인데 2행에 바둑돌을 놓는 방법은 다음과 같이 3가지 경우로 나누어 생각한다.
(i) 1행과 2개가 겹치게 놓으면 3행과 4행도 자동으로 결정된다.
(ii) 1행과 1개가 겹치는 경우는 4가지이다.
1행과 2행이 오른쪽 그림처럼 정해지면 4열의 3행과 4행에 바둑돌이 놓이고 (2열 3행, 3열 4행) 또는 (2열 4행, 3열 3행)에 2가지 방법으로 놓는다.
따라서 이 경우는 $4\times2=8$(가지)

	1열	2열	3열	4열
1행	●	●		
2행	●		●	
3행		○	△	●
4행		△	○	●

(iii) 1행과 겹치는 경우가 없을 때 2행은 자동으로 결정되고 3행에 2개를 놓는 방법은 $\dfrac{4\times3}{2}=6$(가지)이고
3행에 놓는 방법에 따라 4행은 자동으로 결정된다.
그러므로 구하는 경우의 수는 $6\times(1+8+6)=90$이다.

14 가위바위보를 7번 하였을 때, A가 a번, B가 b번 이기고, 두 사람이 비긴 것이 c번이라고 하자.

그러면 7번째에 적는 수는 $2^a\times3^b\times\left(\dfrac{1}{2}\right)^c$이고
$a+b+c=7$이다.
한편, $72=2\times2\times2\times3\times3=2^3\times3^2$이므로
$b=2$이고 $a+c=5$이고,
$2^a\times\left(\dfrac{1}{2}\right)^c=2^3$이므로 $a-c=3$이다.
∴ $a=4$, $b=2$, $c=1$
그러므로 구하고자 하는 모든 경우의 수는
$\dfrac{(4+2+1)!}{4!\,2!}=105$

15

팀 \ 게임	이긴 경기 수	진 경기 수	비긴 경기 수	득점 수	실점 수
갑	2	0	0	n	6
을	0	1	1	7	8
병	0	1	1	5	7

	갑	을	병	득점	실점
갑	×	(갑승) 5 : 4	(갑승) 4 : 2	9	6
을	(을패) 4 : 5	×	(무승부) 3 : 3	7	8
병	(병패) 2 : 4	(무승부) 3 : 3	×	5	7

(i) 위 표에 의해 전체의 득점 수와 허용한 점수가 같으므로
$n+7+5=6+8+7$ ∴ $n=9$
(ii) 을팀과 병팀의 전체의 득점 수는 $7+5=12$(점)이다.
갑팀이 을팀과 병팀에 허용한 점수는 6점이므로 을팀과 병팀이 서로에게 득점한 점수의 합은 $12-6=6$(점)이다.
또한, 을팀이 병팀에게, 병팀이 을팀에게 득점한 점수는 을팀과 병팀이 각각 비겼으므로 $6\div2=3$(점)씩이다.
따라서 을팀과 병팀의 경기 결과는 3 : 3
(iii) 갑팀과 을팀의 경기 결과는 $(8-3):(7-3)=5:4$
(iv) 갑팀과 병팀의 경기 결과는 $(7-3):(5-3)=4:2$
따라서 $a+2b=5+2\times3=11$

16 로봇이 시계 방향으로 한 변을 움직이는 것을 a로, 시계 반대 방향으로 움직이는 것을 b로 나타내기로 하고, 움직인 a의 횟수를 x, b의 횟수를 y라고 하면, 문제의 조건에 의해 x와 y의 차는 8로 나눈 나머지가 4이다. (단, x, y는 $x+y=10$을 만족하는 음이 아닌 정수)
따라서 순서쌍 (x, y)는 $(7, 3)$와 $(3, 7)$뿐이다.
따라서 구하는 경우의 수는 7개의 a와 3개의 b를 일렬로 나열하는 경우의 수와 3개의 a와 7개의 b를 일렬로 나열하는 경우의 수의 합과 같다.

$$\therefore 2 \times \frac{(7+3)!}{7!3!} = 240$$

17 철수가 100을 부르기 전에 89를 부르면 영희가 어떤 수를 부르더라도 11보다 작은 값으로 100을 만들 수 있다. 89를 부르기 위해서는 그 전에 78을 부르면 된다. 이런 식으로 거슬러 내려가면 먼저 1을 부르면 이긴다.

철수 : 1　　　　　영희 : ○
철수 : 12　　　　영희 : ○
철수 : 23　　　　영희 : ○
철수 : 34　　　　영희 : ○
철수 : 45　　　　영희 : ○
철수 : 56　　　　영희 : ○
철수 : 67　　　　영희 : ○
철수 : 78　　　　영희 : ○
철수 : 89　　　　영희 : ○
철수 : 100

즉, 철수가 처음에 1, 12, 23, 34, 45, 56, 67, 78, 89 중 하나를 먼저 부르면 항상 이길 수 있다.
따라서 50에 가장 가까운 수는 45이다.

18 A 방향에서 본 모양이
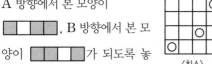, B 방향에서 본 모양이 ▨▨□▨가 되도록 놓을 때 필요한 정육면체의 최소

〈최소〉　　〈최대〉

개수는 오른쪽 그림과 같이 3개이고, 최대 개수는 9개이다.
따라서 처음 3개의 정육면체를 넣는 경우의 수는
$3 \times 2 \times 1 = 6$(가지)
3개를 넣은 후 2개를 넣는 방법은 넣을 수 있는 9곳 중 3곳은 결정되었으므로 6곳에 2개를 넣는 방법과 같다.
$$\therefore \frac{6 \times 5}{2} = 15(가지)$$
따라서 정육면체를 넣는 방법은 모두 $6 \times 15 = 90$(가지)이다.

2 확률

핵심 문제 01　　　　　　　　128쪽

1 $\frac{1}{5}$	**2** $\frac{12}{25}$	**3** $\frac{2}{5}$
4 $\frac{1}{4}$	**5** $\frac{4}{25}$	**6** $\frac{1}{12}$

1 6명을 (3명, 3명)으로 나눈 후 A, B 의자에 앉는 모든 경우의 수는 $\frac{6 \times 5 \times 4}{3 \times 2 \times 1} \times 2 = 40$
(재욱이와 성호가 같은 의자에 앉게 될 경우의 수)
=(재욱, 성호와 같은 의자에 앉은 학생 1명이 의자 A 또는 B에 앉는 경우의 수)와 같으므로 $4 \times 2 = 8$
따라서 구하는 확률은 $\frac{8}{40} = \frac{1}{5}$

2 가람, 나영, 다슬 3명의 학생을 다섯 개의 반으로 편성하는 모든 경우의 수는 $5 \times 5 \times 5 = 125$
서로 다른 반에 편성하는 경우의 수는 $5 \times 4 \times 3 = 60$
따라서 구하는 확률은 $\frac{60}{125} = \frac{12}{25}$

3 (i) W가 맨 앞에 올 확률은 $\frac{4 \times 3 \times 2 \times 1}{5 \times 4 \times 3 \times 2 \times 1} = \frac{1}{5}$
(ii) R가 맨 앞에 올 확률은 $\frac{4 \times 3 \times 2 \times 1}{5 \times 4 \times 3 \times 2 \times 1} = \frac{1}{5}$
따라서 (i), (ii)에서 구하는 확률은 $\frac{1}{5} + \frac{1}{5} = \frac{2}{5}$

4 $ab=$(홀수)이려면 a와 b 모두 홀수이어야 한다.
따라서 구하는 확률은 $\frac{4}{8} \times \frac{4}{8} = \frac{1}{4}$

5 구하는 확률은 $\frac{4}{10} \times \frac{4}{10} = \frac{4}{25}$

6 (정시보다 일찍 도착할 확률)
=1-(정시에 도착할 확률)-(정시보다 늦게 도착할 확률)
$=1-\frac{3}{4}-\frac{1}{6} = \frac{1}{12}$

응용 문제 01　　　　　　　　129쪽

예제 ❶ 6, 6, 6, 6, 6, 2, -6, 2, 8, 16, 15, $\frac{1}{8}$ / $\frac{1}{8}$			
1 $\frac{1}{4}$	**2** 6명	**3** $\frac{1}{3}$	**4** $\frac{3}{8}$

1 주어진 도형의 넓이는 $(50 \times 2) \times (50 \times 4) = 20000(\text{cm}^2)$

5의 약수는 1과 5이고, 1이 있는 영역의 넓이는

$50 \times 50 = 2500(\text{cm}^2)$

5가 있는 영역의 넓이는 $\dfrac{100 \times 100}{4} = 2500(\text{cm}^2)$이므로

5의 약수가 있는 영역의 넓이는 $2500 + 2500 = 5000(\text{cm}^2)$

따라서 구하는 확률은 $\dfrac{5000}{20000} = \dfrac{1}{4}$

2 10명 중에서 2명을 뽑는 경우의 수는 $\dfrac{10 \times 9}{2} = 45$이다.

B팀 b명 중 대표 2명을 뽑는 경우의 수는 $\dfrac{b(b-1)}{2}$이다.

$\dfrac{b \times (b-1)}{2} \times \dfrac{1}{45} = \dfrac{1}{3}$이므로 $b(b-1) = 30$ $\therefore b = 6$

3 두 눈의 수를 각각 a, b라 하면

(i) $a + b \leq 4$일 때 : $(1, 1), (1, 2), (1, 3), (2, 1), (2, 2),$

$(3, 1) \Rightarrow \dfrac{6}{36}$

(ii) $a - b \geq 4$일 때 : $(6, 1), (6, 2), (5, 1) \Rightarrow \dfrac{3}{36}$

(iii) $b - a \geq 4$일 때 : $(1, 6), (2, 6), (1, 5) \Rightarrow \dfrac{3}{36}$

따라서 구하는 확률은 $\dfrac{6}{36} + \dfrac{3}{36} + \dfrac{3}{36} = \dfrac{1}{3}$

4 홀수 또는 짝수가 나오는 모든 경우의 수는

$2 \times 2 \times 2 \times 2 = 16$(가지)

A 위치에서 B 위치로 이동시키기 위해서는 짝수가 2번,

홀수가 2번 나와야 한다.

짝수가 2번, 홀수가 2번 나오는 경우는

(짝, 짝, 홀, 홀), (짝, 홀, 짝, 홀)

(짝, 홀, 홀, 짝), (홀, 짝, 짝, 홀)

(홀, 짝, 홀, 짝), (홀, 홀, 짝, 짝)

의 6가지이므로 구하는 확률은 $\dfrac{6}{16} = \dfrac{3}{8}$

핵심 문제 02 130쪽

1 $\dfrac{15}{16}$ **2** $\dfrac{1}{2}$ **3** 0.675

4 0.62 **5** $\dfrac{9}{10}$ **6** $\dfrac{4}{9}$

---

1 (적어도 어느 하나가 뒷면이 나올 확률)

$= 1 - ($모두 앞면이 나올 확률$)$

$= 1 - \dfrac{1}{16} = \dfrac{15}{16}$

2 3의 배수 : 3, 6, 9, 12, 15, 18

4의 배수 : 4, 8, 12, 16, 20

$\therefore$ (3의 배수도 아니고 4의 배수도 아닌 수가 나올 확률)

$= 1 - ($3의 배수이거나 4의 배수인 수가 나올 확률$)$

$= 1 - \left(\dfrac{6}{20} + \dfrac{5}{20} - \dfrac{1}{20} \right) = \dfrac{10}{20} = \dfrac{1}{2}$

3 구하는 확률은 스위치 A, B가 모두 닫혔을 때이므로

$(1 - 0.1)(1 - 0.25) = 0.675$

4 $0.7 \times 0.8 + (1 - 0.7)(1 - 0.8)$

$= 0.56 + 0.06 = 0.62$

5 세 명 모두 명중시키지 못할 확률은

$\left(1 - \dfrac{1}{3} \right) \times \left(1 - \dfrac{1}{4} \right) \times \left(1 - \dfrac{4}{5} \right) = \dfrac{1}{10}$

따라서 구하는 확률은 $1 - \dfrac{1}{10} = \dfrac{9}{10}$

6 승연이가 이길 확률은 $\dfrac{2}{6} = \dfrac{1}{3}$이고

희영이가 이길 확률은 $\dfrac{3}{6} = \dfrac{1}{2}$

희영이가 2회에서 이길 확률 : $\dfrac{2}{3} \times \dfrac{1}{2} = \dfrac{1}{3}$

희영이가 4회에서 이길 확률 : $\dfrac{2}{3} \times \dfrac{1}{2} \times \dfrac{2}{3} \times \dfrac{1}{2} = \dfrac{1}{9}$

따라서 구하는 확률은 $\dfrac{1}{3} + \dfrac{1}{9} = \dfrac{4}{9}$

응용 문제 02 131쪽

예제 ② $\dfrac{3}{4}, \dfrac{1}{5}, \dfrac{1}{15}, \dfrac{1}{15}, \dfrac{3}{20}, \dfrac{1}{5}, \dfrac{1}{3}, \dfrac{4}{45}, \dfrac{4}{5}, \dfrac{4}{45},$

$\dfrac{59}{180} \Big/ \dfrac{59}{180}$

1 $\dfrac{7}{32}$ **2** $\dfrac{5}{6}$ **3** 3개

4 A : 37500원, B : 12500원

1 $\dfrac{1}{4} \times \dfrac{1}{8} + \dfrac{3}{4} \times \dfrac{4}{16} = \dfrac{7}{32}$

2 (i) $M - m = 0$인 경우

$(1, 1, 1), (2, 2, 2), \cdots, (6, 6, 6)$의 6가지

(ii) $M-m=1$인 경우

$(1, 1, 2)$, $(1, 2, 2)$, $(2, 2, 3)$, $(2, 3, 3)$, $(3, 3, 4)$, $(3, 4, 4)$, $(4, 4, 5)$, $(4, 5, 5)$, $(5, 5, 6)$, $(5, 6, 6)$

의 10가지의 경우가 각각 3가지씩이므로

$10 \times 3 = 30$(가지)

따라서 (i), (ii)에서 구하는 확률은

$1 - \left(\dfrac{6}{6^3} + \dfrac{30}{6^3} \right) = \dfrac{5}{6}$

3 두 번 모두 검은 바둑돌이 나올 확률은 $1-0.91=0.09$

상자 안에 검은 바둑돌이 x개 들어 있다고 하면

$\dfrac{x}{10} \times \dfrac{x}{10} = 0.09$, $x^2 = 9$ $\therefore x = 3$

따라서 검은 바둑돌의 개수는 3개이다.

4 게임을 계속한다고 가정했을 때,

(i) A가 이겨서 A가 50000원을 갖는 경우의 확률은 $\dfrac{1}{2}$

(ii) B가 이기고, A가 이겨서 A가 50000원을 갖는 경우의 확률은 $\dfrac{1}{2} \times \dfrac{1}{2} = \dfrac{1}{4}$

(iii) B가 2번 이겨서 B가 50000원을 갖는 경우의 확률은 $\dfrac{1}{2} \times \dfrac{1}{2} = \dfrac{1}{4}$

따라서 A가 상금을 받을 확률은 $\dfrac{1}{2} + \dfrac{1}{4} = \dfrac{3}{4}$

B가 상금을 받을 확률은 $\dfrac{1}{4}$이다.

$\therefore$ A : $50000 \times \dfrac{3}{4} = 37500$(원)

B : $50000 \times \dfrac{1}{4} = 12500$(원)

심화 문제

132~137쪽

01 $\dfrac{7}{20}$	**02** $\dfrac{1}{6}$	**03** $\dfrac{19}{27}$	**04** $\dfrac{3}{8}$
05 $\dfrac{1}{14}$	**06** $\dfrac{1}{2}$	**07** $\dfrac{17}{18}$	**08** $\dfrac{5}{6}$
09 $\dfrac{1}{6}$	**10** $\dfrac{5}{8}$	**11** $\dfrac{35}{128}$	**12** 13
13 $\dfrac{5}{8}$	**14** 6개	**15** $\dfrac{63}{256}$	**16** $\dfrac{1}{3}$
17 $\dfrac{19}{36}$	**18** 15		

01 6개의 끈 중에서 3개를 선택하는 경우의 수는 $\dfrac{6 \times 5 \times 4}{3 \times 2 \times 1} = 20$

삼각형이 만들어지는 경우는 $(2, 3, 4)$, $(2, 4, 5)$, $(2, 5, 6)$, $(3, 4, 5)$, $(3, 4, 6)$, $(3, 5, 6)$, $(4, 5, 6)$의 7가지이다.

따라서 구하는 확률은 $\dfrac{7}{20}$이다.

02 카드 5장을 일렬로 배열하는 방법은 모두

$5 \times 4 \times 3 \times 2 \times 1 = 120$(가지)

C, D, E에서 C, D, E 사이와 앞, 뒤에 A와 B를 배열할 수 있다.

(i) A, B가 이웃하면 네 자리 중 한 자리에 들어가고 A, B의 순서가 바뀔 수 있으므로 $4 \times 2 = 8$(가지)

(ii) A, B가 이웃하지 않는다면 네 자리 중 두 자리에 들어가므로 $4 \times 3 = 12$(가지)

(i), (ii)에 의해 조건에 맞게 배열하는 방법은 $8 + 12 = 20$

따라서 구하는 확률은 $\dfrac{20}{120} = \dfrac{1}{6}$

03 화살을 한 번 쏘아 색칠한 부분에 맞힐 확률은 $\dfrac{120°}{360°} = \dfrac{1}{3}$

맞히지 못할 확률은 $1 - \dfrac{1}{3} = \dfrac{2}{3}$

그런데 화살을 세 번 쏠 때 적어도 한 번은 색칠한 곳에 맞힐 확률은 1-(세 번 모두 색칠한 부분에 맞히지 못할 확률)과 같다.

따라서 구하는 확률은 $1 - \dfrac{2}{3} \times \dfrac{2}{3} \times \dfrac{2}{3} = \dfrac{19}{27}$

04 왼쪽으로 내려가는 경우를 a, 오른쪽으로 내려가는 경우를 b라 할 때

B : aaa

C : aab, aba, baa

D : abb, bab, bba

E : bbb

$\therefore \dfrac{3}{8}$

05 전체 $4+4=8$(명)을 한 줄로 세우는 경우의 수는 8!이다.

남학생끼리 어느 두 명도 이웃하지 않는 경우는 여학생 4명을 먼저 세우고 그 사이의 다섯 자리 중 네 자리를 택하여 남학생을 세우는 경우를 생각하여 구한다.

___여___여___여___여___

$\therefore 5 \times 4 \times 3 \times 2 \times (4 \times 3 \times 2 \times 1)$

└→ 여학생이 자리를 바꾸는 경우

따라서 구하는 확률은 $\dfrac{5 \times 4 \times 3 \times 2 \times (4 \times 3 \times 2 \times 1)}{8 \times 7 \times 6 \times 5 \times 4 \times 3 \times 2 \times 1} = \dfrac{1}{14}$

06 $m = 1, 2, 3, \cdots, 20$일 때

4^m의 일의 자리의 숫자는 $4, 6, 4, 6, \cdots$이고

$n = 1, 2, 3, \cdots, 20$일 때

9^n의 일의 자리의 숫자는 $9, 1, 9, 1, \cdots$이다.

이때 $4^m + 9^n$이 5로 나누어떨어지는 경우는 다음과 같다.

(i) 4^m의 일의 자리 숫자가 4이고

  9^n의 일의 자리 숫자가 1인 경우

  m의 값이 1, 3, 5, 7, 9, 11, 13, 15, 17, 19로 10개,

  n의 값이 2, 4, 6, 8, 10, 12, 14, 16, 18, 20으로 10개

  이때의 확률은 $\dfrac{10}{20} \times \dfrac{10}{20} = \dfrac{1}{4}$

(ii) 4^m의 일의 자리 숫자가 6이고

  9^n의 일의 자리 숫자가 9인 경우

  m의 값이 2, 4, 6, 8, 10, 12, 14, 16, 18, 20으로 10개

  n의 값이 1, 3, 5, 7, 9, 11, 13, 15, 17, 19로 10개

  이때의 확률은 $\dfrac{10}{20} \times \dfrac{10}{20} = \dfrac{1}{4}$

(i), (ii)에서 구하는 확률은 $\dfrac{1}{4} + \dfrac{1}{4} = \dfrac{1}{2}$

07 두 직선이 한 점에서 만나기 위해서는 두 직선이 평행이 아니고 일치하지도 않아야 한다.

한편, 두 직선이 평행하거나 일치하는 경우는 $a : b = 1 : 3$일 때이다.

즉 (a, b)가 $(1, 3)$, $(2, 6)$일 때이므로 두 직선이 평행하거나 일치할 확률은 $\dfrac{2 \times 6}{6 \times 6 \times 6} = \dfrac{1}{18}$이다.

따라서 두 직선이 한 점에서 만날 확률은 $1 - \dfrac{1}{18} = \dfrac{17}{18}$이다.

08 10개의 점 중 3개의 점을 선택하는 경우의 수는

$\dfrac{10 \times 9 \times 8}{3 \times 2 \times 1} = 120$(가지)

이때 한 직선 위에 있는 3개의 점을 선택하면 삼각형이 그려지지 않는다.

직선 l 위의 5개의 점 중 3개의 점을 선택하는 경우의 수는

$\dfrac{5 \times 4 \times 3}{3 \times 2 \times 1} = 10$(가지)

마찬가지로 직선 m 위의 5개의 점 중 3개를 선택하는 경우의 수도 10(가지)이므로

삼각형이 그려지는 경우의 수는 $120 - 10 - 10 = 100$(가지)

따라서 삼각형이 그려질 확률은 $\dfrac{100}{120} = \dfrac{5}{6}$이다.

09 (i) 나오는 눈의 합이 6인 경우

  $(1, 1, 4)$에서 $\dfrac{3 \times 2 \times 1}{2 \times 1} = 3$(가지)

  $(1, 2, 3)$에서 $3 \times 2 \times 1 = 6$(가지)

  $(2, 2, 2)$에서 1가지

  ∴ $3 + 6 + 1 = 10$(가지)

(ii) 나오는 눈의 합이 12인 경우

  $(1, 5, 6)$에서 6가지, $(2, 4, 6)$에서 6가지,

  $(2, 5, 5)$에서 3가지, $(3, 3, 6)$에서 3가지,

  $(3, 4, 5)$에서 6가지, $(4, 4, 4)$에서 1가지

  ∴ $6 + 6 + 3 + 3 + 6 + 1 = 25$(가지)

(iii) 나오는 눈의 합이 18인 경우는 $(6, 6, 6)$에서 1가지

따라서 구하는 확률은 $\dfrac{10 + 25 + 1}{6 \times 6 \times 6} = \dfrac{1}{6}$

10 갑이 을의 말을 잡으려면 개 또는 걸이 나와야 한다.

윷짝 한 개는 앞면과 뒷면이 나오는 2가지 경우가 있으므로

윷짝 4개를 던질 때 나오는 모든 경우의 수는

$2 \times 2 \times 2 \times 2 = 16$(가지)

앞면을 H, 뒷면을 T라 하면

(i) 개가 나오는 경우는 6가지

  HHTT, HTHT, HTTH, THHT, THTH,

  TTHH $\left(\dfrac{4!}{2!2!} = 6 \right)$

(ii) 걸이 나오는 경우는 4가지

  HHHT, HHTH, HTHH, THHH $\left(\dfrac{4!}{3!} = 4 \right)$

(i), (ii)에 의해 개 또는 걸이 나오는 경우는 10가지

따라서 구하는 확률은 $\dfrac{10}{16} = \dfrac{5}{8}$이다.

11 7회 중 짝수의 눈이 t회, 홀수의 눈이 $7 - t$회 나왔다고 하면

$2t + (-1)(7 - t) = 2$에서 $t = 3$

즉 7회 중 짝수의 눈이 3번, 홀수의 눈이 4번 나와야

$(2, 0)$에 올 수 있다.

(i) 짝수의 눈이 3번, 홀수의 눈이 4번 나오는 경우의 수는

  $\dfrac{(3 + 4)!}{3!4!} = 35$

(ii) 짝수와 홀수가 나올 확률은 각각 $\dfrac{1}{2}$이므로

구하는 확률은 $\left(\dfrac{1}{2} \right)^3 \times \left(\dfrac{1}{2} \right)^4 \times 35 = \dfrac{35}{128}$

12 각 면에 숫자가 적힌 정팔면체 모양의 주사위가 짝수와 홀수가 나올 확률은 각각 $\dfrac{1}{2}$이다.

5번을 던지고도 경기가 끝나지 않는 경우는

(짝수가 3번, 홀수가 2번) 또는 (홀수가 3번, 짝수가 2번)
나오는 경우이므로

구하는 확률은

$$\left\{\frac{5\times4\times3\times2\times1}{(3\times2\times1)\times(2\times1)}\times\left(\frac{1}{2}\right)^5\right\}\times2=\frac{5}{8}$$

$$\therefore a+b=8+5=13$$

13 4통의 편지를 a, b, c, d라 하고 각각의 겉봉을 A, B, C, D라고 하자.

봉투	A	B	C	D
편지	b	a	d	c
		c	d	a
		d	a	c
	c	a	d	b
		d	a	b
		d	b	a
	d	a	b	c
		c	a	b
		c	b	a

(i) 4통의 편지를 겉봉에 넣는 경우의 수는

$$4\times3\times2\times1=24(가지)$$

(ii) 4통의 편지 중 어느 편지도 각자의 봉투에 들어가지 않는 경우는 오른쪽 표와 같이

$$3\times3=9(가지)이다.$$

(i), (ii)에 의해 어느 편지도 각자의 봉투에 들어가지 않을 확률이 $\frac{9}{24}=\frac{3}{8}$이므로 적어도 한 통은 옳게 넣을 확률은

$$1-\frac{3}{8}=\frac{5}{8}$$이다.

14 A상자에 들어 있는 10개의 과일 중 사과가 x개라 하면 배는 $(10-x)$개이고, 다음의 두 경우를 생각할 수 있다.

(i) A상자에서 사과를 하나 꺼내어 B상자에 넣고 B상자에서 사과를 하나 꺼낼 확률은 $\frac{x}{10}\times\frac{5}{8}=\frac{x}{16}$

(ii) A상자에서 배를 하나 꺼내어 B상자에 넣고 B상자에서 사과를 하나 꺼낼 확률은 $\frac{10-x}{10}\times\frac{4}{8}=\frac{10-x}{20}$

그런데, B상자에서 사과가 나올 확률이 $\frac{23}{40}$이므로

$\frac{x}{16}+\frac{10-x}{20}=\frac{23}{40}$에서 $5x+40-4x=46$ $\therefore x=6$

따라서 처음 A상자에는 사과가 6개 들어 있었다.

15 (i) a에서 만날 확률 :

$$\left(\frac{1}{2}\right)^5\times\left(\frac{1}{2}\right)^5=\frac{1}{1024}$$

(ii) b에서 만날 확률 :

$$5\times\left(\frac{1}{2}\right)^5\times5\times\left(\frac{1}{2}\right)^5=\frac{25}{1024}$$

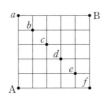

(iii) c에서 만날 확률 : $10\times\left(\frac{1}{2}\right)^5\times10\times\left(\frac{1}{2}\right)^5=\frac{100}{1024}$

(iv) d에서 만날 확률 : c에서 만날 확률과 같다.

(v) e에서 만날 확률 : b에서 만날 확률과 같다.

(vi) f에서 만날 확률 : a에서 만날 확률과 같다.

따라서 (i)~(vi)에 의해 구하는 확률은

$$\left(\frac{1}{1024}+\frac{25}{1024}+\frac{100}{1024}\right)\times2=\frac{63}{256}$$

16 직선 $y=ax+b$가 x축과 만나는 점은 $\left(-\frac{b}{a},\,0\right)$이고 y축과 만나는 점은 $(0,\,b)$이므로 삼각형의 넓이는 $\frac{b^2}{2a}$이다.

따라서 $\frac{b^2}{2a}>3$, 즉 $b^2>6a$일 확률을 구하면 된다.

한편, 나타날 수 있는 순서쌍 $(a,\,b)$의 개수는 36이므로

$a=1$일 때 $b=3,\ 4,\ 5,\ 6(4개)$

$a=2$일 때 $b=4,\ 5,\ 6(3개)$

$a=3$일 때 $b=5,\ 6(2개)$

$a=4$일 때 $b=5,\ 6(2개)$

$a=5$일 때 $b=6(1개)$

$a=6$일 때 b는 없음

그러므로 $b^2>6a$인 순서쌍의 개수는

$$4+3+2+2+1=12(개)$$

따라서 구하는 확률은 $\frac{12}{36}=\frac{1}{3}$

17 직선 $y=\frac{b}{a}x$가 점 A$(2,\,2)$를 지날 때의 기울기는 1이고, 점 B$(4,\,1)$을 지날 때의 기울기는 $\frac{1}{4}$이다.

$$\therefore \frac{1}{4}\leq\frac{b}{a}\leq1$$

이 조건을 만족하는 경우는

$(1,\,1),\,(2,\,1),\,(2,\,2),\,(3,\,1),\,(3,\,2),\,(3,\,3),\,(4,\,1),$
$(4,\,2),\,(4,\,3),\,(4,\,4),\,(5,\,2),\,(5,\,3),\,(5,\,4),\,(5,\,5),$
$(6,\,2),\,(6,\,3),\,(6,\,4),\,(6,\,5),\,(6,\,6)$의 19가지이다.

따라서 구하는 확률은 $\frac{19}{36}$이다.

18 점 A의 모든 경우의 수는

$$6\times4=24(가지)이다.$$

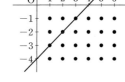

$x-y\geq4$일 경우의 수는

$1\leq x\leq6,\ -4\leq y\leq-1$을 만족하는 순서쌍 $(x,\,y)$를 오른쪽 좌표평면에 나타내었을 때, 직선 위의 점들과 오른쪽 점들의 좌표이다.

$$\therefore \frac{n}{m}=\frac{21}{24}=\frac{7}{8}$$

$$\therefore m+n=8+7=15$$

최상위 문제

138~143쪽

01 $\dfrac{14}{81}$　　**02** $\dfrac{12}{13}$　　**03** $\dfrac{13}{27}$　　**04** $\dfrac{1}{4}$

05 $\dfrac{3}{8}$　　**06** $\dfrac{2}{7}$　　**07** 69　　**08** $\dfrac{1}{72}$

09 $\dfrac{1}{8}$　　**10** $\dfrac{1}{6}$　　**11** $\dfrac{43}{216}$　　**12** $\dfrac{182}{969}$

13 $\dfrac{1}{8}$　　**14** $\dfrac{5}{14}$　　**15** 29　　**16** 44.6 %

17 $\dfrac{1}{8}$　　**18** $\dfrac{16}{81}$

01 (i) B가 우승을 하려면 먼저 A를 이겨야 하고

A를 이길 확률은 $1-\dfrac{2}{3}=\dfrac{1}{3}$

(ii) C가 결승에 올라와서 B가 우승하는 경우는

C가 D를 이기고 올라가는 경우 $\dfrac{1}{2}\times\dfrac{2}{3}=\dfrac{1}{3}$와

C가 E를 이기고 올라가는 경우 $\dfrac{2}{3}\times\dfrac{1}{3}=\dfrac{2}{9}$로 2가지이다.

따라서 B가 우승할 확률은 $\dfrac{1}{2}\times\left(\dfrac{1}{3}+\dfrac{2}{9}\right)=\dfrac{5}{18}$

(iii) D가 결승에 올라와서 B가 우승하는 경우는

$\dfrac{2}{3}\times\dfrac{1}{2}\times\dfrac{1}{2}=\dfrac{1}{6}$

(iv) E가 결승에 올라와서 B가 우승하는 경우는

$\dfrac{1}{3}\times\dfrac{1}{3}\times\dfrac{2}{3}=\dfrac{2}{27}$

그러므로 구하는 확률은

$\dfrac{1}{3}\times\left(\dfrac{5}{18}+\dfrac{1}{6}+\dfrac{2}{27}\right)=\dfrac{14}{81}$

02 9개의 점 중에서 순서를 생각하지 않고 4개의 점을 택하는 경우의 수는 $\dfrac{9\times8\times7\times6}{4\times3\times2\times1}=126$

이중에서 3개의 점이 일직선 위에 있는 경우는 사각형을 만들 수 없다.

선택한 4개의 점 중에서 3개의 점이 일직선 위에 있는 경우의 수는 $8\times6=48$

따라서 4개의 점을 선택하여 사각형을 만드는 모든 경우의 수는 $126-48=78$

또한, 4개의 점을 선택하여 정사각형이 되는 경우의 수는 6가지이므로 구하는 확률은 $1-\dfrac{6}{78}=\dfrac{72}{78}=\dfrac{12}{13}$

03 버스를 타고 출근한 날을 B, 지하철을 타고 출근한 날을 S라고 하면 월, 화, 수, 목의 순서대로

(i) S, B, B, B일 확률 : $\dfrac{1}{3}\times\dfrac{2}{3}\times\dfrac{2}{3}=\dfrac{4}{27}$

(ii) S, B, S, B일 확률 : $\dfrac{1}{3}\times\dfrac{1}{3}\times\dfrac{1}{3}=\dfrac{1}{27}$

(iii) S, S, B, B일 확률 : $\dfrac{2}{3}\times\dfrac{1}{3}\times\dfrac{2}{3}=\dfrac{4}{27}$

(iv) S, S, S, B일 확률 : $\dfrac{2}{3}\times\dfrac{2}{3}\times\dfrac{1}{3}=\dfrac{4}{27}$

(i)~(iv)에서 구하는 확률은

$\dfrac{4}{27}+\dfrac{1}{27}+\dfrac{4}{27}+\dfrac{4}{27}=\dfrac{13}{27}$

04 $\angle\text{DOB}=a$, $\angle\text{COB}=b$라 하면

$\angle\text{COD}$가 둔각일 경우

$a-b>90°$, $b-a>90°$

➡ $b<a-90°$

$b>a+90°$

이므로 오른쪽 그림과 같다.

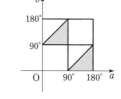

따라서 구하는 확률은 $\dfrac{1}{4}$이다.

05 모두 이긴 팀과 모두 진 팀을 정하는 경우의 수는 $4\times3=12$

A가 전승, B가 전패할 경우는 A는 B, C, D에게 이기고, B는 C, D에게 지고, C와 D는 어느 팀이 이기든지 관계없다.

그러므로 각 팀이 경기에서 이길 확률은 모두 $\dfrac{1}{2}$이므로

A가 전승, B가 전패할 확률은 다음과 같다.

$\dfrac{1}{2}\times\dfrac{1}{2}\times\dfrac{1}{2}\times\dfrac{1}{2}\times\dfrac{1}{2}\times1=\dfrac{1}{2^5}$

따라서 전승 팀과 전패 팀이 동시에 생길 확률은

$\dfrac{1}{2^5}\times12=\dfrac{3}{8}$이다.

06 (i) 처음에 흰 바둑돌을 2개 꺼낸 경우 :

$\left(\dfrac{4}{7}\times\dfrac{3}{6}\right)\times\left(\dfrac{2}{5}\times\dfrac{1}{4}\right)=\dfrac{1}{35}$

(ii) 처음에 흰 바둑돌 1개와 검은 바둑돌 1개를 꺼낸 경우 :

$\left(\dfrac{4}{7}\times\dfrac{3}{6}+\dfrac{3}{7}\times\dfrac{4}{6}\right)\times\left(\dfrac{3}{5}\times\dfrac{2}{4}\right)=\dfrac{6}{35}$

(iii) 처음에 검은 바둑돌 2개를 꺼낸 경우 :

$\left(\dfrac{3}{7}\times\dfrac{2}{6}\right)\times\left(\dfrac{4}{5}\times\dfrac{3}{4}\right)=\dfrac{3}{35}$

(i)~(iii)에서 구하는 확률은

$\dfrac{1}{35}+\dfrac{6}{35}+\dfrac{3}{35}=\dfrac{2}{7}$

07 (i) 분모가 1, 2, 4, 5, 8인 분수의 개수는 $5\times5=25$(개)

(ii) 분모가 3 또는 6일 때 분자가 3 또는 9인 분수는 자연수 또는 유한소수가 되므로 $2\times2=4$(개)

(i), (ii)에 의해 구하려는 확률은

$$\frac{25+4}{40}=\frac{29}{40}$$

$$\therefore a+b=29+40=69$$

08 갑이 내릴 수 있는 층 : 2, 3, $\cdots$, 10층(9가지)

을이 내릴 수 있는 층 : 3, 5, 7, 9층(4가지)

병이 내릴 수 있는 층 : 5, 6, 7, 8, 9, 10층(6가지)

따라서 모든 경우의 수는 $9 \times 4 \times 6 = 216$(가지)

또한, 세 사람이 같은 층에 내리는 경우의 수는

(5층, 5층, 5층), (7층, 7층, 7층), (9층, 9층, 9층)의 3가지이다.

따라서 구하는 확률은 $\dfrac{3}{216}=\dfrac{1}{72}$이다.

09 2^x는 일의 자리의 숫자가 2, 4, 8, 6이 반복되고,

5^y의 일의 자리의 숫자는 5, 0이 반복된다.

일의 자리의 숫자가 9가 되려면 2^x의 일의 자리의 숫자는 4,

5^y의 일의 자리의 숫자는 5가 되어야 하므로

x는 2, 6, 10, 14, 18의 5가지

y는 1, 3, 5, 7, 9, 11, 13, 15, 17, 19의 10가지

따라서 구하는 확률은 $\dfrac{5}{20} \times \dfrac{10}{20} = \dfrac{1}{8}$

10 216개의 정육면체 모양의 나무토막에는 모두 (216×6)개의 면이 있고, 이 중에서 파란색이 칠해진 면은 모두 (36×6)개이다.

작은 나무토막을 뽑아서 던졌을 때 각 면이 위쪽에 나타날 가능성은 모두 같다.

그러므로 파란색이 칠해진 면이 나타날 확률은

$$\frac{36 \times 6}{216 \times 6} = \frac{1}{6}$$

11 점 A의 위치에 오려면 합이 5 또는 10 또는 15이어야 한다.

합이 5인 경우 :

$(1, 1, 3) \rightarrow$ 3가지, $(1, 2, 2) \rightarrow$ 3가지

합이 10인 경우 :

$(1, 3, 6) \rightarrow$ 6가지, $(1, 4, 5) \rightarrow$ 6가지,

$(2, 2, 6) \rightarrow$ 3가지, $(2, 3, 5) \rightarrow$ 6가지,

$(2, 4, 4) \rightarrow$ 3가지, $(3, 3, 4) \rightarrow$ 3가지

합이 15인 경우 :

$(3, 6, 6) \rightarrow$ 3가지, $(4, 5, 6) \rightarrow$ 6가지,

$(5, 5, 5) \rightarrow$ 1가지

즉, 점 A의 위치에 오는 모든 경우의 수는

$3+3+6+6+3+6+3+3+3+6+1=43$(가지)

따라서 구하는 확률은 $\dfrac{43}{6 \times 6 \times 6} = \dfrac{43}{216}$

12 1부터 20까지의 자연수 중 6개를 뽑는 경우의 수 :

$$\frac{20 \times 19 \times 18 \times 17 \times 16 \times 15}{6 \times 5 \times 4 \times 3 \times 2 \times 1}(\text{가지})$$

3개의 숫자만 맞추는 경우의 수는 6개의 숫자 중 당첨번호 3개를 뽑고 나머지 14개의 숫자 중 3개의 숫자를 뽑는 경우의 수와 같으므로

$$\frac{6 \times 5 \times 4}{3 \times 2 \times 1} \times \frac{14 \times 13 \times 12}{3 \times 2 \times 1} = 14 \times 13 \times 5 \times 4 \times 2(\text{가지})$$

따라서 4등에 당첨될 확률은

$$(14 \times 13 \times 5 \times 4 \times 2) \times \left(\frac{6 \times 5 \times 4 \times 3 \times 2 \times 1}{20 \times 19 \times 18 \times 17 \times 16 \times 15}\right)$$

$$= \frac{14 \times 13}{19 \times 17 \times 3} = \frac{182}{969}$$

13 10 이하의 소수는 2, 3, 5, 7이다.

23을 이 수들의 합으로 나타내는 방법은 다음과 같다.

(i) 7을 3번 더하는 경우 :

$7+7+7+2$(1가지)

(ii) 7을 2번 더하는 경우 :

$23-7 \times 2 = 9$이므로 2, 3, 5의 합으로 9를 만드는 경우의 수를 알아본다.

$5+2+2$, $3+3+3$, $3+2+2+2$로 3가지

(iii) 7을 1번 더하는 경우 :

$23-7=16$이므로 2, 3, 5의 합으로 16을 만드는 경우의 수를 알아본다.

$5 \times 2+3 \times 2$, $5 \times 2+2 \times 3$, $5+3 \times 3+2$, $5+3+2 \times 4$,

$3 \times 4+2 \times 2$, $3 \times 2+2 \times 5$, 2×8로 7가지

(iv) 7을 더하지 않는 경우

$5 \times 4+3$, $5 \times 3+3 \times 2+2$, $5 \times 3+2 \times 4$,

$5 \times 2+3 \times 3+2 \times 2$, $5 \times 2+3+2 \times 6$, $5+3 \times 6$,

$5+3 \times 4+2 \times 3$, $5+3 \times 2+2 \times 6$, $5+2 \times 9$, $3 \times 7+2$,

$3 \times 5+2 \times 4$, $3 \times 3+2 \times 7$, $3+2 \times 10$으로 13가지

따라서 23을 만드는 방법은 모두 $1+3+7+13=24$(가지)이고 7이 두 번 더해진 경우는 3가지이므로 구하는 확률은

$\dfrac{3}{24}=\dfrac{1}{8}$이다.

14 3의 배수가 되기 위해서는 각 자리의 숫자의 합이 3의 배수이어야 한다.

1, 2, 3, 4, 5, 6, 7, 8의 숫자에서 세 수의 합이 3의 배수가 되는 수를 구하기 위해 우선 8개의 숫자를 3으로 나눈 나머지를 기준으로 하여 다음과 같이 분류한다.

(i) {3, 6}　　(ii) {1, 4, 7}　　(iii) {2, 5, 8}

3의 배수가 되는 세 자리의 수를 만들 수 있는 경우는

① (ii), (iii) 각각의 경우에서만 숫자를 선택하여 세 자리 수를 만드는 경우와

② (i), (ii), (iii)에서 각각 한 숫자를 선택하여 세 자리의 수를 만드는 경우가 있다.

① (ii), (iii) 각각의 경우에서만 숫자를 선택하여 세 자리 수를 만드는 경우는 (ii)에서 6가지, (iii)에서 6가지, 모두 12가지 경우가 있다.

② (i), (ii), (iii)에서 각각 한 숫자를 선택하여 세 자리의 수를 만드는 경우는 한 경우에 대하여 6가지의 수를 만들 수 있으므로 모두 $6 \times (2 \times 3 \times 3) = 108$(가지)이다.

(예 123, 132, 213, 231, 312, 321)

즉, ①, ②에 의하여 3의 배수는 $12 + 108 = 120$(개)를 만들 수 있다.

또한, 세 자리의 수를 만드는 모든 경우의 수는

$8 \times 7 \times 6 = 336$이므로 구하는 확률은

$\dfrac{120}{336} = \dfrac{5}{14}$이다.

15 점 A에서 출발하여 4번 만에 처음으로 점 B에 오는 방법은 오른쪽으로 두 번, 왼쪽으로 한 번, 위로 한번 이동해야 한다.

즉, 오른쪽을 R, 왼쪽을 L, 위쪽을 U라고 하면 점 B에 도착하는 모든 경우의 수

(R, R, L, U), (R, R, U, L), (R, L, R, U)

(R, U, R, L), (R, L, U, R), (R, U, L, R)

(L, R, R, U), (U, R, R, L), (L, R, U, R)

(U, R, L, R), (L, U, R, R), (U, L, R, R)

의 12가지

여기서 점 B를 두 번 지나는 경우는

(R, U, L, R), (R, U, L, R), (U, R, R, L),

(U, R, L, R)의 4가지이므로

네 번만에 점 B에 올 경우의 수는 $12 - 4 = 8$(가지)이다.

따라서 확률은 $\left(\dfrac{2}{6} \times \dfrac{2}{6} \times \dfrac{1}{6} \times \dfrac{3}{6} \right) \times 8 = \dfrac{2}{27}$이므로

$m = 27$, $n = 2$

$\therefore m + n = 27 + 2 = 29$

16 위에서 n번째 층을 이루는 쌓기나무의 개수는 n^2개이므로 모든 쌓기나무의 개수는

$1^2 + 2^2 + 3^2 + 4^2 + 5^2 + 6^2 + 7^2 + 8^2 = 204$(개)

이때, n층의 쌓기나무 n^2개 중에서 위층에 의해 가려지는 쌓기나무의 개수는 $(n-2)^2$개(단, n은 3 이상의 자연수)이므로 보이지 않는 쌓기나무의 개수는

$(3-2)^2 + (4-2)^2 + (5-2)^2 + (6-2)^2 + (7-2)^2$
$\quad + (8-2)^2$

$= 1 + 4 + 9 + 16 + 25 + 36 = 91$(개)

$\therefore \dfrac{91}{204} \times 100 = 44.60 \cdots \rightarrow 44.6(\%)$

17 주머니에서 노란 구슬 1개와 파란 구슬 1개를 뽑는 경우의 수는 $8 \times 10 = 80$(가지)이다.

주어진 연립방정식을 풀면

$x = \dfrac{2a-b}{3}$, $y = \dfrac{2b-a}{3}$이므로

x, y가 모두 자연수이려면 $\dfrac{a}{2} < b < 2a$이고,

$2a-b$와 $2b-a$는 각각 3의 배수이어야 한다.

따라서 주어진 연립방정식의 해가 모두 자연수가 되는 경우는

$a = 1$일 때 b의 값은 없다.

$a = 2$일 때 b의 값은 없다.

$a = 3$일 때 $b = 3$

$a = 4$일 때 $b = 5$

$a = 5$일 때 $b = 4$ 또는 $b = 7$

$a = 6$일 때 $b = 6$ 또는 $b = 9$

$a = 7$일 때 $b = 5$ 또는 $b = 8$

$a = 8$일 때 $b = 7$ 또는 $b = 10$으로 10가지

따라서 구하는 확률은 $\dfrac{10}{80} = \dfrac{1}{8}$

18 두 개의 주사위를 던져 눈의 합이 3의 배수가 되는 확률은

$\dfrac{12}{36} = \dfrac{1}{3}$

눈의 합이 3의 배수가 아닐 확률은 $1 - \dfrac{1}{3} = \dfrac{2}{3}$

한편, 점 P가 4번의 움직임으로 처음으로 직선 위의 점이 되는 경로는

(가로 1칸, 세로 3칸), (세로 1칸, 가로 1칸, 세로 2칸)

으로 두 가지 경우이므로

(구하는 확률) $= \dfrac{1}{3} \times \dfrac{2}{3} \times \dfrac{2}{3} \times \dfrac{2}{3} \times 2$

$= \dfrac{16}{81}$

특목고 / 경시대회 실전문제 | 144~146쪽 |

01 336개 **02** 1951가지 **03** 3

04 $n = 7$ 또는 $n = 14$ **05** $\dfrac{173}{300}$ **06** $\dfrac{9}{35}$

07 $\dfrac{7}{16}$ **08** $\dfrac{92}{99}$ **09** $\dfrac{34}{275}$

01 네 자리 자연수를 $(\square, \square, \square, \square)$라 하면 일의 자리의 숫자와 천의 자리의 숫자의 차가 6인 경우는

$(1, \square, \square, 7)$, $(2, \square, \square, 8)$, $(3, \square, \square, 9)$,

$(6, \square, \square, 0)$, $(7, \square, \square, 1)$, $(8, \square, \square, 2)$,

$(9, \square, \square, 3)$의 7가지가 있다.

그중 $(2, \square, \square, 8)$, $(3, \square, \square, 9)$, $(6, \square, \square, 0)$,

$(7, \square, \square, 1)$, $(8, \square, \square, 2)$에는 가운데 두 자리에 0에서 9까지의 숫자 중 일의 자리와 천의 자리에서 사용된 숫자를 제외한 숫자가 들어갈 수 있으므로 $8 \times 7 \times 5 = 280$(개)

$(1, \square, \square, 7)$의 경우에는 1357보다 작은 수를 제외해야 하므로 백의 자리가 0, 2인 경우의 14가지와 백의 자리가 3인 1307, 1327, 1347을 제외한다.

$\therefore 8 \times 7 - 17 = 39$(개)

$(9, \square, \square, 3)$의 경우에는 9753보다 큰 수를 제외해야 하므로 백의 자리가 8인 경우의 7가지와 백의 자리가 7인 9763, 9783을 제외한다.

$\therefore 8 \times 7 - 9 = 47$(개)

따라서 모든 경우의 수는 $280 + 39 + 47 = 366$(개)이다.

02 상자 A에 담는 빨간 공, 노란 공, 파란 공의 수를 각각 x, y, z라고 하면 x, y, z는 50을 넘지 않는 음이 아닌 정수이고 $x + y + z = 75$이다.

$x + y = 75 - z$에서

$z = 0$일 때

$(x, y) = (25, 50), (26, 49), \cdots, (50, 25)$로 26가지

$z = 1$일 때

$(x, y) = (24, 50), (25, 49), \cdots, (50, 24)$로 27가지

$\vdots$

$z = 24$일 때

$(x, y) = (1, 50), (2, 49), \cdots, (50, 1)$로 50가지

$z = 25$일 때

$(x, y) = (0, 50), (1, 49), \cdots, (50, 0)$으로 51가지

$z = 26$일 때

$(x, y) = (0, 49), (1, 48), \cdots, (49, 0)$으로 50가지

$\vdots$

$z = 49$일 때

$(x, y) = (0, 26), (1, 25), \cdots, (26, 0)$으로 27가지

$z = 50$일 때

$(x, y) = (0, 25), (1, 24), \cdots, (25, 0)$으로 26가지

따라서 구하는 경우의 수는

$26 + 27 + \cdots + 50 + 51 + 50 + \cdots + 27 + 26$

$= 2 \times (26 + 50) \times \dfrac{25}{2} + 51 = 1951$(가지)

03 두 개의 상자에 검은 바둑돌 2개와 흰 바둑돌 3개를 나누어 담는 모든 경우에 대하여 각각 이길 확률을 구해본다.

검은 바둑돌 2개와 흰 바둑돌 3개를 두 개의 상자에 나누어 담는 모든 경우는 다음과 같다.

각각의 경우에 검은 바둑돌이 나올 확률을 구해 보면

① $\dfrac{1}{2} \times 1 = \dfrac{1}{2}$ ② $\dfrac{1}{2} \times \dfrac{2}{3} = \dfrac{1}{3}$ ③ $\dfrac{1}{2} \times \dfrac{2}{4} = \dfrac{1}{4}$

④ $\dfrac{1}{2} \times 1 + \dfrac{1}{2} \times \dfrac{1}{4} = \dfrac{5}{8}$ ⑤ $\dfrac{1}{2} \times \dfrac{1}{2} + \dfrac{1}{2} \times \dfrac{1}{3} = \dfrac{5}{12}$

따라서 ④의 경우에 이길 확률이 가장 크므로

$a + b - c + d = 1 + 0 - 1 + 3 = 3$

04 다른 1명이 받은 점수를 k라고 하자.

$n + 2$명의 사람이 서로 돌아가며 모든 사람과 한 번씩 가위바위보를 한다면 모두 $\dfrac{1}{2}(n+1)(n+2)$번의 가위바위보를 하게 된다.

한 번의 가위바위보에서 두 사람이 받은 점수의 합은 항상 2이므로 $n + 2$명의 점수의 총합은

$2 \times \dfrac{1}{2}(n+1)(n+2)$이다.

따라서 $(n+1)(n+2) = nk + 16$, $n(n+3-k) = 14$

n, $n+3-k$는 정수이므로 n은 14의 약수이다.

또한 승민이와 한별이가 받은 점수의 합은 16점이므로

$(n+1)(n+2) \geq 16$이다.

따라서 $n = 7 (k = 8)$ 또는 $n = 14 (k = 16)$이다.

05 B가 이길 확률은

(i) B : 파란색, A : 빨간색 ➡ $\dfrac{4}{6} \times \dfrac{3}{6} = \dfrac{1}{3}$

(ii) B : 빨간색, A : 노란색 ➡ $\dfrac{2}{6} \times \dfrac{3}{6} = \dfrac{1}{6}$

(iii) B, A 모두 빨간색 ➡ B : 파란색, A : 빨간색

➡ $\dfrac{2}{6} \times \dfrac{3}{6} \times \dfrac{4}{5} \times \dfrac{2}{5} = \dfrac{4}{75}$

(iv) B, A 모두 빨간색 ➡ B : 빨간색, A : 노란색

➡ $\dfrac{2}{6} \times \dfrac{3}{6} \times \dfrac{1}{5} \times \dfrac{3}{5} = \dfrac{1}{50}$

(v) B, A 모두 빨간색 ➡ B, A 모두 빨간색

➡ B : 파란색, A : 빨간색

➡ $\dfrac{2}{6} \times \dfrac{3}{6} \times \dfrac{1}{5} \times \dfrac{2}{5} \times 1 \times \dfrac{1}{4} = \dfrac{1}{300}$

따라서 B가 이길 확률은

$$\frac{1}{3}+\frac{1}{6}+\frac{4}{75}+\frac{1}{50}+\frac{1}{300}=\frac{173}{300}$$

06 (1) 흰 구슬 4개와 빨간 구슬 6개 중에서 갑이 흰 구슬 1개, 빨간 구슬 3개를 꺼내는 경우의 수는

$$4\times\frac{6\times5\times4}{3\times2\times1}=80$$

10개의 구슬 중 4개를 꺼내는 모든 경우의 수는

$$\frac{10\times9\times8\times7}{4\times3\times2\times1}=210$$

흰 구슬 3개 빨간 구슬 3개 중에서 을이 흰 구슬 1개, 빨간 구슬 2개를 꺼내는 경우의 수는 $3\times\frac{3\times2}{2\times1}=9$

6개의 구슬 중 3개를 꺼내는 모든 경우의 수는

$$\frac{6\times5\times4}{3\times2\times1}=20$$

따라서 갑이 흰 구슬 1개, 빨간 구슬 3개를 꺼내고 을이 흰 구슬 1개, 빨간 구슬 2개를 꺼낼 확률은 $\frac{80}{210}\times\frac{9}{20}=\frac{6}{35}$

(2) 흰 구슬 4개와 빨간 구슬 6개 중에서 갑이 흰 구슬 2개, 빨간 구슬 2개를 꺼내는 경우의 수는

$$\frac{4\times3}{2\times1}\times\frac{6\times5}{2\times1}=90$$

10개의 구슬 중 4개를 꺼내는 모든 경우의 수는

$$\frac{10\times9\times8\times7}{4\times3\times2\times1}=210$$

흰 구슬 2개 빨간 구슬 4개 중에서 을이 흰 구슬 2개, 빨간 구슬 1개를 꺼내는 경우의 수는 $1\times4=4$

6개의 구슬 중 3개를 꺼내는 모든 경우의 수는

$$\frac{6\times5\times4}{3\times2\times1}=20$$

따라서 갑이 흰 구슬 2개, 빨간 구슬 2개를 꺼내고 을이 흰 구슬 2개, 빨간 구슬 1개를 꺼낼 확률은

$$\frac{90}{210}\times\frac{4}{20}=\frac{3}{35}$$

(1), (2)에 의해 구하는 확률은 $\frac{6}{35}+\frac{3}{35}=\frac{9}{35}$

07 유승이와 한솔이가 도착하는 시각을 각각 2시 x분, 2시 y분이라고 하면

$0\le x\le60$, $0\le y\le60$ … ㉠

x, y의 차가 15 이하가 되어야 하므로

$x-y\le15$이고, $y-x\le15$이다.

즉 $x-15\le y\le x+15$ … ㉡

㉠, ㉡을 만족시키는 점 (x, y)의 영역을 좌표평면 위에 나타내면 오른쪽 그림과 같다.

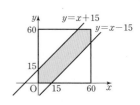

따라서 구하는 확률은 ㉠을 만족시키는 점 (x, y)의 영역 전체 넓이에 대한 ㉡을 만족시키는 점 (x, y)의 영역의 넓이의 비율이므로

$$\frac{60^2-2\times\left(\frac{1}{2}\times45\times45\right)}{60^2}=\frac{1575}{3600}=\frac{7}{16}$$

08 주머니 속의 공을 모두 꺼내려면 12번 시행해야 한다.

또, 흰 공 4개가 모두 나올 수 있는 경우는 4번째 이상이다.

구하는 확률은

(8번 이상 공을 꺼낼 확률)

$=1-$(4, 5, 6, 7번째로 흰 공을 꺼낼 확률)

(i) 4번째에 모든 흰 공을 꺼낼 확률은 4번 모두 흰 공을 꺼낼 확률이므로

$$\frac{4}{12}\times\frac{3}{11}\times\frac{2}{10}\times\frac{1}{9}=\frac{1}{495}$$

(ii) 5번째에 모든 흰 공을 꺼낼 확률은 4번째까지 흰 공 3개, 검은 공 1개를 꺼내는 경우의 수는 4이므로

$$\left(\frac{8}{12}\times\frac{4}{11}\times\frac{3}{10}\times\frac{2}{9}\right)\times4\times\frac{1}{8}=\frac{4}{495}$$

(iii) 6번째에 모든 흰 공을 꺼낼 확률은 5번째까지 흰 공 3개, 검은 공 2개를 꺼내는 경우의 수는 10이므로

$$\left(\frac{8}{12}\times\frac{7}{11}\times\frac{4}{10}\times\frac{3}{9}\times\frac{2}{8}\right)\times10\times\frac{1}{7}=\frac{10}{495}$$

(iv) 7번째에 모든 흰 공을 꺼낼 확률은 6번째까지 흰 공 3개, 검은 공 3개를 꺼내는 경우의 수는 20이므로

$$\left(\frac{8}{12}\times\frac{7}{11}\times\frac{6}{10}\times\frac{4}{9}\times\frac{3}{8}\times\frac{2}{7}\right)\times20\times\frac{1}{6}=\frac{20}{495}$$

따라서 구하는 확률은

$$1-\left(\frac{1}{495}+\frac{4}{495}+\frac{10}{495}+\frac{20}{495}\right)=\frac{460}{495}=\frac{92}{99}$$

09 100개 중에서 순서에 관계없이 임의로 2개의 수를 택하는 방법은 $\frac{100\times99}{2}=4950$(가지)

1부터 100까지의 수 중에서 8의 배수는 8, 16, 24, …, 96의 12개이다.

(1) 한 수가 8의 배수이면 다른 한 수도 8의 배수이어야 한다.

$$\frac{12\times11}{2}=66$$

(2) 한 수가 8로 나누어 나머지가 1인 수이면 다른 한 수는 8로 나누어 나머지가 7인 수이다.

$13 \times 12 = 156$

⑶ 한 수가 8로 나누어 나머지가 2인 수이면 다른 한 수는
8로 나누어 나머지가 6인 수이다.

$13 \times 12 = 156$

⑷ 한 수가 8로 나누어 나머지가 3인 수이면 다른 한 수는
8로 나누어 나머지가 5인 수이다.

$13 \times 12 = 156$

⑸ 한 수가 8로 나누어 나머지가 4인 수이면 다른 한 수도
8로 나누어 나머지가 4인 수이다.

$$\frac{13 \times 12}{2} = 78$$

따라서 구하는 확률은

$$\frac{66 + 156 + 156 + 156 + 78}{4950} = \frac{612}{4950} = \frac{34}{275}$$

Memo

중학수학

절대강자

정답 및 해설

최상위

펴낸곳 (주)에듀왕
개발총괄 박명전
편집개발 황성연, 최형석, 임은혜
표지/내지디자인 디자인뷰
조판 및 디자인 총괄 장희영
주소 경기도 파주시 광탄면 세류길 101
출판신고 제 406-2007-00046호
내용문의 1644-0761
이 책의 무단 전제, 복제 행위는 저작권법에 의해 처벌될 수 있습니다.
무단 전제, 불법 유통 신고처 / 070-4861-4813

⚠ **주 의**

- 책의 날카로운 부분에 다치지 않도록 주의하세요.
- 화기나 습기가 있는 곳에 가까이 두지 마세요.

KC마크는 이 제품이 공통안전기준에 적합하였음을 의미합니다.